동물
보건사

실력평가 모의고사 3회

동물보건사
실력평가 모의고사 3회

개정2판 1쇄 발행		2024년 01월 12일
개정3판 1쇄 발행		2025년 03월 07일

편 저 자	|	자격시험연구소
발 행 처	|	(주)서원각
등록번호	|	1999-1A-107호
주 소	|	경기도 고양시 일산서구 덕산로 88-45(가좌동)
대표번호	|	031-923-2051
팩 스	|	031-923-3815
교재문의	|	카카오톡 플러스 친구 [서원각]
홈페이지	|	goseowon.com

Preface

동물간호 인력 수요가 증가함에 따라 동물진료 전문 인력을 육성하고 수준 높은 진료서비스를 제공하기 위해 농림축산식품부에서 동물보건사 자격시험을 시행하고 있습니다. 동물보건사란, 수의사법 제2조 제4호에 따라 동물병원 내에서 수의자의 지도하에 동물 간호 또는 진료 보조 업무에 종사하는 사람으로서 농림축산식품부 장관의 자격 인정을 받은 사람을 의미합니다. 동물보건사의 업무는 동물병원 내에서 수의사의 지도 아래 동물의 간호 또는 진료 보조 업무를 수행하는 것으로, 동물의 간호 업무와 동물의 진료 보조 업무로 나뉩니다. 동물 간호 업무에는 동물에 대한 관찰, 체온 및 심박수 등 기초 검진 자료의 수집, 간호 판단 및 요양을 위한 간호가 있습니다. 동물 진료 보조 업무에는 약물 도포, 경구 투여, 마취 및 수술의 보조 등 수의사의 지도 아래 수행하는 진료의 보조가 있습니다.

본서는 동물보건사 자격시험을 대비하여 공개된 출제과목의 범위를 토대로 기초동물보건학(동물해부생리학, 동물질병학, 동물공중보건학, 반려동물학, 동물보건영양학), 동물보건행동학(동물보건응급간호학, 동물병원실무, 의약품관리학, 동물보건영상학), 임상동물보건학(동물보건내과학, 동물보건외과학, 동물보건임상병리학), 동물 보건·윤리 및 복지 관련 법규(수의사법, 동물보호법) 실력평가 모의고사로 3회를 구성하였습니다. 모의고사의 문제마다 상세한 설명으로 정답과 오답에 대한 이해도를 높였습니다. 또한 실전감각을 키워서 시험에 확실하게 대비하기 위하여 OMR 답안지를 수록하였습니다.

본서를 통해 동물보건사 자격시험에 좋은 결과를 얻을 수 있길 서원각이 응원하겠습니다.

Structure

모의고사

시험 과목과 문항수를 실제 시험과 동일하게 구성하여 모의고사 3회분을 수록하였습니다. 과목별로 분류하여 다양한 유형을 통해 시험에 대비할 수 있습니다.

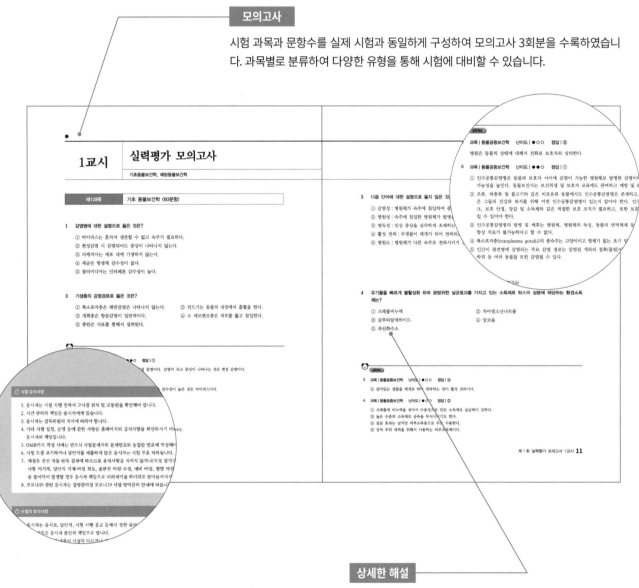

1교시   실력평가 모의고사

기초동물보건학, 예방동물보건학

| 제1과목 | 기초 동물보건학 (60문항) |

1 감염병에 대한 설명으로 옳은 것은?

① 바이러스는 혼자서 생존할 수 있고 숙주가 필요하다.
② 현성감염 시 감염되어도 증상이 나타나지 않는다.
③ 리케치아는 세포 내에 기생하지 않는다.
④ 세균은 항생제 감수성이 없다.
⑤ 클라미디아는 인터페론 감수성이 높다.

2 기생충의 감염경로로 옳은 것은?

① 톡소포자충은 태반감염이 나타나지 않는다.
② 개회충은 항문감염이 일반적이다.
③ 진드기는 동물의 내장에서 흡혈을 한다.
④ 소 세모편모충은 피부를 뚫고 침입한다.
⑤ 충란은 사료를 통해서 섭취된다.

3 다음 단어에 대한 설명으로 옳지 않은 것

① 감염성 : 병원체가 숙주에 침입하여 증
② 병원성 : 숙주에 침입한 병원체가 발병
③ 병독성 : 임상 증상을 심각하게 초래하는
④ 활성 전파 : 무생물이 매개가 되어 전파되
⑤ 병원소 : 병원체가 다른 숙주로 전파시키기

3 과목 | 동물공중보건학   난이도 | ●○○   정답 | ④

① 살아있는 생물을 매개로 하여 전파하는 것이 활성 전파이다.

4 유기물을 빠르게 불활성화 하며 광범위한 살균효과를 가지고 있는 소독제로 락스의 성분에 해당하는 환경소독제는?

① 크레졸비누액   ② 차아염소산나트륨
② 글루타알데하이드   ④ 알코올
⑤ 과산화수소

4 과목 | 동물공중보건학   난이도 | ●○○   정답 | ⑤
① 크레졸에 비누액을 섞어서 수용성으로 만든 소독제로 살균력이 강하다.
③ 높은 수준의 소독제로 금속을 부식시키기도 한다.
④ 살균 효과는 낮지만 피부소독으로 주로 사용한다.
⑤ 상처 세척 및 세척을 위해서 사용하는 피부소독제이다.

africa

과목 | 동물공중보건학   난이도 | ●○○   정답 | ⑤

병원은 동물의 상태에 대해서 전화로 보호자와 상의한다.

6 과목 | 동물공중보건학   난이도 | ●●○   정답 | ①

① 인수공통감염병은 동물과 보호자 사이에 감염이 가능한 병원체로 발병한 감염이 가능성을 높인다. 동물보건사는 보건위생 및 보호자 교육에도 관여하고 예방 및 관
② 조류, 파충류 및 물고기와 같은 비포유류 동물에서도 인수공통감염병은 존재하고, 은 그들의 건강과 복지를 위해 어떤 인수공통감염병이 있는지 알아야 한다. 인수 크, 보호 안경, 장갑 및 소독제와 같은 적절한 보호 조치가 필요하고, 또한 보호 킬 수 있어야 한다.
③ 인수공통감염병의 발병 및 예후는 병원체, 병원체의 독성, 동물의 면역체계 등 항상 치료가 불가능하다고 할 수 없다.
④ 톡소포자충(toxoplasma gondii)의 종숙주는 고양이이고 항체가 없는 초기 임
⑤ 인간이 광견병에 감염되는 주요 감염 경로는 감염된 개와의 접촉(물림)이 박쥐 등 여러 동물을 또한 감염될 수 있다.

제 1 회 실력평가 모의고사 1교시 **11**

상세한 해설

OMR답안지를 통해 실제 시간에 맞춰 문제를 풀고, 혼자서도 학습할 수 있도록 구성한 상세한 해설을 통해 문제 이해도를 향상시킬 수 있습니다.

4

Contents

 동물보건사 Q & A

 동물보건사 자격시험은 어떤 유형으로 출제되나요?

 5지선다형으로 총 200문항이 출제됩니다.

기초동물보건학 60문항, 예방동물보건학 60문항,
임상동물보건학 60문항, 동물 보건·윤리 및 복지 관련 법규 20문항

배점은 문제당 1점입니다.

 시험 과목은 무엇인가요?

 기초동물보건학(동물해부생리학, 동물질병학, 동물공중보건학,
반려동물학, 동물보건영양학, 동물보건행동학)

예방동물보건학(동물보건응급간호학, 동물병원실무, 의약품관리학, 동물보건영상학)

임상동물보건학(동물보건내과학, 동물보건외과학, 동물보건임상병리학)

동물보건·윤리 및 복지 관련 법규(수의사법, 동물보호법)

+

동물보건사 자격시험은 시험시간은 어떻게 되나요?

 1교시 기초동물보건학, 예방동물보건학 120분입니다.

2교시 임상동물보건학, 동물 보건 · 윤리 및 복지 관련 법규 80분입니다.

합격자는 결정기준은 어떻게 되나요?

 과목당 시험점수를 100점 만점으로 하여 40점 이상이며

전 과목 평균 점수가 60점 이상인 사람을 합격자로 합니다.

응시자 유의사항이 있나요?

 응시원서 기재를 정확히 하고, 시험장에 신분증과 응시표를 반드시 지참해야 합니다.

OMR 답안지를 정확하게 작성하여야 하고, 시험 중에는 전자기기 소지가 불가합니다.

자세한 사항은 자격시험 시행공고에서 확인할 수 있습니다.

 +

⏱ 시험 유의사항

1. 응시자는 시험 시행 전까지 고사장 위치 및 교통편을 확인해야 합니다.
2. 시간 관리의 책임은 응시자에게 있습니다.
3. 응시자는 감독위원의 지시에 따라야 합니다.
4. 기타 시험 일정, 운영 등에 관한 사항은 홈페이지의 공지사항을 확인하시기 바라며, 미확인으로 인한 불이익은 응시자의 책임입니다.
5. OMR카드 작성 시에는 반드시 시험문제지의 문제번호와 동일한 번호에 작성해야 합니다.
6. 시험 도중 포기하거나 답안지를 제출하지 않은 응시자는 시험 무효 처리됩니다.
7. 채점은 전산 자동 판독 결과에 따르므로 유의사항을 지키지 않거나(지정 필기구 미사용) 응시자의 부주의(인적 사항 미기재, 답안지 기재·마킹 착오, 불완전 마킹·수정, 예비 마킹, 형별 마킹 착오 등)로 판독불능, 중복판독 등 불이익이 발생할 경우 응시자 책임으로 이의제기를 하더라도 받아들여지지 않습니다.
8. 코로나19 관련 응시자는 질병관리청 코로나19 시험 방역관리 안내에 따릅니다.

⏱ 수험자 유의사항

1. 응시자는 응시표, 답안지, 시험 시행 공고 등에서 정한 유의사항을 숙지하여야 하며 이를 준수하지 않아 발생하는 불이익은 응시자 본인의 책임으로 합니다.
2. 응시원서의 기재 내용이 사실과 다르거나 기재 사항의 착오 또는 누락으로 인한 불이익은 응시자 본인의 책임으로 합니다.
3. 1교시 시험에 응시하지 않은 자는 그 다음 시험에 응시할 수 없습니다.
4. OMR 답안지의 답란을 잘못 표기하였을 경우에는 OMR 답안지를 교체하여 작성하거나 수정테이프를 사용하여 답란을 수정할 수 있습니다.
5. 시험시간 중 휴대전화기, 디지털카메라, 스마트워치, 전자사전, 카메라 펜 등 모든 전자기기를 휴대하거나 사용할 수 없으며, 발견될 경우에는 부정행위로 처리될 수 있습니다.
6. 화장실 사용은 시험 중 2회에 한해 가능하며, 사용 가능 시간은 시험 시작 20분 후부터 시험종료 10분 전까지입니다.
7. 시험시간 관리의 책임은 전적으로 응시자 본인에게 있으며, 개인용 시계를 직접 준비해야 합니다.
   ※ 단, 계산기능이 있는 다기능 시계 또는 휴대전화 등 전자기기를 시계 용도로 사용할 수 없음
8. 타 응시자에게 방해되는 행위 등은 자제하여 주시기 바랍니다. 시험장 내에서는 흡연을 할 수 없으며, 시설물을 훼손하지 않도록 주의하여야 합니다.
9. 시험종료 후 감독관의 지시가 있을 때까지 퇴실할 수 없으며, 배부된 모든 답안지와 문제지를 반드시 제출하여야 합니다.

생년월일	
성 명	

실력평가 모의고사
- 제1회 -

풀이 시작 / 종료시간

___시 ___분 ~ ___시 ___분(총 200문항/200분)

⏱ 구분	⏱ 시험시간
• 1교시 : 기초동물보건학 | 예방동물보건학 • 2교시 : 임상동물보건학 | 동물 보건·윤리 및 복지 관련 법규	• 1교시 : 120분 • 2교시 : 80분

⏱ 시험과목	⏱ 문항수(문항당 1점)
• 기초동물보건학 : 동물해부생리학, 동물질병학, 동물공중보건학, 반려동물학, 동물보건영양학, 동물보건행동학 • 예방동물보건학 : 동물보건응급간호학, 동물병원실무, 의약품관리학, 동물보건영상학 • 임상동물보건학 : 동물보건내과학, 동물보건외과학, 동물보건임상병리학 • 동물 보건·윤리 및 복지 관련 법규 : 수의사법, 동물보호법	| 기초동물보건학(60문항) | 예방동물보건학(60문항) | 임상동물보건학(60문항) | 동물 보건·윤리 및 복지 관련 법규(20문항)

실력평가 모의고사

기초동물보건학, 예방동물보건학

제1과목	기초 동물보건학 (60문항)

1 감염병에 대한 설명으로 옳은 것은?

① 바이러스는 혼자서 생존할 수 없고 숙주가 필요하다.

② 현성감염 시 감염되어도 증상이 나타나지 않는다.

③ 리케치아는 세포 내에 기생하지 않는다.

④ 세균은 항생제 감수성이 없다.

⑤ 클라미디아는 인터페론 감수성이 높다.

2 기생충의 감염경로로 옳은 것은?

① 톡소포자충은 태반감염은 나타나지 않는다.   ② 진드기는 동물의 내장에서 흡혈을 한다.

③ 개회충은 항문감염이 일반적이다.   ④ 소 세모편모충은 피부를 뚫고 침입한다.

⑤ 충란은 사료를 통해서 섭취된다.

---

 advice

1 과목 | 동물공중보건학   난이도 | ●●○   정답 | ①

② 감염되었는데 증상이 없는 것은 불현성 감염이다. 감염이 되고 증상이 나타나는 것은 현성 감염이다.

③ 리케치아는 세포 내에 기생한다.

④ 세균은 항생제 감수성이 높다.

⑤ 클라미디아는 인터페론 감수성이 없다. 인터페론 감수성이 높은 것은 바이러스이다.

2 과목 | 동물공중보건학   난이도 | ●●●   정답 | ⑤

① 톡소포자충은 모체 태반을 거쳐 태아에 침입한다.

② 진드기는 피부에 기생하면서 흡혈을 한다.

③ 개회충은 일반적으로 경구감염과 경태반감염이 있다.

④ 소 세모편모충은 교미를 할 때 감염되는 생식기 외구감염이다.

3 다음 단어에 대한 설명으로 옳지 않은 것은?

① 감염성 : 병원체가 숙주에 침입하여 증식하면서 일으키는 질병 반응을 의미한다.

② 병원성 : 숙주에 침입한 병원체가 발병을 시키는 힘을 의미한다.

③ 병독성 : 임상 증상을 심각하게 초래하는 힘을 의미한다.

④ 활성 전파 : 무생물이 매개가 되어 전파되는 것을 의미한다.

⑤ 병원소 : 병원체가 다른 숙주로 전파시키기 전에 머무르는 장소를 의미한다.

4 유기물을 빠르게 불활성화 하며 광범위한 살균효과를 가지고 있는 소독제로 락스의 성분에 해당하는 환경소독제는?

① 크레졸비누액
② 차아염소산나트륨
③ 글루타알데하이드
④ 알코올
⑤ 과산화수소

---

advice

3 과목 | 동물공중보건학   난이도 | ●○○   정답 | ④

④ 살아있는 생물을 매개로 하여 전파하는 것이 활성 전파이다.

4 과목 | 동물공중보건학   난이도 | ●○○   정답 | ②

① 크레졸에 비누액을 섞어서 수용성으로 만든 소독제로 살균력이 강하다.

③ 높은 수준의 소독제로 금속을 부식시키기도 한다.

④ 살균 효과는 낮지만 피부소독용으로 주로 사용한다.

⑤ 상처 주위 세척을 위해서 사용하는 피부소독제이다.

5 동물병원에서 바이러스 예방을 위해 권장되는 위생수칙으로 적절하지 않은 것은?

① 보호자는 병원에 들어갈 때 손을 씻고 소독한다.
② 건강한 보호자(어린이와 노인 제외)만 반려동물과 함께 진료실로 들어갈 수 있다.
③ 보호자는 치료실에서 직원과 최소 1.5m의 거리를 유지한다.
④ 보호자는 수술실, 직원 화장실, 엑스레이실 및 공용 공간 출입은 제한된다.
⑤ 입원한 동물의 보호자 면회를 허용한다.

6 인수공통감염병(zoonosis)에 대한 설명으로 옳은 것은?

① 인간과 동물 사이에 상호 전파되는 병원체로 인해 발생하는 전염병이다.
② 조류, 파충류 및 물고기와 같은 동물은 인수공통감염병의 위험이 없다.
③ 인수공통감염병 병원체는 치료가 불가능한 치명적인 전염병이다.
④ 인수공통감염병의 톡소포자충(toxoplasma gondii) 종숙주는 "개"이다
⑤ 광견병은 개와 인간 사이에서만 감염이 이루어진다.

---

advice

5 **과목 |** 동물공중보건학   **난이도 |** ●○○   **정답 |** ⑤

병원은 동물의 상태에 대해서 전화로 보호자와 상의한다.

6 **과목 |** 동물공중보건학   **난이도 |** ●●○   **정답 |** ①

① 인수공통감염병은 동물과 보호자 사이에 감염이 가능한 병원체로 발병한 감염이다. 동물과 보호자의 밀접한 접촉은 감염의 가능성을 높인다. 동물보건사는 보건위생 및 보호자 교육에도 관여하고 예방 및 관리를 하는 역할을 한다.
② 조류, 파충류 및 물고기와 같은 비포유류 동물에서도 인수공통감염병은 존재하고, 동물들을 치료하는 수의사와 병원 직원들은 그들의 건강과 복지를 위해 어떤 인수공통감염병이 있는지 알아야 한다. 인수공통감염병이 의심되는 경우 외과용 마스크, 보호 안경, 장갑 및 소독제와 같은 적절한 보호 조치가 필요하고, 또한 보호자에게 동물과 관련된 위험에 대해 교육시킬 수 있어야 한다.
③ 인수공통감염병의 발병 및 예후는 병원체, 병원체의 독성, 동물의 면역체계 등과 같은 여러 가지 요소들의 영향을 받는다. 항상 치료가 불가능하다고 할 수 없다.
④ 톡소포자충(toxoplasma gondii)의 종숙주는 고양이이고 항체가 없는 초기 임신부의 감염은 태아에 영향을 준다.
⑤ 인간이 광견병에 감염되는 주요 감염 경로는 감염된 개와의 접촉(물림)이다. 광견병은 개 이외의 다른 동물들, 고양이, 소, 박쥐 등 여러 동물들 또한 감염될 수 있다.

7 인수공통감염병 중에 결핵병(Tuverculosis)에 대한 설명으로 옳은 것은?

① 주요 전염원은 진드기이다.

② 열에 약해서 저온살균을 하면 사멸한다.

③ 사람에게 감염을 시키는 주요 동물은 설치류이다.

④ 감염되면 흥분상태가 되어 공격적으로 변한다.

⑤ 기생충성 감염병 중에 하나이다.

8 위해의료폐기물이 아닌 것은?

① 주사바늘

② 혈액이 함유된 탈지면

③ 폐기하는 항암제

④ 혈액투색에 사용된 폐기물

⑤ 검사에 사용된 배양액

---

7 과목 | 동물공중보건학   난이도 | ●●○   정답 | ②

① 소, 분변, 우유 등에 있는 결핵균이 주요 전염원이다.

③ 소, 돼지, 개 등에서 주로 감염된다.

④ 광견병의 특징 중 하나이다.

⑤ 바이러스성 인수공통감염병이다.

8 과목 | 동물공중보건학   난이도 | ●●○   정답 | ②

② 일반의료 폐기물이다. 일반의료폐기물에는 혈액·체액·분비물·배설물이 함유되어 있는 탈지면, 붕대, 거즈, 일회용 기저귀, 생리대, 일회용 주사기, 수액세트가 있다.

① 위해의료폐기물 중에 손상성폐기물에 해당한다.

③ 위해의료폐기물 중에서 생물·화학폐기물에 해당한다.

④ 위해의료폐기물 중에 혈액오염폐기물에 해당한다.

⑤ 위해의료폐기물 중에 병리계폐기물에 해당한다.

9 다음 중 HACCP의 생물학적인 위해 요소에 해당하는 것은?

① 크로스트리디움균
② 농약
③ 호르몬제
④ 항아리
⑤ 뼈

10 사료의 관리 방법에 대한 설명으로 옳은 것은?

① 오염과 변질을 막기 위해 습기가 충분한 곳에 보관한다.
② 폐기물과 불량품은 따로 분리해서 관리한다.
③ 완제품과 원료는 함께 관리한다.
④ 포장재는 위해물질 검사를 하지 않아도 된다.
⑤ 곰팡이 방지를 위해 사료에 반드시 유기산을 첨가한다.

---

advice

9 과목 | 동물공중보건학   난이도 | ●●○   정답 | ①

생물학적 위해는 병원성 미생물을 의미한다. 바실러스균, 캄피로박터균, 크로스트리디움균, 병원성 대장균, 살모넬라균 등이 있다.

HACCP(Hazard Analysis and Critical Control Point)

원재료에서부터 식품을 생산하여 소비자에게 가기 전까지 위해 요소가 식품에 들어가는 것을 방지하기 위한 위생 관리 시스템을 의미한다.

10 과목 | 동물공중보건학   난이도 | ●●○   정답 | ②

① 습기가 없는 건조한 곳에서 보관해야 한다.
③ 완제품과 원료는 따로 관리한다.
④ 포장재에 위해물질이 없다는 것이 확인되지 않는다면 다시 제조한다.
⑤ 유기산을 첨가하는 것은 필요한 경우에만 사용해야 하고 감시 체계가 필요하다.

11 유당을 분해하는 효소로 결핍되면 유당불내증을 유발하는 것은?

① 리파아제(lipase)

② 아밀레이스(amylase)

③ 트립신(trypsin)

④ 락타아제(lactase)

⑤ 말타아제(maltase)

12 불소의 특징으로 옳은 것은?

① 충치를 예방한다.

② 비타민 E 합성에 관여한다.

③ 섭취된 불소는 위에서 흡수된다.

④ 중독성 물질이다.

⑤ 골연증을 유발한다.

---

advice

11 과목 | 동물보건영양학   난이도 | ●●○   정답 | ④

④ 유당 분해 효소는 유당을 포도당과 갈락토오스로 분해하는 효소이다. 고양이에게 부족하여 우유를 마시면 복통과 설사를 유발한다.

①②③ 리파아제, 아밀레이스, 트립신은 각각 지방, 탄수화물, 단백질을 분해하는 효소이다.

⑤ 말타아제는 엿당을 2분자 포도당으로 분해하는 효소이다.

12 과목 | 동물보건영양학   난이도 | ●○○   정답 | ①

③ 소장에서 불소 대부분이 흡수된다.

⑤ 골연증을 예방한다.

13 비타민 A가 결핍되면 반추동물에게 대표적으로 나타나는 증상은?

① 성장 정체

② 유행성 결막염

③ 급사

④ 근육퇴행위축증

⑤ 골다공증

14 개에게 급여할 수 있으며 독성이 없는 음식은?

① 양파와 마늘

② 포도

③ 삶은 달걀

④ 카페인

⑤ 자일리톨

advice

13 과목 | 동물보건영양학   난이도 | ●●○   정답 | ②

정상 시력과 상피세포 · 뼈의 발달에 필수적인 영양소는 비타민 A에 해당한다. 비타민 A가 부족한 경우 반추동물에게서 유행성 결막염과 각질화가 나타난다.

14 과목 | 동물보건영양학   난이도 | ●○○   정답 | ③

③ 삶은 달걀은 개에게 건강한 간식이 될 수 있다. 하지만 조리되지 않은 달걀흰자에는 아비딘이라는 단백질이 성장과 피부 건강에 필수적인 비타민 B인 비오틴의 체내 흡수를 막는다. 날달걀은 살모넬라와 같은 세균이 자주 검출되기도 한다.
① 양파와 마늘은 용혈성 빈혈을 유발한다.
② 포도는 급성 신부전을 유발한다.
④ 카페인은 빈맥을 유발한다.
⑤ 자일리톨은 인슐린을 분비시켜 급속한 저혈당 상태를 유발하여 저혈당 쇼크를 일으킨다.

15 동물의 혈중에 칼슘 농도가 높을 때 분비하는 호르몬은?

① 부갑상샘호르몬
② 옥시토신
③ 알도스테론
④ 코르티졸
⑤ 칼시토닌

16 다음 개의 먹이에 대한 설명으로 옳지 않은 것은?

① 양파를 먹으면 혈뇨를 유발할 수 있다.
② 테오브로민 성분이 포함된 초콜릿은 치명적이다.
③ 비타민 C를 합성하지 못하므로 야채를 자주 급여한다.
④ 닭의 뼈는 날카롭기 때문에 주지 않는 것이 좋다.
⑤ 새우를 급여하면 구토증상이 나타날 수 있다.

---

advice

15 과목 | 동물보건영양학   난이도 | ●●●   정답 | ⑤

⑤ 혈중 칼슘 농도가 높으면 칼시토닌 분비를 촉진하여 혈중 칼슘 농도를 감소시킨다.
① 혈중 칼슘 농도가 낮을 때 분비한다.
② 분만과 모유분비와 관련된 호르몬이다.
③ 나트륨 농도를 유지한다.
④ 당 대사와 관련이 있다.

16 과목 | 동물보건영양학   난이도 | ●●○   정답 | ③

③ 개는 스스로 비타민 C를 합성하므로 자주 급여하지 않아도 된다.

17 만성 신부전(CKD, chronic kidney insufficiency) 고양이의 식단의 구성으로 옳은 것은?

① 고단백질
② 저지방
③ 고칼슘
④ 저칼륨
⑤ 저인산

18 반려견의 문제 행동 교정을 위한 치료 요법에 대한 설명으로 옳지 않은 것은?

① 무는 행동을 방지하기 위해서 바스켓 머즐을 사용한다.
② 행동 수정을 위해 약물 치료를 중점적으로 시행한다.
③ 중성화 수술은 문제행동을 낮출 수 있다.
④ 페로몬 요법으로 영역 차지 욕구가 완화되기도 한다.
⑤ 산책에서 잡아당기는 개에게 헤드 칼라를 사용하면 방지할 수 있다.

---

advice

17 과목 | 동물보건영양학   난이도 | ●●○   정답 | ⑤

⑤ 신장질환이 있는 동물에게 단백질 제한은 기본이지만 많은 양의 동물성 단백질을 필요로 하는 육식동물에게는 생리적으로 필요한 양이 충족되어야 한다. 만성 신부전이 있으면 사구체 여과율이 감소하기 때문에 인을 제거하지 못해 고인산혈증이 발생하므로 저인산 사료가 필요하다.

　만성 신부전 고양이

㉠ 20 ~ 30%의 만성 신부전 고양이는 저칼륨혈증으로 인해 칼륨을 따로 섭취해야 한다.
㉡ 신장질환의 동물에게는 저칼슘혈증, 고칼슘혈증, 정상으로 나타나는 검사 결과에 따라 수의사와 상의하여 식단을 구성한다.
㉢ 요소의 배설을 돕는 프로바이오틱스와 신장을 보호하는 오메가 3를 추천한다.

18 과목 | 동물보건행동학   난이도 | ●●○   정답 | ②

② 약물 치료는 보조적으로만 사용해야 한다.

19 의학적 원인이 배제된 반려견의 배변 실수에 대한 원인과 치료 방법에 대한 설명으로 옳지 않은 것은?

① 배변패드 없는 곳에서 배변 : 배변패드의 수를 늘려 위생적으로 배설을 할 수 있는 공간을 확보한다.
② 마킹 : 마킹을 하려는 시점에 큰 소리로 제지한다.
③ 분리 불안 : 보호자와 분리에 적응하도록 훈련한다. 심한 경우 약물의 도움을 받는다.
④ 희뇨 : 강력하게 통제하여 식사 급여를 중단한다.
⑤ 실내 무뇨 : 실외 산책을 자주 나간다.

20 개의 식단에서 단백질이 가장 많이 요구 되는 시기는 언제인가?

① 생후 일주일
② 이유식 시기
③ 이유식 이후
④ 6개월
⑤ 1년

---

advice

19 과목 | 동물보건행동학   난이도 | ●○○   정답 | ④

④ 요실금이나 발작 등의 질병적인 원인을 확인해보고, 질병이 없는 경우에는 배변 실수를 한 강아지를 윽박지르거나 야단치지 않는다.
① 가능한 많은 곳에 배변패드를 깔아주고 청결하게 환경을 유지한다. 패드 위에 간식을 한 알씩 떨어뜨려 배변패드에 익숙해 지도록 한다. 올바른 곳에 배변을 하면 바로 칭찬하는 행동을 통해 즉각적인 반응을 보이도록 한다.
② 반려견은 새로운 영역에 들어가거나 또는 불안을 유발하는 자극이 있을 때 마킹을 한다. 반려견이 마킹하려고 할 때 보호자 는 전자 경보를 설정하거나 근처에 자갈을 던지는 등 원격으로 마킹을 제지한다.
③ 보호자와 매우 밀접한 관계를 맺고 있는 반려견은 갑자기 보호자에게 접근할 수 없게 되면 불안해질 수 있다. 점차적으로 보호 자의 부재에 익숙해지도록 훈련한다. 심각한 경우에는 약물 치료가 도움이 될 수 있다.

20 과목 | 동물보건영양학   난이도 | ●○○   정답 | ②

이유식 시기의 어린 동물은 높은 단백질의 식단(35 ~ 50%)을 제공한다.

21 반려견의 식분증에 대한 설명으로 옳지 않은 것은?

① 식분증은 자신, 다른 개, 다른 동물, 인간의 배변을 먹는 행위이다.
② 식분증은 수유를 하는 모견에게 나타나는 비정상적인 행동 중에 하나이다.
③ 식분증을 보이는 개는 사람이나 다른 개와 접촉이 적은 경우가 많다.
④ 사회화 기간 동안 감금되어 지낸 강아지는 식분증을 보일 확률이 높다.
⑤ 어린 강아지들은 호기심에 종종 배변 냄새를 맡거나 먹기도 한다.

22 고양이 식단에서 필수 영양소로 분류되지 않는 것은?

① 지방 ② 단백질
③ 비타민 ④ 탄수화물
⑤ 무기질

---

21 과목 | 동물보건행동학   난이도 | ●○○   정답 | ②

② 수유를 하는 모견은 새끼들의 배변을 도우면서 식분증을 보이지만 이것은 정상적인 행동으로 간주된다.
① 배변을 먹는 이상 행동을 식분증이라고 한다.
③④ 임상적인 원인들을 제외하고 행동학적인 관점에서 식분증은 사람이나 다른 개와 접촉하지 않고, 환경적으로 자극이 부족한 경우 발생한다.
⑤ 어린 강아지들의 호기심으로 인한 식분증은 감염 가능성이 높다. 특히 기생충이나 세균성 감염의 가능성이 크기 때문에 빨리 교정하는 것이 중요하다.

　🐾 식분증 행동 교정

　개한테서 자주 나타나는 식습관과 관련된 이상 행동은 비만, 식분증이 있다. 행동 교정은 개별적으로 분석해야 하기 때문에 식분증에 대한 고유한 치료법이 존재하지는 않다. 운동과 강아지의 자극을 증가시키고, 먹을 수 있는 장난감을 제공, 배변에 강아지가 싫어하는 냄새를 묻치는 등 효과적인 제어 메커니즘은 다양하다.

22 과목 | 동물보건영양학   난이도 | ●●○   정답 | ④

④ 고양이에게 탄수화물 소화는 제한적이고 꼭 필요한 것이 아니다.
① 동물성 지방은 또 다른 중요한 영양소 중 하나이다.
② 고양이는 육식 동물이므로 단백질에서 자신이 필요한 에너지의 대부분을 얻는다.

23 반려견의 행동심리에 대한 설명으로 옳지 않은 것은?

① 스트레스가 심한 개들은 갑자기 상대를 무는 행동을 보인다.
② 사람처럼 마음의 고통을 표현할 때 눈물을 흘린다.
③ 무리에서 자신의 위치를 지키기 위해 질투를 한다.
④ 보호자의 입을 핥는 행동은 배고플 때 나타나기도 한다.
⑤ 던진 공을 물어오는 행동은 사냥본능 중에 하나이다.

24 반려견의 행동에 대한 설명으로 옳지 않은 것은?

① 꼬리를 빳빳하게 세우고 빠르게 흔드는 것은 위협 행동이다.
② 공격 의사가 없음을 표시하기 위해 자신의 급소를 노출한다.
③ 수캐는 암캐의 소변을 통해 번식 정보를 얻을 수 있다.
④ 앞발을 내민 낮은 포복자세에서 엉덩이만 위로 세우는 것은 공격하기 전에 나타난다.
⑤ 배변을 하고 난 이후에 뒷발을 이용해 바닥을 긁는다.

---

advice

23 과목 | 동물보건행동학   난이도 | ●●○   정답 | ②

　② 마음의 고통을 느끼지만 눈물은 일반적으로 육체적 고통을 느낄 때 흘린다.

24 과목 | 동물보건행동학   난이도 | ●●○   정답 | ④

　④ 플레이 보우(Play bow)로 함께 놀이를 제안할 때 하는 자세이다.

25 반려견의 감정을 의미하는 행동을 바르게 연결한 것은?

① 위협 : 귀와 꼬리를 웅크려서 몸을 최대한 작게 만든다.

② 응석 : 입 꼬리를 올리고 혀를 길게 내밀고 거칠게 숨을 내쉰다.

③ 호기심 : 이곳저곳을 다니면서 냄새를 맡으면서 탐색한다.

④ 공포 : 콧등에 주름을 잡고 씰룩거리면서 이빨을 드러내고 낮은 으르렁 소리를 낸다.

⑤ 피곤 : 보호자의 손과 팔에 밀착하거나 앞발을 올리고 높은 톤의 소리를 낸다.

26 고양이의 감정 표현을 바르게 연결한 것은?

① 위협 : 꼬리를 위로 일직선으로 세운다.

② 어리광 : 등을 굽혀서 위로 세우고 털을 세워서 몸을 크게 만든다.

③ 흥분 : 꼬리를 부풀리면서 가볍게 떤다.

④ 불안 : 보호자에게 몸을 비빈다.

⑤ 공포 : 꼬리를 좌우로 가볍고 부드럽게 흔든다.

25 과목 | 동물보건행동학   난이도 | ●○○   정답 | ③

① 공포를 느낄 때 나타난다.

② 기쁠 때 보이는 행동이다.

④ 위협을 할 때 보이는 행동이다.

⑤ 응석을 부릴 때 하는 행동이다.

26 과목 | 동물보건행동학   난이도 | ●○○   정답 | ③

① 좋아하는 상대가 나타나면 기분이 좋을 때 하는 행동이다.

② 상대를 위협할 때 몸을 부풀린다.

④⑤ 좋아하는 상대에게 하는 행동이다.

27 고양이가 불안하고 먼저 숨거나 도망치지 못할 때 표현하는 신체언어가 아닌 것은?

① 귀는 뒤로 접고 머리를 아래로 숙이며 경계한다.
② 눈과 동공이 확장되면서 수염이 평평하게 눕는다.
③ 꼬리를 90°로 세우고 이리저리 흔든다.
④ 위협이 가라앉지 않으면 앞다리를 펴고 털을 곤두세우며 등을 동그랗게 세운다.
⑤ 그르렁거리는 퍼링(Puring) 소리를 낸다.

28 고양이의 스트레스에 대한 설명으로 옳지 않은 것은?

① 시끄러운 소리, 낯선 냄새, 예측할 수 없는 갑작스러운 움직임에 노출되면 스트레스를 받는다.
② 처벌은 스트레스 반응 행동이 바람직하지 않다는 것을 가르치는 효과적인 교육방법이다.
③ 다묘 가정환경이 스트레스 반응 행동을 유발한다.
④ 페로몬으로 고양이의 스트레스를 완화시킨다.
⑤ 과도한 그루밍은 스트레스의 신호 중에 하나이다.

---

advice

27 과목 | 동물보건행동학   난이도 | ●○○   정답 | ③

③ 꼬리를 90°로 세우고 흔드는 것은 반가울 때나 기분이 좋을 때 표현하는 신체언어이다.

불안한 고양이의 신체 언어

㉠ 처음엔 꼬리를 배 안으로 접고 자세를 낮추어 경계를 한다.
㉡ 그르렁 그르렁하는 퍼링(Puring) 소리를 내는데 두려움이나 고통 속에서 자신을 진정시키려고 노력하는 것이다.
㉢ 위협이 가라앉지 않으면 털을 세우고 몸을 부풀려 자신의 크기와 강함을 전달하려고 한다.
㉣ 불안 행동은 긁고 무는 공격적인 행동으로 빠르게 변할 수 있다.

28 과목 | 동물보건행동학   난이도 | ●○○   정답 | ②

② 처벌은 반복되는 행동을 감소시키는 목적으로 자극을 주는 것이다. 부적절하게 적용된 처벌은 두려움, 불안, 보호자에 대한 반감을 일으킬 수 있기 때문에 행동 교정을 위한 가장 바람직한 방법이라고는 할 수 없다.

29 동물병원에서 고양이 보정에 대한 설명으로 옳지 않은 것은?

① 페로몬은 집에 있는 것처럼 편안함을 느끼게 해주므로 흥분 감소를 위해 사용한다.

② 캐리어에서 고양이를 꺼낼 때 수건을 사용하여 감싸면 고양이는 노출이 덜 된 느낌을 받는다.

③ 간식은 고양이의 스트레스 수준을 낮춰 고양이의 보정과 원활한 검사 진행에 도움이 될 수 있다.

④ 고양이가 지쳐서 얌전해질 때까지 보정을 계속 시도한다.

⑤ 민감성과 공격성을 줄이는 데 도움이 되는 약물은 가바펜틴이나 우유 성분의 진정제(질켄)가 있다.

30 청각장애 고양이에 대한 설명으로 옳지 않은 것은?

① 고양이가 나이가 들면서 점진적으로 청력을 잃는 경우 보호자가 알아차리기가 쉽지 않다.

② 선천성 청각장애는 검은색 고양이에게 대부분 나타난다.

③ 다묘 가정에서 생활하는 청각 장애 고양이는 다른 고양이를 보고 주위 상황을 유추한다.

④ 청각장애 고양이는 주변 환경을 매우 경계하는 경향이 있다.

⑤ 청각장애 고양이는 주변 환경을 시각적으로 조율하기 때문에 보호자와 신체 언어를 통한 의사소통이 필요하다.

---

advice

29 과목 | 동물보건행동학　난이도 | ●○○　정답 | ④

　④ 동물병원 직원이나 고양이 모두에게 스트레스를 주고 부상의 위험을 무릅쓰고 동물 보정을 계속 시도하는 것은 좋지 않다.

　⑤ 고양이가 진정되지 않고 공격성이 계속 유지된다면 진정제를 사용하도록 한다.

30 과목 | 동물보건행동학　난이도 | ●○○　정답 | ②

　② 일부 고양이는 유전적 결함 때문에 부분적으로 또는 완전히 청각 장애를 안고 태어난다. 선천성 청각장애는 색소와 관련이 있으며 대부분 흰색 모피를 가지고 있다. 푸른 눈 또는 녹색 눈을 가진 흰색 고양이가 항상 청각장애를 가지는 것은 아니지만 유전적으로 파란 눈을 가진 흰 고양이가 다른 색깔의 눈을 가진 고양이보다 청각장애가 있을 확률이 3 ~ 5배 높다.

31 골관절염으로 통증이 있는 10살 이상의 고양이에게 나타나는 행동으로 적절하지 않는 것은?

① 화장실을 사용하지 않고 집 안의 다른 곳에서 소변을 본다.

② 갑자기 계단 사용을 거부하거나 눈에 띄게 사용을 꺼린다.

③ 캣타워나 창틀에 점프하지 않는다.

④ 들어 올리거나 특정 신체를 만졌을 때 공격적으로 반응한다.

⑤ 그루밍에 과도하게 시간을 많이 쓴다.

32 토끼의 행동 장애와 중성화에 대한 설명 중 옳지 않은 것은?

① 중성화 전 공격적인 수컷은 중성화로 개선될 수 있다.

② 중성화 전 암컷의 공격성은 공격적인 행동이 고착화되지 않았을 때 중성화로 개선할 수 있다.

③ 중성화 전 암컷의 공격성은 충분한 공간을 제공하면 개선될 수 있다.

④ 중성화 전 암컷에게 나타나는 소변 실수를 완화하기 위해서 중성화만이 효과가 있다.

⑤ 가임신은 여러 이상 행동을 유발하며 중성화로 예방할 수 있다.

🐶 **advice**

31 과목 | 동물보건행동학　난이도 | ●○○　정답 | ⑤

10살 이상의 고양이에게 자주 발생하는 질병인 골관절염으로 인해서 허리와 엉덩이에 문제가 생기고 움직임이 제한된다. 가장자리가 높은 상자에 들어가거나 캣타워에 올라가는 것 등을 불편해하고 고통을 느낀다. 이러한 통증으로 행동학적으로 허리나 골반 부분에 몸을 구부리는 것이 힘들기 때문에 털을 관리하기가 어렵기 때문에 그루밍에 시간을 많이 사용하지 않는다.

32 과목 | 동물보건행동학　난이도 | ●●○　정답 | ④

④ 암컷의 경우는 다양한 원인이 있다. 방광염·요도염, 요로 폐쇄(방광슬러지), 척수질환 등과 같은 병리학적 원인으로 질환이 있을 수도 있으므로 구분이 필요하다. 조치 방법은 중성화를 포함하여 집단 구조를 변화시키거나, 환경을 다양화 하면서 개선할 수 있다. 수컷의 경우 소변 실수는 대부분 중성화로 효과를 본다.

33 심혈관 시스템에 대한 설명으로 옳지 않은 것은?

① 심장 : 가슴 한가운데에 위치한 근육 펌프이다.
② 림프 모세혈관 : 모세혈관에서 분실된 과잉 액체를 반환한다.
③ 정맥 : 조직에서 수집된 혈액을 다시 심장으로 보내는 혈관이다.
④ 모세혈관 : 조직에서 산소를 교환하여 직접 심장으로 보낸다.
⑤ 동맥 : 혈액을 모세혈관으로 전달하는 혈관이다.

34 혈액에 대한 설명으로 옳지 않은 것은?

① 혈액은 산소, 영양분, 비타민 등, 몸의 장기에 필요한 성분을 운송하는 역할을 한다.
② 혈액은 액체성분인 혈장 55%, 고체성분인 혈구 45%로 구성된다.
③ 혈액에는 나트륨, 칼륨과 같은 전해질은 포함되지 않는다.
④ 혈액은 알부민, 글로불린, 피브리노겐 같은 단백질을 함유한다.
⑤ 혈장 단백질 피브리노겐은 혈액 응고에 기여한다.

---

advice

33 과목 | 해부생리학   난이도 | ●●○   정답 | ④

④ 폐에서 산소를 채운 혈액은 동맥을 통해 각 조직으로 운반되고 모세혈관과 세포 사이에서 이산화탄소와 산소의 교환이 이루어 진다. 교환이 이루어진 혈액은 정맥을 통해 심장으로 이동한다.

② 체액은 혈관 내의 혈장과 혈관 밖의 간질액으로 구성되며 림프모세혈관으로 연결되어 있다. 림프모세혈관은 혈관이나 모세 혈관에서 조직으로 누출되는 액체를 운반 후, 순환계로 되돌려 보내서 조직에 체액이 축적되는 것을 방지한다.

34 과목 | 해부생리학   난이도 | ●●○   정답 | ③

③ 혈장은 수분과 혈장 단백질 이외에도 소량의 전해질과 호르몬을 함유하고 있다. 이는 체온 및 pH를 유지하는 역할을 한다.

① 온몸의 모든 세포에 산소나 영양분 등을 운반한다. 신진대사로 생산된 노폐물, 이산화탄소를 다시 특정된 기간으로 이동시 켜 배출을 돕는다.

④ 혈액 속에 존재하는 백혈구와 혈소판, 혈액 응고인자는 면역 및 혈액 응고에 한 부분을 차지하고 있다.

35 다음 중 신장의 기능에 대한 설명으로 옳지 않은 것은?

① 크레아티닌을 생성하고 혈중으로 흡수를 돕는다.

② 산 – 염기 균형을 조절한다.

③ 혈중 외부 화학물질을 소변으로 배출할 수 있게 한다.

④ 포도당을 합성한다.

⑤ 적혈구의 생산을 조절한다.

36 여러 층으로 구성된 부신피질의 바깥층에서 안쪽 순서로 바르게 나열된 것은?

① 망상대 – 속상대 – 사구대 – 부신 수질

② 부신수질 – 사구대 – 속상대 – 망상대

③ 망상대 – 부신 수질 – 부신 피질 – 사구대

④ 사구대 – 속상대 – 망상대 – 부신 수질

⑤ 부신 수질 – 부신 피질 – 망상대 – 속상대

---

advice

35 과목 | 해부생리학   난이도 | ●○○   정답 | ①

① 신장은 크레아티닌, 요산, 요소 등 신진대사 노폐물을 제거하고 소변으로 배출을 돕는다.

② 산 – 염기 균형을 조절하고, 물, 비유기적 이온의 균형도 조절한다.

④ 금식이 지속될 때 아미노산과 다른 전구체를 이용해 포도당을 합성한다.

⑤ 신장에서 생성되는 에리스로포이에틴(Erythropoietin)이라는 호르몬을 통해 적혈구 생산을 조절한다.

36 과목 | 해부생리학   난이도 | ●●●   정답 | ④

부신

㉠ 정의 : 신장의 앞쪽에 위치한 한 쌍의 내분비선이다.

㉡ 구성 : 부신 피질과 부신 수질의 두 유형의 조직으로 구성된다.

㉢ 부신수질 : 중앙에 위치하고 부신 피질은 부신 수질 외부에 존재한다.

㉣ 부신피질 : 망상대(부신 피질의 가장 안쪽 층), 속상대(부신 피질의 중간층) 및 사구대(부신피질의 가장 바깥쪽 층)의 세 층으로 나뉜다.

㉤ 특징 : 각 층은 각각의 호르몬인 알도스테론, 코티솔, 성호르몬을 생성한다.

37 다음 중 홍채조임근을 통해 동공의 크기를 조절하는 신경은?

① 시각신경

② 외향신경

③ 동안신경

④ 삼차신경

⑤ 얼굴신경

38 해부학 구조 중에서 상부 호흡기에 속하지 않는 기관은 무엇인가?

① 코

② 횡격막

③ 비강

④ 후두

⑤ 인두

advice

37 **과목 | 해부생리학   난이도 | ●○○   정답 | ③**

③ 동안신경은 섬모체 신경을 자극해 홍채조임근을 통해 동공을 조절하며, 눈을 돌리거나 윗 눈꺼풀을 올릴 때 사용된다.

38 **과목 | 해부생리학   난이도 | ●○○   정답 | ②**

상부 호흡기에는 코, 비강, 후두, 인두가 속하고 하부 호흡기에는 기관, 기관지, 폐가 속한다. 횡격막은 복부 골반강의 일부로 흉강 아래와 골반강 위에 있으며 공기를 흡입하는 중심적인 역할을 한다.

39 흡기를 할 때 나타나는 특징으로 옳은 것은?

① 횡격막 수축

② 흉강 수축

③ 폐 수축

④ 폐포 압력 증가

⑤ 이산화탄소 폐에 도달

40 신경계의 특징으로 옳은 것은?

① 중추신경계는 뇌와 자율신경계이다.

② 연수는 심장운동에 관여한다.

③ 척수는 몸의 균형유지를 담당한다.

④ 신 음식을 보면 침이 고이는 것은 중뇌의 작용이다.

⑤ 체온을 일정하게 유지하는 것은 대뇌이다.

---

advice

39 과목 | 해부생리학 난이도 | ●●○ 정답 | ①

① 흡기를 하면 횡격막은 수축하고 흉강은 확장이 된다. 확장이 된 흉강은 폐포의 압력을 감소시킨다. 대기압보다 낮은 압력으로 공기가 폐로 흡입이 된다.

40 과목 | 해부생리학 난이도 | ●○○ 정답 | ②

① 중추신경계에는 뇌와 척수가 있다.

③ 몸의 균형유지를 담당하는 것은 소뇌에 해당한다.

④ 신 음식을 보고 침이 고이는 것은 기억에 관여하는 대뇌의 작용이다.

⑤ 체온을 일정하게 유지하는 것은 간뇌에 해당한다.

신경계

㉠ 구분 : 중추신경계와 말초신경계로 나뉜다.

㉡ 중추 신경계 : 뇌와 척수이다.

㉢ 말초 신경계 : 뇌와 척수에서 뻗어 나와서 근육과 장기를 포함 한 신체의 다른 부분으로 확장되는 모든 신경을 포함한다. 말초신경계는 체성신경계와 자율신경계의 두 부분으로 나뉜다.

41 앞다리를 몸통 뼈대에 부착시키는 근육인 앞다리 외재성 근육에 해당하지 않는 것은?

① 얕은 가슴근   ② 깊은 가슴근
③ 부리상완근   ④ 등세모근
⑤ 마름근

42 다음 〈보기〉의 그림에서 ㉠에 해당하는 단면은?

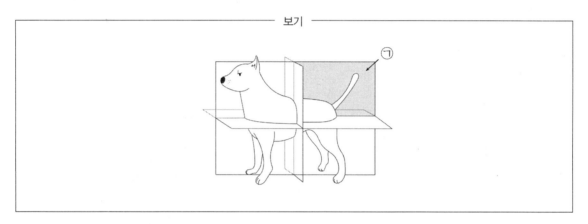

① 정중단면(Median plane)   ② 시상단면(Sagittal plane)
③ 가로단면(Transverse plane)   ④ 등쪽단면(Dorsal plane)
⑤ 배쪽단면(Ventral plane)

advice

41 과목 | 해부생리학   난이도 | ●●●   정답 | ③

앞다리 외재성 근육은 얕은 가슴근, 깊은 가슴근, 상완머리근, 어깨가로돌기근, 등세모근, 마름근, 넓은 등근, 배쪽톱니근으로 구성된다.

42 과목 | 동물생리학   난이도 | ●●○   정답 | ①

① 정중단면(Median plane) : 장기나 구조를 왼쪽과 오른쪽의 긴축으로 반으로 나눈 단면이다.
② 시상단면(Sagittal plane) : 정중단면에 평행하며 긴축으로 자른 단면이다.
③ 가로단면(Transverse plane) : 긴축으로부터 수직하게 자른 단면이다.
④ 등쪽단면(Dorsal plane) : 시상단면과 수직으로 직각을 이루는 등에 가까운 단면이다.
⑤ 배쪽단면(Ventral plane) : 시상단면과 수직으로 직각을 이루는 배에 가까운 단면이다.

43 다음 고양이의 형태학적 특성으로 옳은 것은?

① 등뼈가 개에 비해서 뻣뻣하다.

② 발가락의 개수가 앞발과 뒷발이 동일하다.

③ 동공이 잘 발달되어 밝은 곳에서는 1mm 폭까지 좁힐 수 있다.

④ 땀샘이 발달되어 털에 습기가 많다.

⑤ 뒷발이 앞발보다 길어서 방향을 빠르게 바꿀 수 있다.

44 토끼의 야간 배설물에 대한 설명으로 옳지 않은 것은?

① 밤에 생산되기 때문에 야간 배설물이라 부른다.

② 야간 배설물은 몸에 영양분이 부족할 때 섭취한다.

③ 야간 배설물에는 아미노산, 비타민, 효모, 무기질, 미생물이 포함되어 있다.

④ 보통의 변보다 부드럽기 때문에 설사로 보일 수 있다.

⑤ 과체중 토끼는 항문에서 나온 야간 배설물의 섭취가 어렵다.

🐶 **advice**

43 과목 | 동물생리학   난이도 | ●●○   정답 | ③

① 등뼈는 매우 유연하여 자유롭게 움직일 수 있다.

② 앞발의 발가락은 5개이고 뒷발은 4개이다.

④ 땀샘이 없어서 그루밍을 하여 털을 손질한다.

⑤ 긴 뒷발은 추진력과 도약력에 도움을 준다. 앞발이 방향을 바꾸는 역할을 한다.

44 과목 | 동물생리학   난이도 | ●○○   정답 | ②

② 건강한 토끼는 매일 밤에 야간 배설물을 항문에서 직접 섭취한다.

① 토끼는 보통의 단단한 대변과 부드러운 야간 배설물 두 가지 유형의 대변을 분비한다. 보통의 대변은 음식 섭취 도중 또는 직후에 배설되며 야간 배설물은 주로 밤에 또는 적어도 식사 4시간 후 배설된다.

③ 야간 배설물은 토끼의 소화 시스템의 기능적인 건강 상태를 유지하는 중요한 아미노산, 비타민, 효모, 무기질 및 미생물이 포함되어 있기 때문에 재섭취 하여 활용한다.

④ 야간 배설물은 보통의 대변보다 작고 부드러워 설사로 오해하기 쉽다.

⑤ 보호자의 눈에 잘 띄지 않지만 과체중, 치아가 너무 길거나 허리에 통증이 있는 토끼는 항문에서 야간 배설물을 섭취하는 것에 어려움을 겪을 수 있고, 이것은 소화 장애로 이어져 생명까지 위협할 수 있다.

45 토끼의 신체 특징으로 옳은 것은?

① 털에 방수 기능이 없으므로 물에 닿지 않도록 유지한다.
② 서있는 귀보다 접혀진 귀가 청력이 더 좋다.
③ 토끼는 기운이 없을 때 귀가 위로 세워져 있다.
④ 홍채에 멜라닌 색소가 많다.
⑤ 치아는 평생 계속 자란다.

46 햄스터의 신체구조 특징으로 옳지 않은 것은?

① 정상체온은 37 ~ 39℃이다.
② 앞발을 사용하여 먹이를 집는다.
③ 발달한 후각으로 적을 구별한다.
④ 위아래에 4개의 앞 이빨은 평생 자란다.
⑤ 시각이 발달하여 색을 구별한다.

45 과목 | 동물생리학　난이도 | ●○○　정답 | ⑤

① 털은 방수 기능이 있다.
② 서있는 귀가 청력이 더 좋다.
③ 기운이 없으면 귀가 눕혀져 있다.
④ 멜라닌 색소가 없어서 혈관이 비쳐지면서 빨갛게 보인다.

46 과목 | 동물생리학　난이도 | ●○○　정답 | ⑤

⑤ 야행성으로 어두운 곳에서 잘 볼 수 있지만 색 구별은 하지 못한다.

47 불수의근의 특징이 아닌 것은?

① 심근이 해당한다.

② 부교감신경계 지배를 받는다.

③ 호르몬 조절에 따라서 움직인다.

④ 의지로 움직임을 조절할 수 없다.

⑤ 수의근에 비해서 운동속도가 느리다.

48 동물매개치료의 4대 구성 요소가 아닌 것은?

① 내담자

② 운동도구

③ 동물 매개 심리상담사

④ 현장

⑤ 치료도우미 동물

---

advice

47 과목 | 동물생리학   난이도 | ●○○   정답 | ②

② 자율신경계 지배를 받는다.

①③④⑤ 불수의근은 의지와 상관없이 움직이는 근육이다. 내장근육과 심근이 불수의근에 해당한다. 호르몬이나 신경 조절에 따라 움직이는 근육이다. 또한 긴장을 하면 근육이 움직이기도 한다.

48 과목 | 반려동물학   난이도 | ●○○   정답 | ②

동물매개치료(Animal assisted therapy)는 살아있는 동물이 치유가 필요한 사람에게 효과를 주는 의학적 요법을 의미한다. 4대 구성요소로는 치유가 필요한 내담자, 동물 매개 심리상담사, 치료도우미 동물, 치료 현장으로 구성된다.

49 반려견의 비만 원인이 아닌 것은?

① 사료 섭취량 증가 　　　　　　　② 운동 부족

③ 단백질 위주 식단 　　　　　　　④ 견종에 따른 유전적 요인

⑤ 암캐의 중성화

50 다음 중 암캐의 중성화 수술의 단점이 아닌 것은?

① 전신 마취의 위험성

② 요실금의 위험

③ 체중 증가에 경향

④ 면역력의 감소

⑤ 호르몬 관련 질환 가능성 증가

---

advice

49 과목 | 반려동물학　난이도 | ●●○　정답 | ③

③ 고구마, 호박, 닭가슴살 등의 섬유질, 고단백 위주 식단은 비만을 예방한다.

① 반려견의 과체중에 보호자가 상당한 기여를 한다. 보호자는 반려견에게 할 수 있는 한 모든 것을 주고 싶은 마음에 사료를 너무 자주 또는 너무 많은 양을 주는 경우가 생기게 된다. 많은 보호자는 강아지의 일일 적정 칼로리를 고려하지 않고 반려동물에게 추가 간식을 준다. 건강한 성인견은 보통 하루에 자기 체중의 약 2.5%를 섭취하는 것이 적당하다.

② 적은 운동량은 반려동물을 비만으로 이끈다. 산책을 자주 하고 다양하고 활동적인 프로그램으로 구성하도록 한다.

④ 래브라도, 골든 리트리버, 코커스패니얼 또는 비글과 같은 특정 견종은 비만에 더 취약하다. 비만에 취약한 견종은 식이 요법과 운동에 특별한 주의를 기울여야 한다. 반대로 그레이하운드 견종은 과체중 또는 비만이 될 가능성은 적다.

⑤ 중성화만으로는 비만이 발생하지 않지만 신체 활동 감소하고 식욕억제에 효과가 있는 성호르몬이 없어지면서 비만이 될 가능성이 높아진다.

50 과목 | 반려동물학　난이도 | ●●○　정답 | ④

행동이 느려지고 활동량이 줄어들면서 비만이 되는 경우가 많다. 호르몬 관련 질환, 심장 혈관육종, 갑상샘저하증, 요실금 등의 발병률이 증가한다.

🐱TIP 중성화의 장점

㉠ 발정기가 없고 원치 않는 임신 및 출산이 없다.

㉡ 첫 발정기 이전에 중성화 수술은 유방암 발병의 위험을 감소시킨다.

㉢ 노년기에 나타날 수 있는 자궁축농증을 예방한다.

㉣ 당뇨병 발병 위험이 현저히 낮다.

51 햄스터 관리에 대한 설명으로 옳지 않은 것은?(단, 난쟁이 햄스터는 제외)

① 보통 수명은 1 ~ 3년이며, 생후 한 달이 지나면 성 성숙기에 도달한다.
② 짝짓기 기간을 제외하고 주로 혼자 생활한다.
③ 야행성이며 일광에서는 제한된 활동을 한다.
④ 출생 한 달 후에는 유치에서 영구치로 전환된다.
⑤ 입 안쪽에 음식물을 저장하는 주머니가 있다.

52 토끼를 사육할 때 유의사항으로 적절하지 않은 것은?

① 사육 공간은 토끼가 일어서도 닿지 않을 정도로 높은 곳이 좋다.
② 더운 환경이 사육에 적합하므로 사육환경은 높은 온도를 유지한다.
③ 건초는 하루 종일 먹을 수 있도록 쌓아두어야 한다.
④ 딱딱한 먹이를 급여하여 앞 이빨이 많이 자라지 않도록 한다.
⑤ 배추 잎, 무 잎은 급여해도 되는 야채이다.

---

 advice

51 과목 | 반려동물학　난이도 | ●○○　정답 | ④

④ 햄스터의 치아는 출생 전이나 직후에 나서 평생 동안 자란다. 다른 설치류와 마찬가지로 치아의 지속적인 마모를 필요로 한다. 그에 따른 사료 선택에 특별한 주의가 필요하다.
② 햄스터는 다른 햄스터에게 매우 공격적일 수 있다. 물린 상처는 치명적인 부상을 입히기 때문에 혼자 생활한다.
③ 야행성으로 낮에는 활동량이 적다.
⑤ 햄스터는 사막 동물이다. 식량 부족을 대비해 지하 저장실에 음식을 저장한다. 햄스터의 입에는 음식물을 저장하는 주머니는 음식을 보관 및 운반하는 데 유용하다.

　🐱 난쟁이 햄스터
일반적인 햄스터와 달리 충분한 공간이 주어진다면 두 마리가 함께 살 수 있다. 또한 야행성이 아니다.

52 과목 | 반려동물학　난이도 | ●○○　정답 | ②

② 더위에 약하므로 17 ~ 23℃의 온도를 유지해야 한다.

53 강아지 외이염 예방 방법으로 옳지 않은 것은?

① 면봉으로 매일 귀를 청소한다.

② 귓속에 털을 뽑지 않는다.

③ 수영이나 목욕 후 귀를 잘 건조시킨다.

④ 귀에 풀이나 이물질이 들어가면 즉시 제거한다.

⑤ 수의사와 상의 없이 귀에 액체나 오일을 귀에 넣지 않는다.

54 고양이의 형태학적 특징으로 옳지 않은 것은?

① 생후 3~5개월 사이에 영구치로 이갈이를 한다.

② 내이에 있는 반원형 관으로 균형유지를 한다.

③ 혀가 돌기 구조로 되어 있어서 털을 그루밍하는 능력이 우수하다.

④ 가청주파수가 20Hz~40KHz로 개보다 청각능력이 떨어진다.

⑤ 망막에 반사막에서 반사가 되면서 어두운 곳에서 눈이 빛난다.

advice

53 과목 | 반려동물학   난이도 | ●○○   정답 | ①

① 면봉으로 귀를 청소하는 것은 먼지와 귀지를 오히려 깊숙이 밀어 넣고 문제를 악화시킬 가능성이 높다.

② 귓속 털을 뽑는 것은 건강한 귀에서 필요하지 않으며 귀 감염의 문제를 악화시킬 수도 있다.

⑤ 고막이 손상된 경우, 중이로 들어갈 수 있기 때문에 병원에서 귀를 검사하기 이전에 아무 액체를 넣는 것도 조심해야 한다.

54 과목 | 반려동물학   난이도 | ●○○   정답 | ④

④ 가청주파수가 30Hz~60KHz로 개보다 청각이 뛰어나다.

55 개의 구조적 특징으로 옳지 않은 것은?

① 갈비뼈가 13개이다.

② 며느리발톱을 포함하여 발가락이 5개 있다.

③ 비경은 건조해야 건강한 것이다.

④ 피부에 땀샘에 존재하지 않는다.

⑤ 허파는 좌우가 모양이 다르다.

56 POMC 유전자의 돌연변이로 포만 신호가 부족한 개의 품종은 무엇인가?

① 래브라도 리트리버

② 비글

③ 코커스파니엘

④ 복서

⑤ 달마시안

---

advice

55 과목 | 반려동물학　난이도 | ●○○　정답 | ③

③ 비경(코평면)은 촉촉하고 광택이 있어야 건강한 것으로 건조한 경우는 발열이 있는 것이다.

⑤ 우측 폐는 3개로 나뉘고, 좌측 폐는 2개로 나뉜다.

56 과목 | 반려동물학　난이도 | ●●●　정답 | ①

① POMC 유전자 돌연변이는 래브라도 리트리버와 플랫 코팅 리트리버에서 주로 나타난다.

POMC 유전자 돌연변이

㉠ 정의 : POMC 유전자는 개의 뇌에서 식욕을 조절하는 단백질 생성 역할을 하는데, POMC 유전자에 돌연변이가 생기면 음식을 먹고 난 후 포만감에 대한 신호를 뇌에서 효과적으로 수신하지 못하기 때문에 식사 후에도 굶주림이 남아 있는 것이다.

㉡ 치료 : POMC 유전자 돌연변이는 특정 치료법은 없다. POMC 유전자 돌연변이가 식욕을 증가한다는 점에 유의하는 것이 중요하고 적절한 열량 섭취와 운동으로 충분히 극복할 수 있다.

㉢ 유의사항 : 알려진 또는 의심되는 POMC 유전자 돌연변이를 가진 강아지의 보호자는 반려견이 건강한 체중을 유지하기 위한 규정식과 운동 프로그램 등에 대해 수의사에게 조언을 받도록 한다.

57 반려동물 치아 관리 방법에 대한 설명으로 옳지 않은 것은?

① 양치질은 플라크 제거에 가장 효과적이다.

② 칫솔과 치약은 사람이 사용하는 것을 이용해도 무방하다.

③ 치아 건강에 이상이 없는 동물은 일주일에 3일, 치주 질환이 있다면 매일 양치질을 한다.

④ 칫솔은 45° 각도로 잇몸에 대고 원을 그리며 닦는다.

⑤ 클로어헥시딘은 가장 효과적인 플라크 방지제이다.

58 고양이 질환에 대한 설명으로 옳지 않은 것은?

① 고양이 칼리시바이러스는 고양이과 동물에게만 감염이 된다.

② 고양이 칼리시바이러스는 결막염, 기침 등의 증상이 나타난다.

③ 고양이 3종 백신으로 고양이 전염성 복막염 예방이 가능하다.

④ 고양이 코로나바이러스로 인해서 고양이 전염성 복막염이 발병한다.

⑤ 고양이 허피스바이러스에 한 번 감염되면 치료되지 않고 면역이 떨어지면 다시 재발한다.

---

 advice

57 과목 | 반려동물학   난이도 | ●○○   정답 | ②

② 다양한 반려동물 칫솔 및 치약이 시중에서 판매되지만 어린 아이의 칫솔을 사용하여 케어를 해주는 것도 가능하다. 반면 사람용 치약은 반려동물들이 삼켰을 때 해로울 수도 있기 때문에 권장하지 않는다.

① 치석과 플라크를 제거하는 것은 개와 고양이의 예방적 치과 치료에 중요한 부분이다. 정기적으로 전문적인 치료를 받는 것도 중요하나 홈 케어로 매일 이를 닦는 효과가 크다.

③ 양치질은 하루에 한 번 이상을 하는 것이 이상적이지만, 대부분의 보호자에게 이것은 매우 비현실적이다. 동물보건사는 보호자를 독려하고, 예방적 치과 치료, 올바른 홈 케어에 대해 설명할 수 있어야 한다.

⑤ 대부분의 동물들은 한 번에 모든 치아를 닦을 때 3 ~ 4주의 적응기간이 필요하고 간혹 양치질을 거부하기도 한다. 이런 경우 국소 항플라크제(클로헥시딘 또는 디글루코네이트)의 사용이 필요하기도 하다.

58 과목 | 동물질병학   난이도 | ●●○   정답 | ③

③ 3종 종합 백신은 범백혈구 감소증(FPV), 바이러스성 비기관염(FVR), 칼리시바이러스(FCV)를 예방할 수 있다. 고양이 전염성 복막염은 단독 백신을 접종해야 한다.

59 **고양이 구내염에 대한 설명으로 옳지 않은 것은?**

① 고양이 칼리시바이러스(FCV)이 원인이 되기도 한다.

② 발병을 하면 물을 자주 마시면서 소변량이 증가한다.

③ 독극물에 의해 발병할 수 있다.

④ 비타민 A가 부족하면 나타날 수 있다.

⑤ 치료 방법 중에 발치가 있다.

60 **선천적이기도 하지만 당뇨병 합병증으로 인해 생기는 이 질병은 수정체를 하얗게 만들어 시력을 떨어뜨리고 심하면 실명까지 이르게 한다. 이 질병의 명칭으로 적절한 것은?**

① 각막염

② 백내장

③ 안검 외번증

④ 유루증

⑤ 순막 노출증

59 과목 | 동물질병학   난이도 | ●●○   정답 | ②

　② 구강질환인 구내염이 발병하면 음식을 삼킬 때 통증으로 음식이나 수분 섭취를 잘 하지 않는다.

60 과목 | 동물질병학   난이도 | ●●○   정답 | ②

　① 각막에 염증이 생긴 것이다.

　③ 안검이 올라가서 눈이 건조하여 세균 감염이 되는 것이다.

　④ 눈물이 과다하게 분비되어 나타나는 증상이다.

　⑤ 눈 안쪽에 붉은 혹이 돋아나는 증상이다.

제2과목	예방 동물보건학 (60문항)

1 수의 의무기록 사항으로 적절하지 않은 것은?

① 보호자 이름

② 동물의 종류

③ 보호자 상담내용

④ 동물의 과거 접종 내역

⑤ 동물 입양기관

2 수의 간호기록에서 주관적 자료에 해당하는 것으로 적절한 것은?

① 체온　　　　　　　　　② 식욕 상태

③ 체중　　　　　　　　　④ 오줌량

⑤ 호흡수

1 과목 | 동물병원실무　난이도 | ●○○　정답 | ⑤

⑤ 동물의 입양기관은 수의 의무기록사항이 아니다.

　 수의 의무기록사항

보호자 정보, 동물 정보, 동물의 과거·현재 병력, 신체검사 내용, 진단 결과 및 예후, 검사 결과, 치료 계획, 보호자 상담 내용 및 주의사항 등이 있다.

2 과목 | 동물병원실무　난이도 | ●○○　정답 | ②

② 움직임이나 반응, 자세, 식욕 등은 주관적으로 관찰하여 기록한 내용으로, 주관적 자료에 해당한다.

①③④⑤ 객관적으로 측정하여 결과를 도출할 수 있는 것은 객관적 자료에 해당한다.

3 다음 중 수의 약어를 잘못 연결한 것은?

① AD : 오른쪽 귀

② AG : 항문주위샘

③ BM : 체중

④ CRT : 모세혈관 재충만시간

⑤ HBC : 교통사고

4 동물 수술을 진행할 때 사용되는 동의서에 법적 효력 발생을 위해 반드시 들어가야 하는 내용은?

① 동물의 종류   ② 보호자 서명

③ 수술명   ④ 수술 금액

⑤ 보호자 정보

 advice

3   과목 | 동물병원실무   난이도 | ●○○   정답 | ③

③ BM : bowel movement → 배변

① AD : right ear → 오른 쪽 귀

② AG : anal glands → 항문주위샘

④ CRT : capillary refill time → 모세혈관 재충만시간

⑤ HBC : hit by car → 교통사고

BW : body weight → 체중

4   과목 | 동물병원실무   난이도 | ●○○   정답 | ②

법적 효력을 위해서는 보호자 서명이 반드시 필요하다.

5   의료 폐기물에 해당하는 것은?

① 혈액이 묻은 거즈
② 의료용품 포장지
③ 미용할 때 깎은 동물의 털
④ 가정에서 건강한 동물이 사용한 배변패드
⑤ 깨끗한 솜

6   의료폐기물에 대한 설명으로 옳지 않은 것은?

① 봉투형 전용용기에는 그 용량에 가득 채워서 의료폐기물을 넣는다.
② 소독약품 및 분무기 등 소독장비와 이를 보관할 수 있는 시설을 갖춘다.
③ 의료폐기물을 보관하는 냉장시설의 내부 온도를 섭씨 4도 이하로 유지한다.
④ 한번 사용한 의료폐기물 전용용기는 다시 사용하여서는 아니 된다.
⑤ 격리의료폐기물을 표시하는 도형의 색상은 붉은 색이다.

---

advice

5   과목 | 동물병원실무   난이도 | ●○○   정답 | ①

① 혈액이 묻어있다면 조직물류폐기물로 위해의료폐기물에 해당한다.
② 깨끗한 포장지라면 일반폐기물이다.
③ 동물의 털은 일반폐기물에 해당한다.
④ 가정에서 사용한 건강한 동물의 배변패드는 일반폐기물이다.
⑤ 솜에 이물질이 묻지 않았다면 일반폐기물이다.

6   과목 | 동물병원실무   난이도 | ●●○   정답 | ①

①「폐기물관리법 시행규칙」에 따라 봉투형 용기에는 그 용량의 75퍼센트 미만으로 의료폐기물을 넣어야 한다.

7 동물등록제에 사용되는 내장 마이크로 칩에 대한 설명을 옳지 않는 것은?

① 잃어버린 반려동물의 가족을 찾는 데 도움이 된다.

② 동물병원에서 빠르고 쉽게 삽입이 가능하며 마취가 필요하지 않다.

③ 왼쪽 목 주위에 삽입이 되며 어깨 영역에서 멀리 떨어져 삽입하므로 이동하는 경우는 적다.

④ 마이크로 칩으로 반려동물의 위치 추적이 가능하다.

⑤ 여러 국가에서 식별 방법으로 사용되고 있으며 반려동물과 여행하는 사람들에게 필수이다.

8 동물등록에 대한 설명으로 옳지 않은 것은?

① 내장형이나 외장형 무선식별장치를 개체에 삽입하여 등록한다.

② 주택·준주택에서 반려 목적으로 기르는 2개월 이상의 개는 등록 대상이다.

③ 시·군·구청에서 지정한 동물병원에서 등록할 수 있다.

④ 보호자가 동물등록 신청서를 제출하면 동물보호관리시스템에 등록한다.

⑤ 등록신청인이 직접 방문하지 않고 유선으로 대리인 신청이 가능하다.

🐶 **advice**

7 과목 | 동물병원실무   난이도 | ●○○   정답 | ④

④ 마이크로 칩에는 GPS가 없어서 위치 추적은 불가능하다.

8 과목 | 동물병원실무   난이도 | ●○○   정답 | ⑤

⑤ 등록신청인이 방문하지 않는다면 신청이 불가하다. 대리인이 신청하는 경우 위임장, 신분증 사본이 필요하다.

9 반려동물의 출입국 관리에 대한 설명으로 옳지 않은 것은?

① 국가별로 검역조건이 다르다.

② 국내에 입국할 때 검역증명서가 없으면 반려동물은 반송 조치된다.

③ 모든 국가는 반려동물은 화물탑승으로 들어오도록 규정한다.

④ 농림축산검역본부 사무실에서 검역 신청을 한다.

⑤ 검역증명서 발급받을 때 광견병 중화항체 검사결과 서류가 필요하다.

10 검사실이나 수술실 환경소독제로 주로 사용되는 것으로 가장 적절한 것은?

① 치아염소산나트륨

② 알코올

③ 포름알데하이드

④ 글루타알데하이드

⑤ 클로르헥시딘

---

advice

9 과목 | 동물병원실무 난이도 | ●●○ 정답 | ③

③ 국가나 항공사 조건에 따라 기내탑승이나 수하물 탑승이 가능하다. 일부 국가에서만 화물탑승으로만 들어오도록 규정한다.

10 과목 | 동물병원실무 난이도 | ●●○ 정답 | ①

① 락스 성분의 환경소독제로 바닥이나 입원실의 환경표면 소독에 주로 사용한다.

② 국소살균제로 주로 사용한다.

③④ 내시경을 소독할 때 주로 사용한다.

⑤ 피부소독제로 주로 사용한다.

11 병원에서 사용하는 의료 소모품 중에 진료 소모품을 〈보기〉에서 모두 고른 것은?

보기

㉠ 필기류
㉡ 포셉
㉢ 주사기
㉣ 반창고
㉤ 카테터
㉥ 수술칼

① ㉠㉡   ② ㉡㉢㉣
③ ㉢㉣㉤   ④ ㉤㉣㉥
⑤ ㉡㉢㉣㉥

12 전염성이 강한 질병에 감염된 동물을 일반 입원동물과 분리하기 위한 입원실로 가장 적절한 것은?

① 특수동물 입원실   ② 집중 치료실
③ 일반 입원실   ④ 격리 입원실
⑤ 중환자실

advice

11 과목 | 동물병원실무   난이도 | ●○○   정답 | ③

㉠ 일반 소모품이다.
㉡㉥ 수술기구이다.

🐱TIP 진료 소모품
주사기, 카테터, 수액 용품, 거즈, 솜, 반창고 등이 해당한다.

12 과목 | 동물병원실무   난이도 | ●●○   정답 | ④

④ 전염성이 강한 질병에 감염된 동물을 분리하여 치료하기 위한 입원실이다. 별도의 환기시설을 사용한다.
① 특수동물을 위한 일반입원실이다.
③ 비교적 가벼운 질병을 치료를 위한 입원실로 환기, 보온 유지가 용이하다.
②⑤ 상태가 좋지 않은 동물을 24시간 동안 집중적으로 관리하기 위한 입원실이다.

13 동물 치료와 수술에 필요한 기구와 장비를 갖춘 장소로 투약, 드레싱 등의 의료 행위를 하는 공간은?

① 대기실

② 물리치료실

③ 조제실

④ 처치실

⑤ 응급실

14 진료 보조를 할 때 적절한 것은?

① 캐리어에 있는 동물을 꺼낼 때는 먼저 캐리어를 연다.

② 동물의 얼굴에 손바닥을 대서 진정시킨다.

③ 동물의 흥분을 낮추기 위해 보호자의 가족을 모두 들어오게 한다.

④ 큰소리를 내면서 동물을 잡는다.

⑤ 진료를 빠르게 끝내기 위해 급히 행동한다.

---

advice

13 과목 | 동물병원실무   난이도 | ●○○   정답 | ④

① 내원한 동물과 보호자가 대기하는 장소이다.

② 기구를 통해 물리치료를 받는 곳이다.

③ 약제기구를 갖춰 놓은 곳이다.

⑤ 응급 증상이 있는 동물이 치료를 받는 장소이다.

14 과목 | 동물병원실무   난이도 | ●○○   정답 | ①

② 얼굴에 갑자기 손바닥을 가져다 대면 동물이 공포를 느낄 수 있다.

③ 진료실에 사람이 많으면 진료 공간 확보가 어려울 수 있으니 필요 인원만 들어오게 한다.

④ 큰소리는 공포를 유발할 수 있다.

⑤ 급한 행동은 동물의 흥분을 유발할 수 있다.

15 구토로 내원한 동물을 진료받기 전에 문진해야 하는 것으로 적절하지 않은 것은?

① 구토물의 색

② 혈액검사 결과지

③ 급식환경

④ 구토한 이후 동물의 상태

⑤ 구토의 빈도

16 동물병원 대기실 관리로 적절하지 않은 것은?

① 항상 청결을 유지한다.

② 의자에 동물의 털이 있는지 체크한다.

③ 바닥에 동물의 대소변을 확인하고 청결을 유지한다.

④ 바닥에 쓰레기를 확인한다.

⑤ 직원들과 적극적으로 대화한다.

---

15 **과목 | 동물병원실무   난이도 | ●●○   정답 | ②**

② 구토로 내원한 동물을 진료받기 전에 문진을 할 때 우선적으로 물어봐야 하는 것으로 적절하지 않다.

①③④⑤ 구토 증상을 동반하는 질병인 소화기 질환, 감염, 종양, 신장 질환 등을 감별해야 한다. 구토물의 색이나 양, 구토물의 형태, 구토 빈도, 구토한 후의 동물의 상태나 식사 환경 등을 확인한다.

16 **과목 | 동물병원실무   난이도 | ●○○   정답 | ⑤**

⑤ 보호자가 있는 상황에서 직원들 간에 대화를 삼간다.

17 동물병원에서 접수를 할 때 주의사항으로 적절하지 않은 것은?

① 초진을 온 보호자에게 고객 등록 접수카드를 작성할 수 있도록 한다.
② 접수를 하고나서 동물의 발육 확인을 위해 체중을 측정한다.
③ 고객 등록 접수카드에는 보호자 정보만 작성한다.
④ 사나운 동물을 접수할 때는 보호자의 도움을 받는다.
⑤ 대형견과 소형견의 대기 장소를 구분한다.

18 다음 〈보기〉에서 보호자가 전화로 동물의 질병 사항을 문의할 때 응급사항에 해당하는 증상을 모두 고른 것은?

---- 보기 ----

㉠ 스스로 일어선다.
㉡ 일어서지 못한다.
㉢ 자극에 반응이 없다.
㉣ 스스로 걸어 다닌다.
㉤ 식욕이 없다.

① ㉠㉣
② ㉡㉢
③ ㉡㉣
④ ㉣㉤
⑤ ㉠㉤

 advice

17 과목 | 동물병원실무   난이도 | ●●○   정답 | ③
　③ 고객 등록 접수카드에는 보호자 연락처, 주소, 동물의 정보 등을 적는다.

18 과목 | 동물병원실무   난이도 | ●●●   정답 | ②
　일어서지 못하고 계속 누워만 있거나 자극에 대한 반응이 없거나 약하다면 응급사항에 해당한다.

19 보호자 전화를 응대할 때 옳지 않은 것은?

① 전화를 걸 때 인사말과 함께 병원 이름을 알려주고 보호자 이름을 물어본다.

② 보호자의 상담 내용을 경청한다.

③ 보호자가 물어본 요점을 다시 물어보고 확인한다.

④ 신뢰가 가도록 전문용어를 사용하여 응대한다.

⑤ 보호자가 다시 내원할 수 있도록 적극적으로 응대한다.

20 불만이 있는 보호자의 감정을 발산해주기 위해 지양해야 하는 행동이나 언어로 적절하지 않은 것은?

① 보호자가 감정을 발산할 시간을 충분히 준다.

② "이해를 잘 못하시는 것 같습니다."라고 표현한다.

③ 보호자의 입장을 먼저 고려한다.

④ 보호자의 의견에 맞장구 표현으로 "네, 그렇죠."라고 표현한다.

⑤ 보호자의 불만사항을 경청한다.

21 X선이 발생하게 되는 이유로 적절한 것은?

① 음극에 위치한 물체와 충돌하면서 전자에너지가 변하면서 발생한다.

② 양극에서 방출된 전자로 발생한다.

③ 가속이 붙은 전자가 물체에 부딪히면 발생한다.

④ 빛에너지를 운동에너지로 변해서 발생한다.

⑤ 물체가 없어도 발생할 수 있다.

😊 **advice**

19 과목 | 동물병원실무   난이도 | ●○○   정답 | ④

④ 알기 쉬운 용어를 사용하여 응대한다.

20 과목 | 동물병원실무   난이도 | ●○○   정답 | ②

② 불만이 있는 보호자의 기분을 상하게 하는 표현은 피한다.

21 과목 | 동물보건영상학   난이도 | ●●○   정답 | ③

① 양극에 있는 물체와 충돌한다.
② 음극에서 전자가 방출되어 가속화된다.
④ 운동에너지가 빛에너지로 변한다.
⑤ 음극에서 방출된 전자가 양극에 있는 물체와 부딪히면서 발생한다.

22 X선 발생 장치에 구성된 장치가 아닌 것은?

① 제어기   ② X선관

③ 촬영테이블   ④ 뷰박스

⑤ 변압기

23 다음 설명으로 옳지 않은 것은?

① 방사능에 노출된 인체의 모든 조직에서 각 조직의 등가선량에 해당하는 조직 가중계수를 곱한 결과를 합한 값이 유효선량이다.

② 유효선량은 성별에 관계없이 동일한 기준으로 구분한다.

③ 필름 배지를 사용하는 종사자는 분기 동안 측정한 양을 합산한 것이 3개월 당 선량한도이다.

④ 연간 선량 한도는 연도 중 처음 피폭 선량을 측정한 시기와 관계없이 매 연도 12월 말일이 기준이다.

⑤ 흡수선량에 해당 방사선의 방사선가중치를 곱한 양은 등가 선량이다.

24 소동물 X선 촬영을 할 때 kV를 과투과하면 나타나는 현상은?

① 사진이 하얗게 나온다.

② 사진이 검게 나온다.

③ 흔들려서 나온다.

④ 왜곡되어 나온다.

⑤ 촬영되지 않는다.

😊 **advice**

22 과목 | 동물보건영상학   난이도 | ●○○   정답 | ④

④ 뷰박스는 아날로그 방식의 X선 촬영 필름을 정확하게 판독하기 위한 스크린이다.

23 과목 | 동물보건영상학   난이도 | ●●○   정답 | ②

② 유효선량은 임신한 종사자와 그 이외의 종사자와 선량 한도가 다르다.

24 과목 | 동물보건영상학   난이도 | ●○○   정답 | ②

소동물을 방사선 사진으로 촬영할 때 관전압(kV)을 과하게 투과하면 사진이 검게 나온다.

25 고속 전자가 금속 표적과 충돌 할 때 전자의 에너지는 방사선과 열로 전환된다. 에너지의 몇 퍼센트가 방사선으로 전환되는가?

① 1%   ② 25%

③ 50%   ④ 75%

⑤ 99%

26 방사선 영상을 평가하려면 다양한 신체 기관이 어떻게 보이는지 알아야 한다. 이에 대한 설명으로 옳지 않은 것은?

① 금속 : 검은색

② 뼈 : 밝은 회색

③ 연조직 : 회색

④ 지방 : 어두운 회색

⑤ 공기 : 검은색

---

advice

25 과목 | 동물보건영상학   난이도 | ●○○   정답 | ①

고속 전자가 무거운 원자와 충돌하면서 전자의 에너지는 대부분 열로 전환되며 단지 1%만이 방사선으로 전환된다.

26 과목 | 동물보건영상학   난이도 | ●○○   정답 | ①

① 금속은 엑스레이 영상에서 흰색으로 보인다.

엑스레이

조영제 · 금속, 뼈, 근육 · 장기, 지방 및 공기 등 밀도의 차이로 신체 내에 구조를 평가할 수 있게 여러 단계의 회색 이미지를 생성한다. 밀도 차이가 부족한 경우, 조영제를 투여하면 더 확실한 구별이 가능하게 되어 진단의 정확도를 높인다.

27 초음파, CT 촬영 영상 정보를 저장·전송하는 통합적인 처리시스템으로 옳은 것은?

① 증감지   ② 카세트
③ X선 필름   ④ 뷰박스
⑤ PACS

28 방사선 촬영 시 직원들의 안전을 위한 처치로 옳지 않은 것은?

① 오래된 필름 기반 방사선 장비를 디지털 방사선 촬영 시스템으로 바꾼다.
② 가능한 재촬영이 없도록 한다
③ 노출 시간은 길게 설정한다.
④ 동물을 진정제나 모래주머니로 보정시킨다.
⑤ 납 앞치마, 장갑, 갑상샘 쉴드와 같은 흡수제 재료로 된 개인 보호 장구를 착용한다.

---

advice

27 **과목 | 동물보건영상학   난이도 | ●○○   정답 | ⑤**

① 특수한 물질이 묻혀져 있는 종이이다.
② X선 필름을 넣는 틀이다.
③ X선 촬영 목적으로 제작된 필름이다.
④ 필름 판독을 위한 스크린이다.

28 **과목 | 동물보건영상학   난이도 | ●○○   정답 | ③**

동물병원 직원들은 일반적으로 동물의 방사선 촬영을 주도하거나 보조하는 역할을 하기 때문에 특히 위험에 노출되어 있다. 정확한 영상을 얻기 위해 동물을 신중하게 배치해야 한다. 올바른 각도를 얻기 위해 방사선 필드에 노출되는 경우도 있다. 방사선은 동물에게 진정제를 투여하거나 위치 보정 장치를 사용하는 경우에도 모든 방향으로 산란되며 세포 손상의 위험은 항상 존재한다.

🐾 병원에서 취할 수 있는 가장 좋은 방법

합리적으로 달성 가능한 만큼 낮은 방사량을 유지하는 것이다. 오래된 필름 기반 방사선 장비를 디지털 방사선 촬영 시스템으로 대체하는 것이다. 기존의 방사선 장비에 비해 디지털 방사선 기계는 방사선 노출이 적으면서도 선명한 고해상도 이미지를 제공한다.

29 방사선 사진 촬영을 할 때 주의사항으로 옳지 않은 것은?

① 납으로 된 앞치마를 착용한다.

② 시준기를 사용하지 않는다.

③ 납으로 된 장갑을 착용한다.

④ 산만한 동물은 가능하면 마취를 하고 진행한다.

⑤ 방사선 구역에 필요하지 않은 인원은 들어가지 않는다.

30 방사선 촬영을 할 때 준비해야 할 사항으로 옳지 않은 것은?

① 필름에 묻어 있는 유제는 손상되기 쉬우므로 눕혀서 보관한다.

② 카세트는 세워서 보관한다.

③ 카세트 안에 양쪽에는 증감지 판이 붙어있으므로 손상에 주의한다.

④ 그리드는 사용할 때 앞뒤를 구분하여 주의하고 사용한다.

⑤ 카세트 안에서 필름을 뺄 때는 안전등이 있는 곳에서 진행한다.

---

advice

29 과목|동물보건영상학   난이도| ●○○   정답|②

② 시준기를 사용하여 X선 노출을 줄인다.

30 과목|동물보건영상학   난이도| ●●○   정답|①

① 세워서 보관한다.

31 다음 〈보기〉의 자세를 의미하는 용어는?

보기

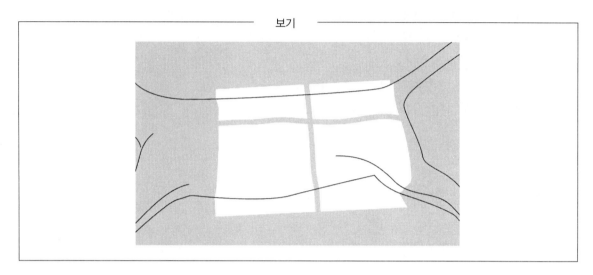

① 배복상   ② 외측상

③ 복배상   ④ 요추 복배상

⑤ 앞뒤상

32 흉부 방사선 촬영에 대한 설명으로 옳은 것은?

① 포지션과 상관없이 들숨일 때 촬영한다.

② 포지션과 상관없이 날숨일 때 촬영한다.

③ 배복(dorsoventral)뷰는 날숨일 때 촬영한다.

④ 측면(lateral)뷰는 날숨일 때 촬영한다.

⑤ 기침을 할 때, 또는 기침을 유도하여 촬영한다.

31 과목 | 동물보건영상학   난이도 | ●●○   정답 | ②

② 왼쪽 복부 외측상을 촬영하는 자세이다.

32 과목 | 동물보건영상학   난이도 | ●●○   정답 | ①

흉부를 촬영할 때 폐가 완전히 방출될 수 있는 시점인 들숨의 정점에서 촬영하는 것을 권하고, 복부의 촬영은 그 반대로 날숨이 적절한 촬영 시점이다.

33 임신한 암캐의 태아는 언제 방사선 촬영으로 확인이 가능한가?

① 10일부터　　　　　　　　　② 15일부터

③ 30일부터　　　　　　　　　④ 45일부터

⑤ 60일부터

34 초음파 검사를 절차에 대한 설명으로 옳지 않은 것은?

① 매우 긴장한 동물은 진정제가 투여되기도 한다.

② 전제 조건은 적어도 6 ~ 12시간의 금식이다.

③ 일반적으로 오른쪽으로 누운 상태 또는 등으로 누운 상태에서 검사가 진행된다.

④ 일반적으로 복부의 넓은 면적을 면도 한다.

⑤ 면도한 복부에는 초음파 젤을 바른다.

---

advice

33 과목 | 동물보건영상학　난이도 | ●●○　정답 | ④

암캐는 첫 번째 발정 후 임신이 가능하고, 임신은 60 ~ 65일 지속된다. 임신 이후 21일부터 혈액에서 호르몬 검사(relaxin 테스트, relaxin은 어미의 태반에서 생성되는 호르몬)에 의해 검출된다. 초음파에서 22 ~ 28일부터 태아의 심장박동을 감지할 수 있으며, 태아의 골격이 석회화되는 시기인 임신 40 ~ 50일 후에 엑스레이 검사로 확인이 가능하다.

34 과목 | 동물보건영상학　난이도 | ●○○　정답 | ②

② 금식은 "위" 초음파를 위한 이상적인 전제 조건이지만, 동물병원의 실용적인 조건하에서 항상 준수될 수는 없다.

① 긴장한 경우 진정제를 투여하거나 보호자가 동반되면 동물을 안정시키는 데 도움이 되기 때문에 대부분의 경우에는 함께 한다.

③ 옆으로 또는 등을 대고 누워있는 상태에서 검사를 하지만 특별한 경우에는 동물을 재배치하거나 서 있는 동안 검사를 하기도 한다.

⑤ 검사의 질을 높이기 위해서 복부의 털을 면도하고 초음파 젤을 사용해 검사기와 동물의 피부 접촉면을 좁히는 것이 필요하다.

35 심전도를 측정할 때에 대한 설명으로 옳지 않은 것은?

① 리드선을 부착할 때 장착 부위를 깨끗이 닦는다.
② 리드선 밀착도를 위해 전극용 젤을 사용한다.
③ 전기적 변화를 눈금으로 표시하는 것은 감도이다.
④ 검사실 온도를 낮게 유지하고 검사한다.
⑤ 리드선의 색상에 따라 장착부위가 다르다.

36 경구 바륨 조영술에 대한 설명으로 옳지 않은 것은?

① 바륨은 음성 조영제이다.
② 방사선 밀도가 낮은 장내 이물로 인한 장폐쇄의 진단에 유용하다.
③ 일반적으로 천공이 의심되는 경우에는 검사를 금한다.
④ 고양이 또는 소형견은 10 ~ 15ml/kg 및 대형견은 약 5 ~ 7ml/kg 바륨현탁액을 투여한다.
⑤ 첫 번째 영상은 고양이는 5분 후, 강아지는 15분 후, 그 이후에는 30분 간격으로 촬영한다.

🐶 **advice**

35 과목 | 동물보건영상학   난이도 | ●●○   정답 | ④

④ 검사실 온도를 낮아서 동물이 추위를 느끼면 근육의 떨림이 검사결과에 기록될 수 있으므로 온도를 높여 추위를 느끼지 않도록 한다.

36 과목 | 동물보건영상학   난이도 | ●○○   정답 | ①

① 양성 조영제이다.
③ 천공이 있는 경우에는 복강으로 흘러 들어간 바륨으로 인해 복막염이 발생할 수 있으므로 철저히 금한다.

🐱📖 **조영제**
㉠ 정의 : 인공적으로 연조직에 방사선의 흡수 차이를 크게 하여 조직을 더 뚜렷하게 구분하게 해주는 보조물질로, 양성과 음성 조영제로 나뉜다.
㉡ 양성 조영제 : 방사선을 더 잘 흡수하는 물질(바륨, 요오드 등)이다.
㉢ 음성 조영제 : 방사선을 적게 흡수하는 물질로 일반적으로 기체이다.

37 응급상황 처치에 대한 설명으로 옳지 않은 것은?

① 응급조치는 ABC 원칙에 따라 동물을 순서대로 검사한다.

② A는 airway, B는 breathing, C는 circulation의 약자이다.

③ 혈액순환의 적절함은 모세혈관 재충전 시간(capillary refill time), 맥박수와 강도, 점막의 색깔 등으로 측정한다.

④ 응급상황은 벌 쏘임에 의한 기도폐쇄, 뱀에 물려 동물의 배가 부풀어 오르는 경우이다.

⑤ 쇼크 상태에서 모세혈관 재충전 시간은 짧아진다.

38 통증을 표현하는 동물에게 우선적으로 제공해야 하는 간호중재로 적절하지 않은 것은?

① 처방된 진통제를 투여한다.

② 진통제 부작용을 감시한다.

③ 처방된 물리 치료를 행한다.

④ 스트레스를 낮춰주는 환경을 제공한다.

⑤ 음식을 제공한다.

37 과목 | 동물보건응급학   난이도 | ●○○   정답 | ⑤

⑤ 쇼크상태에서 모세혈관 재충전 시간이 2초 이상으로 길어지며, 맥박수와 강도(평균 80 ~ 120/min, 소형견 : 100 ~ 130/min, 고양이 : 110 ~ 130/min)가 약하고 점막 색깔 또한 옅어진다.

① 응급상황에 있는 동물의 처치는 ABC 원칙에 따라 바이탈을 체크하며 진행한다. 기도를 확보하기 위하여 혀를 빼고 목을 스트레칭 해주며, 자가 호흡이 불가능할 경우에는 기관 삽관을 하며, 순환계 및 쇼크상태를 체크한다.

④ 벌 쏘임으로 인한 아나필락시스 쇼크나 대형견의 위확장과 꼬임증(GDV : gastric dilatation volvulus, or torsion)은 생명을 위협할 수 있는 응급상황이다.

38 과목 | 동물보건응급학   난이도 | ●○○   정답 | ⑤

⑤ 음식 제공은 통증을 표현하는 동물에게 우선적으로 제공해야 하는 간호가 아니다.

39 응급상황이 발생한 보호자와 통화를 할 때 체크사항으로 옳지 않은 것은?

① 대화 이전에 응급상황 치료에 대한 추가 요금을 고지한다.

② 보호자가 안전한 장소에 있는지 확인하고 안전한 장소로 이동시킨다.

③ 동물이 의식상태를 확인하다.

④ 동물이 호흡이 있는지, 어떤 호흡 상태인지 확인한다.

⑤ 출혈의 유무 및 쇼크 상태를 확인한다.

40 응급 상태의 동물에게 일차적으로 긴급하게 관찰해야 하는 것으로 적절하지 않은 것은?

① 순환 확인   ② 심박수

③ 호흡 상태   ④ 과거 병력

⑤ 상태의 원인

advice

39 과목 | 동물보건응급학   난이도 | ●○○   정답 | ①

① 보호자나 부상 현장에서 신고한 사람은 동물병원과의 전화로 응급상황 대처를 보조할 수 있다. 전화를 받는 사람은 동물의 의식 상태, 호흡 패턴 및 관류 상태에 대해 질문하고 확인한다.

② 첫 번째 관심사는 보호자의 안전을 위한 것이다. 보호자는 현장을 살피고 안전 장소로 이동하도록 지시한다. 호흡곤란을 겪는 동물은 운송 중에 움직임이 제한하고 편안한 자세를 유지한다. 동물을 이동시킬 때 머리, 목, 척추의 움직임을 최소화하고 지지가 가능한 목재를 사용한다. 고양이는 운송 중 스트레스를 최소화하기 위해 어두운 상자에 배치하고, 동물을 관찰하기 위한 충분히 큰 구멍을 상자에 뚫는다.

④ 호흡이 없을 때는 구강 대 비강 소생술 및 흉부 압박을 실행한다.

⑤ 팔다리에 정맥 출혈이 있는 경우, 심장의 높이 이상으로 사지를 높이는 것이 출혈을 멈추게 한다. 동맥 출혈의 경우에는 출혈 부위에 압력 붕대를 통해 출혈을 제지해야 한다.

40 과목 | 동물보건응급학   난이도 | ●○○   정답 | ④

④ 응급 상태에서는 상태의 원인을 확인한 후에 호흡 상태와 순환 생태 등을 우선적으로 관찰한다. 과거병력은 이차적으로 확인한다.

41 응급상황 시 상처 치료에 대한 설명으로 옳지 않은 것은?

① 급성 출혈이 있는 큰 상처에는 깨끗한 거즈로 혈관을 누르거나 압박 붕대로 출혈을 막는다.

② 상처에 있는 먼지와 이물질을 깨끗한 수돗물로 제거한다.

③ 열린 상처는 항상 붕대를 감아야 한다.

④ 물린 상처는 염증을 유발하기 쉬우므로 작은 상처더라도 동물병원을 방문한다.

⑤ 뼈가 오픈된 골절은 쇼크가 오지 않는 이상, 응급상황이 아니다.

42 심폐소생술 시 심장 마사지(흉부 압박)를 하는 손 위치에 대한 설명 중 옳지 않은 것은?

① 대형견 : 측면으로 누운 상태에서 흉부의 가장 높은 지점에서 두 손을 겹쳐 압박한다.

② 넓고 둥근 가슴을 가진 불독 품종 : 측면으로 누운 상태에서 흉골에 두 손을 겹쳐 압박한다.

③ 가슴이 좁은 하운드 품종 : 측면으로 누운 상태에서 심장 위에 두 손을 겹쳐 압박한다.

④ 소형견 : 한손으로 등을 고정시키고 다른 한손으로 검지와 나머지 손가락을 이용해 흉부를 잡고 심장을 압박한다.

⑤ 고양이 : 두 손을 이용해 흉부를 원을 그리듯 잡고 두 손으로 심장을 압박한다.

---

advice

41 과목 | 동물보건응급학   난이도 | ●○○   정답 | ⑤

⑤ 뼈가 오픈된 골절은 항상 응급상황으로, 응급조치 후에 동물병원으로 즉각 수송한다.

응급사황 상처 치료

상처에 있는 오염 물질을 생리 식염수로 세척한다. 생리 식염수가 없는 경우는 깨끗한 수돗물을 사용할 수도 있다. 열린 상처는 멸균 드레싱을 하고 약솜으로 상처 부위를 싸서 보호한 다음에 탄성이 있는 붕대로 고정한다.

42 과목 | 동물보건응급학   난이도 | ●○○   정답 | ②

심장 마사지는 동물의 크기 및 품종에 따라 다르다.

② 불독과 같은 넓은 가슴을 가진 견종은 등을 대고 눕힌 뒤 흉골에 두 손을 겹쳐 압박한다.

① 10kg 이상의 동물의 경우 흉부 압박이 수행된다. 이것은 심장을 압박하기 위하여 흉부 내에 충분한 압력을 만드는 것이다. 동물을 오른쪽을 눕힌 뒤 흉부의 가장 높은 지점에 두 손을 겹쳐 놓고 흉부의 $1/3 \sim 1/2$ 깊이로 압박한다.

③ 용골 모양의 가슴을 가진 하운드 견종은 심장 위에 두 손을 겹쳐 압박한다.

④⑤ 고양이 및 10kg 이하 소형견의 경우 외부 심장 압축으로 3번째와 5번째 갈비뼈(팔꿈치 지점에서) 사이의 심장 위치에 한 손 테크닉 또는 두 손 테크닉을 이용하여 압박한다.

43 동물의 화상에 대한 설명으로 옳지 않은 것은?

① 화상 피부의 통증을 완화하기 위해 화상 부위를 차가운 수돗물에 넣는다.

② 하얀 모피의 개나 고양이의 일광 화상은 부분층 화상이다.

③ 화상 동물에게 일반적으로 사용되는 진통제는 모르핀, 펜타닐, 부프레노르핀, 옥시모르폰이다.

④ 연기를 흡입한 동물은 100% 산소를 공급한다.

⑤ 화상으로 인한 단백질 손실은 저단백혈증을 일으키고 화상 합병증을 야기한다.

44 동물 안락사에 사용되는 주사 방법이 아닌 것은?

① 정맥 주사

② 간 주사

③ 신장 주사

④ 복막 주사

⑤ 뇌 주사

advice

43 과목 | 동물보건응급학   난이도 | ●○○   정답 | ②

① 화상 부위에 차가운 물, 젖은 수건을 대는 것은 통증을 완화하기 위해 좋은 대안이 된다.

③ 화상 동물에게 사용되는 진통제는 소위 말하는 강한 진통제로 오피오이드계의 마약성 진통제가 주로 사용된다. 가장 일반적으로 사용되는 오피오이드계 진통제는 모르핀, 펜타닐 등이 있다.

⑤ 단백질 손실로 인한 저단백혈증은 체액 불균형, 저혈량증과 결합되어 심한 쇼크와 저혈압을 야기한다. 저혈량증은 심장 출력의 감소로 이어져 조직 및 세포 저산소증을 발생한다.

🐱 **화상의 종류**

㉠ **표재성 화상** : 피부의 가장 바깥쪽 층, 표피(인간의 1도 화상)로 제한된다. 하얀 모피의 개와 고양이의 일광 화상은 좋은 예이다. 일반적으로 합병증이 없으며 피부는 표피가 탈락되고 건조하다. 거의 흉터 없이 2 ~ 5일 에 치유가 가능하다.

㉡ **부분층 화상** : 인간의 2도 화상에 해당하는 화상으로 표피와 진피를 포함한다. 물집이 생기고 노란색 유출액과 혼합되며 통증을 동반한다. 흉터가 남고 새로운 상피화를 통해 10 ~ 14일 내에 치유 할 수 있다.

㉢ **전층 화상** : 인간의 3도 화상과 동일하며, 표피, 진피 및 피하 조직이 손상된다. 일반적으로 동물은 쇼크 상태이다. 피부는 건조하고 피가 나지 않으며, 통증 감각이 없다. 큰 흉터는 장기간 동안 계속되는 느린 치유 과정 이후에 남으며, 사망률이 높다.

44 과목 | 동물보건응급학   난이도 | ●○○   정답 | ⑤

정맥 주사는 안락사에 가장 자주 사용되는 주사 방법 중 하나이다. 그 외 심장, 복막, 간 또는 신장 등 장기에 직접 주사하는 방법이 있다.

45 맥박이 없는 심실빈맥 동물에게 최우선적으로 시행되어야 할 간호는?

① 인공 심박동기 삽입   ② 100% 산소 공급
③ 심혈관조영술 시행   ④ 심근효소검사 시행
⑤ 제세동 실시

46 크리스탈로이드(결정질) 수액은 무엇인가?

① 0.9% 생리 식염수
② 농축 적혈구
③ 덱스트란
④ 암피실린
⑤ 하이드록시에틸스타치(HES)

---

advice

45 과목 | 동물보건응급학   난이도 | ●○○   정답 | ⑤

심실 빈맥은 3개 이상의 심실 조기박동이 100회/분 이상으로 연속하여 나타난다. 발생 기전은 자동성 항진과 회귀 기전에 의해 발작적으로 일어난다. 심실빈맥은 심실세동으로 이어지는 치명적인 부정맥이며 가장 흔한 원인으로는 관상 동맥 질환을 꼽을 수 있다. 맥박이 없는 심실빈맥은 심실세동과 같은 방법으로 빠른 심폐소생술과 더불어 제세동이 시행되어야 한다.

46 과목 | 동물보건응급학   난이도 | ●○○   정답 | ①

① 0.9% 생리 식염수는 크리스탈로이드(결정질) 수액의 한 종류이다.
② 농축 적혈구는 천연 콜로이드 수액이다.
③ 덱스트란은 합성 콜로이드 수액 이다.
④ 암피실린은 페니실린계 항생제이다.
⑤ 하이드록시에틸스타치(HES)는 합성 콜로이드 수액 이다.

크리스탈로이드(결정질) 수액

수분 및 전해질의 균형을 바로잡기 위해 사용된다. 크리스탈로이드 수액과 콜로이드 수액으로 나뉜다. 크리스탈로이드 수액은 전해질만으로 구성되고 콜로이드 수액은 고분자량의 물질이 포함된 수액이다.

47 약물의 종류에 대한 설명으로 옳지 않은 것은?

① 투약 경로는 경구, 국소, 비경구 투여로 나뉜다.

② 젤 형태의 약을 젤라틴 용기에 넣은 것은 캡슐(Capsule)이다.

③ 외부 도포로 이용되는 약을 함유한 반고체 약물은 연고(Ointment)이다.

④ 물과 알코올이 섞인 약은 시럽이다.

⑤ 미리 정해진 시간 동안 느리게 퍼지게 되는 약은 서방제(XL)이다.

48 약물의 작용 기전에 대한 설명으로 옳은 것은?

① 약물이 투여 부위에서 혈류로 이동하는 과정은 분포이다.

② 혈관 분포가 많은 곳은 흡수율은 감소한다.

③ 지용성 약물은 지질층으로 이루어진 세포막에서 흡수되지 않는다.

④ 혈류량은 약물의 흡수 속도와 관련이 없다.

⑤ 수용액은 캡슐보다 흡수가 빠르다.

---

47 과목 | 의약품관리학   난이도 | ●●○   정답 | ④

④ 시럽은 물과 설탕용액이 섞인 것이다.

48 과목 | 의약품관리학   난이도 | ●●●   정답 | ⑤

① 분포는 약이 혈류로 흡수된 후 일어나는 과정이다.
② 혈관 분포가 많은 곳은 흡수율이 증가한다.
③ 지질층으로 이루어진 세포막에서 더 쉽게 흡수된다.
④ 혈류량은 약물의 흡수 속도를 결정한다.

49 약물 분포에 영향을 주는 요인으로 옳은 것은?

① 근육 주사 부위에 냉습포를 적용하면 약물 분포가 빨라진다.

② 알부민과 결합한 약물은 약물 분포에 제한이 되어 약리적 효과를 방해한다.

③ 대사가 이루어진 약물은 몸에 흡수되고 배설되지 않는다.

④ 순환 장애가 있으면 약물의 이동이 원활해진다.

⑤ 울혈성 심부전이 있는 경우 약물 분포가 빠르다.

50 약물 부작용으로 같은 치료 효과를 보기 위해 더 많은 양의 약물을 필요로 하는 상태는?

① 내성

② 의존성

③ 금단 현상

④ 축적 효과

⑤ 알레르기 반응

---

advice

49 과목 | 의약품관리학　난이도 | ●○○　정답 | ②

① 온습포를 적용하면 빨라진다.
③ 대사가 이루어진 약물은 신장·간·폐·외분비선을 통해 체외로 배설되고 주로 신장과 폐에서 이루어진다.
④ 순환 장애는 약물의 이동을 억제시킨다.
⑤ 울혈성 심부전은 순환 장애로 약물의 이동이 느리다.

50 과목 | 의약품관리학　난이도 | ●○○　정답 | ①

① 내성 : 특정 약물에 대한 대사작용 저하로 나타난다.
② 의존성 : 약물을 얻기 위한 강박적 행동반응의 심리적 의존과 금단 증상이나 내성이 생기는 신체적 의존을 보이는 것이다.
③ 금단 현상 : 약물을 갑자기 중단함으로 인해 나타나는 증상이다.
④ 축적 효과 : 약물 흡수에 비해 배출이 저하된 상태일 때 발생한다.
⑤ 알레르기 반응 : 약물에 대한 면역 체계의 부적절 반응이다.

51 약품 사용에 관한 설명 중 옳은 것은?

① 사용한 용기에 아무런 정보가 없는 약품은 다음 사용을 위해 냉장고에 보관한다.

② 사용한 일회용 주사기는 곧바로 폐기한다.

③ 사용한 일회용 주사기는 살균 후에 다시 사용한다.

④ 포장이 개봉된 의약품은 열어둔 채 그대로 진료실에 둔다.

⑤ 사용 시기가 지난 의약품은 포장을 뜯지 않았다면 사용이 가능하다.

52 약품보관에 대한 설명 중 틀린 것은?

① 약품은 직사광선이 잘 드는 곳에 보관한다.

② 당뇨병 치료제인 인슐린은 냉장고에 보관한다.

③ 색이 변한 의약품은 폐기한다.

④ 의약품 사용 설명서에 적시된 보관 방법대로 보관한다.

⑤ 대부분의 의약품은 습기에 약하므로 건조한 곳에 보관한다.

advice

51 과목 | 의약품관리학   **난이도** | ●○○   **정답** | ②

「의료법 시행규칙」 제39조의3(의약품 및 일회용 주사 의료용품의 사용 기준)에 따르면, 변질 오염 손상되었거나 사용기한이 지난 의약품은 진열하거나 사용할 수 없고, 포장이 개봉되거나 손상된 일회용 주사기는 사용하지 말고 폐기해야 한다. 포장용기나 사용 설명서가 없는 의약품은 무슨 약인지 모르고 사용 기한도 알 수 없으므로 사용할 수 없다.

52 과목 | 의약품관리학   **난이도** | ●○○   **정답** | ①

대부분의 약품은 직사광선이나 높은 온도로 인해 약효 성분이 변화될 수 있으므로 직사광선을 피해 보관한다.

53 다음 중 약물의 냉장 보관에 대한 설명으로 옳지 않은 것은?

① 의약품의 냉장보관 여부는 의약품 설명서를 참고한다.

② 개봉한 약물(연고, 안약 등)은 냉장 보관하면 장기간 사용이 가능하다.

③ 냉장보관 약물의 보관 온도는 2 ~ 8℃이다.

④ 냉장보관 약물이 실온에서 보관되는 경우, 약물의 효과를 잃을 수 있다.

⑤ 백신은 생산을 포함한 모든 과정에서 냉장보관을 해야 한다.

54 마약류 의약품을 안전하게 다루기 위한 방법으로 옳지 않은 것은?

① 이중으로 잠금장치가 된 용기에 넣어둔다.

② 쉽게 접근 할 수 있는 공간에 보관한다.

③ 마약은 수의사만 처방 가능하다.

④ 마약류 의약품을 투여하고 반드시 기록한다.

⑤ 마약류 의약품 폐기하고 기록한다.

55 투약 처방지에 작성해야 하는 필수 사항이 아닌 것은?

① 동물 등록번호   ② 보호자 주소

③ 처방지 작성자   ④ 약물 용량

⑤ 처방 날짜

---

 advice

53 과목 | 의약품관리학   난이도 | ●●○   정답 | ②

② 오픈된 연고나 안약 등은 냉장보관에도 불구하고 제한된 시간 동안만 사용할 수 있다는 점에 유의해서 포장에 개폐날짜를 적어 두는 것이 좋다.

① 대부분의 의약품은 냉장을 해야 하는 품목으로 보관 온도는 8℃를 초과해서는 안 된다. 의약품을 냉장보관을 해야 하는지 여부는 의약품 설명서를 참고한다. 백신은 생산을 포함한 모든 과정에서 냉장보관이 필요하고, 생물학적 제제도 지속적으로 냉각되어야 한다.

54 과목 | 의약품관리학   난이도 | ●●○   정답 | ②

② 마약류 약물 보관은 쉽게 접근하지 못하도록 평소에 이중 잠금장치가 된 철제금고에 보관한다.

55 과목 | 의약품관리학   난이도 | ●○○   정답 | ②

② 투약 처방지에는 동물 정보, 처방 날짜 및 시간, 투여 약물, 약물의 용량, 투여 경로 및 빈도를 처방지 작성자가 반드시 작성해야 한다.

56 항암제 관리 및 주의사항에 대한 설명으로 옳지 않은 것은?

① 항암제 투여 후 72시간 이내에 약물이 잔존할 수 있으며 동물의 배설물에서 노출 위험이 있다.

② 항암제에 직접적으로 접촉을 하거나 에로졸 흡입으로 노출될 수 있으므로 보호복, 장갑, 마스크를 착용한다.

③ 항암제는 위해가 없는 약물과 따로 보관한다.

④ 항암제에 노출되었던 보호구, 동물의 배변패드, 배설물 등은 다른 일반 쓰레기와 함께 처리한다.

⑤ 오염이 일어났을 경우 오염된 피부를 물과 비누로 깨끗이 씻어낸다.

57 다음 〈보기〉에서 항암제의 노출경로에 대한 설명으로 옳은 것을 모두 고른 것은?

보기

㉠ 에어로졸 약품의 흡입
㉡ 약품에 오염된 주사바늘에 의한 손상
㉢ 눈 또는 피부의 접촉
㉣ 오염된 식품의 섭취

① ㉠㉡　　　　　　　　　　　　② ㉠㉢㉣
③ ㉡㉢㉣　　　　　　　　　　　　④ ㉠㉡㉣
⑤ ㉠㉡㉢㉣

---

 advice

56 과목 | 의약품관리학　난이도 | ●○○　정답 | ④

④ 세포독성 약물이 사용 및 보관되는 동물병원은 자세한 병원 내규가 있어야 한다. 약제를 취급 및 관리하는 사람은 잠재적인 위험을 인식하고 자신, 직원 및 보호자에 대한 위험을 최소화하기 위한 조치를 취할 수 있어야 한다. 항암제에 노출된 물건들은 항암제 전용 폐기박스에 넣고 폐기가 허가된 기관에서 폐기한다.

57 과목 | 의약품관리학　난이도 | ●○○　정답 | ⑤

세포 독성 약물은 일반적으로 두 가지 형태인데, 구강 투여용 정제 · 캡슐과 주입용 분말 · 솔루션이다. 노출의 주요 리스크는 준비 과정 그리고 투입 도중에 생긴다. 정제를 분쇄하거나 캡슐을 열 때 노출되기도 한다. 특히 분말로 솔루션을 만드는 과정 중에 생성되는 에어로졸은 중요한 노출 경로의 하나이며 각별할 주의가 필요하다.

58 동물에게 헤파린 16unit를 투여하는 용량은 ml인가?(단, 헤파린 주사 시 1ml가 80unit이다)

① 0.1ml

② 0.2ml

③ 0.3ml

④ 0.4ml

⑤ 0.5ml

59 조제를 할 때 주의사항으로 적절하지 않은 것은?

① 조제 전에 손을 닦는다.

② 약물을 취급할 때 손이 닿지 않도록 도구를 사용한다.

③ 병에서 꺼낸 약제는 다시 넣는 것을 자제한다.

④ 조제 시 마스크를 사용하여 침이 튀는 것을 방지한다.

⑤ 다습한 공간에서 조제를 한다.

60 하루에 두 번 약물을 투여 할 때 다음 약어 중 어느 것이 사용되는가?

① TID

② QID

③ BID

④ SID

⑤ PRN

---

58 과목 | 의약품관리학   난이도 | ●●●   정답 | ②

② 1unit = 1/80, 16unit = 0.0125 × 16 = 0.2ml

59 과목 | 의약품관리학   난이도 | ●●○   정답 | ⑤

⑤ 약제는 습기가 약하므로 취급에 주의한다.

60 과목 | 의약품관리학   난이도 | ●○○   정답 | ③

① TID : 하루에 세 번
② QID : 하루에 네 번
④ SID : 하루에 한 번
⑤ PRN : 상황이 요구하거나 필요에 따라

2교시 | 실력평가 모의고사

임상 동물보건학, 동물 보건·윤리 및 복지 관련 법규

제3과목 임상 동물보건학 (60문항)

---

1 식도염이 발생한 개의 발병 원인으로 적절하지 않은 것은?

① 산성물질 섭취
② Spirocerca lupi 감염
③ 식도 울혈
④ 마취
⑤ 품종

2 고양이에게 발병하는 비대 심근증(HCM) 원인이 아닌 것은?

① 심장크기 변화
② 유전자 이상
③ 성별
④ 좌심실 근육 비대
⑤ 스트레스

---

 advice

1 과목 | 동물보건내과학   난이도 | ●●○   정답 | ⑤

⑤ 품종은 식도염 발병여부와 관련이 없다.

2 과목 | 동물보건내과학   난이도 | ●●○   정답 | ③

①④ 좌심실 심근이 두꺼워지면서 좌심실 공간이 줄어 심장에서 내보내는 혈류량이 감소하면서 혈액이 원활히 순환하지 못하면서 발생한다.
② 랙돌, 메인쿤, 페르시안 등 품종의 고양이에게서 빈번하게 발병한다.
⑤ 스트레스로 인해서 일시적으로 심근이 두꺼워지기도 한다.

3 혈전증 발병 원인으로 적절하지 않은 것은?

① 약물

② 호흡곤란

③ 자가면역성질환

④ 췌장염

⑤ 당뇨

4 기초대사 요구량과 동일한 의미로 사용되며 동물이 활동이 없이 쉬고 있는 상태에서 소비되는 에너지 요구량을 의미하는 용어는?

① 총에너지   ② 휴지기 에너지 요구량

③ 가소화 에너지   ④ 대사에너지

⑤ 순에너지

🐶 **advice**

3 과목 | 동물보건내과학   난이도 | ●●○   정답 | ②

혈전증의 원인 약물, 감염, 심장사상충, 기생충, 당뇨, 췌장염, 외상 등이 있지만 호흡곤란과는 거리가 멀다.

4 과목 | 동물보건내과학   난이도 | ●○○   정답 | ②

① 사료를 통해 이용할 수 있는 총에너지이다.

③ 섭취한 총 사료 에너지에서 배설로 빠진 총에너지를 뺀 값이다.

④ 음식물이 체내에서 산화되면서 발생되는 에너지이다.

⑤ 사료에서 에너지의 순 이용도를 의미한다.

5 동물이 내원하면 먼저 수행되는 신체검사에 속하지 않는 것은?

① 심장 청진   ② 폐 청진

③ 점막의 색과 모세혈관 충전 시간   ④ 림프절 촉진

⑤ 소변 검사

6 신체 상태 점수(BCS, body condition score)에 대한 설명으로 옳지 않은 것은?

① 신체 상태 점수는 5점 또는 9점을 척도를 사용하고 낮은 숫자는 비만을 나타내고, 높은 숫자는 악액질을 나타낸다.

② 개의 신체 상태 점수는 4/9 ~ 5/9가 이상적이다.

③ 4/9는 날씬한 품종(그레이하운드) 또는 작업견이다.

④ 고양이의 경우 5/9가 이상적이다.

⑤ BCS는 고양이나 개의 시각적인 모습(겉보기 허리)과 촉진(갈비뼈 위의 지방량)의 조합하여 결정된다.

advice

5 과목 | 동물보건내과학   난이도 | ●○○   정답 | ⑤

기본적인 신체검사는 질병이나 건강 문제를 초기 단계에서 인식될 수 있는 건강검진의 기본이 되는 검사이다.

신체검사의 과정

㉠ 심장 청진 : 소음, 심박수, 맥박수, 맥박의 강도를 검사한다.

㉡ 폐 청진 : 호흡수 및 숨소리를 청진하고 분석한다.

㉢ 점막 검사 : 건강한 동물은 옅은 분홍색 또는 분홍색이며 품종에 따라 조금씩 다를 수 있다. 탈수가 심한 동물 또는 쇼크가 온 동물은 2초 이상으로 연장된다.

㉣ 림프절 : 보통 체리씨 크기, 오른쪽 왼쪽 동시에 촉진한다.

㉤ 복부 촉진 : 긴장이 완화될 때까지 천천히 마사지하며 촉진하며 장기의 위치, 크기 등을 검사한다.

㉥ 직장 온도 : 37.5 ~ 38.5℃ 사이이며, 어린 동물과 흥분한 동물은 39℃ 이상이 될 수도 있다.

6 과목 | 동물보건내과학   난이도 | ●●○   정답 | ①

① BCS의 낮은 점수는 악액질, 높은 점수는 비만을 나타낸다.

동물의 영양 상태 평가

일상적인 병력 청취 및 신체검사의 일환으로 방문할 때마다 모든 동물에 수행한다. 식단기록, 체중, 신체상태 점수, 근육상태 점수, 피모 및 치아 평가가 포함된다.

7   개의 유선종양의 원인으로 적절하지 않은 것은?

① 유전
② 호르몬
③ 세균
④ 연령
⑤ 성별

8   개의 자궁축농증 치료로 적절한 것은?

① 자궁 적출
② 임신
③ 항생제 치료
④ 중성화 수술
⑤ 호르몬제 투약

---

advice

7   과목 | 동물보건내과학   난이도 | ●○○   정답 | ③

① 유전의 영향이 있다.
② 성호르몬이 종양을 빠르게 자라게 한다.
④⑤ 암컷이고 5세 이상인 경우 빈번하게 발생한다. 중성화를 하면 발병이 줄어든다.

8   과목 | 동물보건내과학   난이도 | ●○○   정답 | ②

①④ 자궁적출 및 중성화만이 유일한 치료법이다.
③⑤ 내과적 치료로 항생제와 호르몬제를 사용하여 치료를 할 수 있지만 일시적인 치료이다.

9　탈수 상태의 동물에게 나타나는 결핍된 수분이나 전해질은 언제까지 교정되어야 하는가?

① 30분　　　　　　　　　　　② 1시간
③ 24시간　　　　　　　　　　④ 이틀
⑤ 일주일

10　동물의 수액 요법이 제한되어야 하는 상황은?

① 대사성 산증
② 저혈량증 및 탈수
③ 열악한 임상 상태
④ 만성 심부전
⑤ 빈혈

9　과목 | 동물보건내과학　　난이도 | ●○○　　정답 | ③

🐱TIP 수액 치료 구성 요소

㉠ 매일 필요한 수분 및 전해질 유지 : 유지율은 약 2mL/kg/h이다.

㉡ 결핍되거나 손실된 체액 : 구토, 설사, 소변 또는 체액의 3번째 공간 손실 및 상처를 포함하여 모든 손실을 포함한다. 대략적인 비율은 0.5 - 1.5 × 유지율이 된다.

㉢ 보충 수액 볼륨은(보충 볼륨(ml) = 탈수(%)/100 × 체중(kg) × 1000) 계산한 이후에 선택된 시간으로 나뉘며, 이는 보통 8 ~ 24시간 이다.

🐱TIP 설사와 구토를 하는 15세의 15kg, 8%의 탈수로 추정되는 개의 24시간 내 필요한 수액 치료

㉠ 유지 = 2mL/kg/h = 20mL/h

㉡ 손실 = 0.5(추정) × 유지 = 10mL/h

㉢ 교정 = 8/100 × 15 × 1000 = 1200mL/h,　24시간 이내 교정 시 1200/24 = 50mL/h

㉣ 합계 = 20 + 10 + 50 = 80mL/h

10　과목 | 동물보건내과학　　난이도 | ●●○　　정답 | ④

④ 만성 심부전의 경우 수액 요법으로 폐부종이 발생할 수 있다.

11 입원한 동물의 식욕 촉진을 위한 방법으로 옳은 것은?

① 따뜻하게 데워서 급여한다.

② 밥을 먹지 않으면 절식한다.

③ 산책이나 놀이 활동을 하고 난 이후에 급여한다.

④ 냄새가 나지 않는 음식을 급여한다.

⑤ 딱딱한 사료를 급여한다.

12 요검사를 할 때 요의 색상이 적색이라면 원인으로 가장 적절한 것은?

① 세균 감염

② 고농축뇨

③ 메트헤모글로빈

④ 마이오글로빈뇨

⑤ 빌리루빈

advice

11 과목 | 동물보건내과학   난이도 | ●○○   정답 | ①

② 입원한 동물을 절식하는 것은 안 된다.

③ 입원한 동물은 활동을 하는 것은 안 된다.

④ 냄새가 많이 나는 음식을 통해 식욕이 증가할 수 있다.

⑤ 사료를 잘게 부숴서 부드럽게 만든 후 제공한다.

12 과목 | 동물보건내과학   난이도 | ●○○   정답 | ④

①⑤ 요의 색상이 연두색이다.

② 요의 색상이 진한 주황색이다.

③ 요의 색상이 흑갈색이다.

13 고양이가 고혈압으로 진단받는 혈압은?

① 95mmHg

② 110mmHg

③ 135mmHg

④ 160mmHg

⑤ 180mmHg

14 다음 〈보기〉에서 도플러 혈압계로 혈압을 측정하는 순서로 옳은 것은?

─── 보기 ───

㉠ 측정 센서를 장착한다.
㉡ 혈압을 측정한다.
㉢ 커프를 장착한다.
㉣ 측정하는 부위 털을 제거한다.

① ㉠ → ㉣ → ㉢ → ㉡

② ㉡ → ㉣ → ㉢ → ㉠

③ ㉢ → ㉣ → ㉡ → ㉠

④ ㉣ → ㉠ → ㉢ → ㉡

⑤ ㉣ → ㉢ → ㉠ → ㉡

13 과목 | 동물보건내과학   난이도 | ●○○   정답 | ⑤

고양이는 혈압이 170mmHg 이상이면 고혈압이다.

14 과목 | 동물보건내과학   난이도 | ●●○   정답 | ⑤

㉣ 측정부위의 털을 제거하고 ㉢ 커프를 장착한 뒤에 ㉠ 측정 센서를 장착한다. 그 이후에 ㉡ 혈압을 측정한다.

15 동물의 혈압 측정에 대한 일반적인 설명으로 틀린 것은?

① 동물의 심리적 안정을 위해 가능한 보호자를 동반하고 병원에 입원하기 전에 측정한다.

② 이상적인 측정은 동물이 5 ~ 10분 동안 환경에 적응할 수 있도록 하고 스트레스가 많은 절차가 수행되기 전에 이루어져야 한다.

③ 화이트 코트 효과는 병원 환경의 스트레스로 인해 발생하는 과도한 혈압 증가를 말한다.

④ 앞다리, 뒷다리, 꼬리에서 측정이 가능하지만 상이한 측정 결과를 얻을 수 있기 때문에 일관성 있는 위치에서 측정한다.

⑤ 측정이 반복될수록 동물의 스트레스가 높아지므로 정확하게 한 번만 측정한다.

16 맥박수 증가 요인으로 적절하지 않은 것은?

① 통증
② 운동
③ 놀라는 감정
④ 체온이 떨어질 때
⑤ 혈압 감소 시

---

 advice

15 과목 | 동물보건내과학   난이도 | ●●○   정답 | ⑤

⑤ 측정은 가능한 한 정확한 수축기, 이완기 및 평균 혈압의 결과를 얻기 위해 여러 번 수행한다. 첫 번째 측정값을 제외하고, 3 ~ 5회 연속 측정으로 이루어지며, 이상적으로 측정이 된 경우에는 모두 서로 10mmHg 이내의 차이를 보인다.

③ 화이트 코트 효과로 인한 혈압 증가와 고혈압 동물을 구분하는 것은 쉽지 않다. 두 수치는 최대 80mmHg 정도의 차이이며 동물에 따라 긴장도와 스트레스가 외부적으로 예측이 쉽지 않다.

   🐱 개와 고양이의 혈압

정상 수축기 혈압 110 ~ 140mmHg, 정상 이완기 혈압은 60 ~ 80mmHg으로 사람과 비슷한 혈압을 가지고 있다.

16 과목 | 동물보건내과학   난이도 | ●○○   정답 | ④

체온이 정상보다 상승하면 맥박수가 증가한다.

17 개의 직장 체온을 측정할 때 주의해야 할 점으로 옳지 않은 것은?

① 배 아래에 한 팔로 껴안아 편안한 높이에서 측정이 가능하도록 보정한다.
② 정신을 산만하게 딴 곳으로 돌리고 측정이 끝난 후에는 적절한 보상을 한다.
③ 부드럽게 체온계를 삽입을 위해 바르는 바셀린은 직장 점막을 자극할 수 있기 때문에 사용하지 않는다.
④ 체온계의 끝을 개의 항문에 접촉시키고 항문이 닫히는 경우 이완될 때까지 기다린 다음 체온계의 끝을 직장으로 부드럽게 전진시킨다.
⑤ 체온계의 센서가 직장에 충분히 들어가도록 깊게 삽입한다.

18 호흡 사정 시 정상으로 들을 수 있는 호흡음은?

① 협착음
② 천명음
③ 기관지음
④ 코골기
⑤ 수포음

17 과목 | 동물보건내과학   난이도 | ●○○   정답 | ③

③ 체온계의 부드러운 삽입을 위해 바셀린과 같은 제품으로 온도계의 끝을 윤활한다.
⑤ 직장체온 측정 시 일어나는 일반적인 실수는 체온계를 충분히 깊이 삽입하지 않는 데서 기인한다. 작은 개와 고양이의 경우 체온계는 2cm 정도, 큰 개의 경우는 약 4 ~ 5cm 삽입한다.

18 과목 | 동물보건내과학   난이도 | ●○○   정답 | ③

③ 폐포음, 기관지음, 기관지 폐포음은 정상 호흡음이다.
①②④⑤ 비정상 호흡음이다.

19 강아지에게 정맥혈전증이 발생한 원인은?

① 혈소판 감소
② 스트레스
③ 장기간 부동
④ 저체중
⑤ 과식

20 만성 신부전(chronic kidney insufficiency)의 증상이 아닌 것은?

① 구토
② 식욕 증가
③ 무기력
④ 다갈
⑤ 다뇨

advice

19 과목 | 동물보건내과학   난이도 | ●○○   정답 | ③

③ 장기간 움직이지 않으면 정맥에 울혈이 발생하면서 발생할 수 있다.
① 혈소판이 증가하면 혈액응고가 항진하면서 발생한다.
②④⑤ 관련이 크게 없다.

20 과목 | 동물보건내과학   난이도 | ●○○   정답 | ②

동물에게 만성 신부전은 다갈과 다뇨의 가장 주된 원인이다. 네프론이 2/3 이상 손실되면 신장은 소변을 응축시키지 못하고 다갈 및 다뇨의 증상이 나타나게 된다. 신장 기능의 상실로 노폐물 또한 배설하지 못하고 구토를 유발하게 된다.

21 다음 〈보기〉에서 수술을 할 때 멸균장갑 착용에 대한 설명으로 옳은 것은?

보기

㉠ 이중 장갑 착용은 장갑이 찢어져 발생하는 감염 및 오염 위험성을 현저히 감소시킨다.
㉡ 이중 장갑을 착용하면 60분 후에 외부 장갑을 교체하는 것이 가장 좋다.
㉢ 정형외과 수술에는 장갑의 손상이 적다.
㉣ 파우더 장갑은 파우더 프리 장갑보다 위생적이다.

① ㉠㉢ ② ㉠㉣
③ ㉠㉡ ④ ㉠㉡㉣
⑤ ㉡㉢㉣

22 수술 후에 기관내 튜브 발관에 대한 설명 중 옳은 것은?

① 튜브는 동물의 의식이 없어도 발관할 수 있다.
② 튜브를 발관하는 타이밍은 흡기의 초기이다.
③ 개는 침을 삼키기 시작할 때 기관내 튜브를 제거한다.
④ 개는 고양이보다 튜브 제거를 더 빨리 한다.
⑤ 개는 고양이보다 후두부종, 후두경련 등의 합병증에 민감하다.

advice

21 과목 | 동물보건외과학   난이도 | ●●○   정답 | ③

㉢ 장갑이 찢어지는 사고는 수술의 특성상 정형외과 수술에 자주 발생하지만 다른 수술에서도 발생한다.
㉣ 파우더 장갑은 착용이 쉬우나 분말이 날리며 의료인과 동물에 알레르기를 유발하거나 수술 부위에 떨어질 위험이 있어서 사용하지 않는다.

22 과목 | 동물보건외과학   난이도 | ●●●   정답 | ③

② 튜브는 동물이 의식이 있고 성문이 완전히 열리는 흡기의 말기에 발관한다.
④ 개의 경우는 침을 삼키기 시작할 때 발관하지만 고양이는 후두 경련 또는 후두부종에 민감하기 때문에 삼키기 이전에 발관을 한다.

23 마취 후 저체온증을 예방 및 대처하는 방법으로 옳지 않은 것은?

① 마취실 및 수술실 주변 온도를 따뜻하게 유지하거나 담요를 사용하여 동물을 따뜻하게 한다.

② 알코올 소독은 체온을 저하시키므로 사용을 금한다.

③ 마취를 하는 시간은 최소로 유지되어야 한다.

④ 적외선 램프는 피부 화상의 위험이 있으므로 세심한 주의를 한다.

⑤ 동물에게 대량의 수액이 주어질 때 열 손실을 최소화하기 위해 따뜻한 수액을 사용한다.

24 수술 전 투약의 목적과 종류에 대한 설명으로 옳지 않은 것은?

① 통증과 불안감 완화를 위해 진통제를 사용한다.

② 아트로핀 황산염은 부교감신경 차단제로 미주신경을 억제한다.

③ 항콜린제는 침과 위액의 분비를 줄여 기도 분비물을 억제한다.

④ 수술 전 동물의 불안이나 흥분을 경감하기 위해 진정작용 약물을 사용한다.

⑤ 마취성 진통제는 마취 유지에 필요한 전신마취제 농도를 보다 증가시킬 수 있다.

![advice]

23 과목 | 동물보건외과학   난이도 | ●○○   정답 | ②

② 알코올은 높은 휘발성 때문에 온도가 일시적으로 내려갈 수 있지만 소독 효과가 좋고 소독 부위의 크기에 따라 사용 유무를 유연히 결정할 수 있다.

① 마취를 할 때 개와 고양이의 체온 유지 기능은 제한되며 체온을 잃는다. 수술 후의 저체온증은 수술 회복에 영향을 미칠 수 있어서 중요하다. 저체온증이 있는 동물은 몸을 떨면서 신진대사 속도와 열 생산을 증가시켜 열 손실을 보상하려 한다. 이로 인해 산소요구량도 함께 증가하고, 이는 낮아진 호흡 기능과 결합해 저혈당으로 이어질 수 있다. 수술 후 통증은 동물이 몸을 떨면서 더 악화될 수 있다.

24 과목 | 동물보건외과학   난이도 | ●●○   정답 | ⑤

⑤ 마취성 진통제는 마취 유지에 필요한 전신마취제 농도를 보다 감소시킬 수 있다.

25 수술 부위 감염에 가장 자주 진단되는 미생물은 무엇인가?

① 진균

② 바이러스

③ 정상상재균

④ 기회감염균

⑤ 원충균

26 복부 수술 후 복강은 무엇으로 세척하는가?

① 따뜻한 저장성 식염수

② 따뜻한 고장성 식염수

③ 따뜻한 등장성 식염수

④ 차가운 저등장 식염수

⑤ 차가운 등장 식염수

---

advice

25 과목 | 동물보건외과학   난이도 | ●○○   정답 | ③

수술 부위 감염의 대부분은 동물의 정상상재균에 의해 발생한다.

26 과목 | 동물보건외과학   난이도 | ●●○   정답 | ③

복강은 따뜻한 멸균 등장성 식염수 용액으로 위장 유출물 및 혈전을 제거하고 흡입기로 제거해 건조함을 유지한다. 일반적으로 몸무게 10kg인 개에게 식염수 1L가 사용된다.

27 내시경술의 종류가 아닌 것은?

① 식도경 검사(esophagoscopy)

② 위내시경 검사(gastroscopy)

③ 십이지장경 검사(duodenoscopy)

④ 대장내시경 검사(colonoscopy)

⑤ 공장내시경 검사(jejunoscopy)

28 반려동물의 중성화 수술에 대한 설명으로 옳지 않은 것은?

① 고양이의 일반적인 중성화 시기는 6 ~ 12개월령이다.

② 암컷 고양이의 경우 1 ~ 2세의 나이에 하는 중성화는 난소 낭종의 예방 효과가 있다.

③ 토끼나 기니피그는 원치 않는 임신을 방지하기 위해 암컷을 중성화 시킨다.

④ 암컷 토끼는 호르몬의 영향으로 나타나는 공격성을 개선시킬 수 있다.

⑤ 암컷 페럿은 나이가 들어서 자주 발생하는 골수 질환인 내인성 에스트로겐 중독을 예방한다.

---

advice

27 과목 | 동물보건외과학   난이도 | ●○○   정답 | ⑤

내시경 검사는 동물의 위장장애 진단에 자주 활용된다. 장비는 비용 효과적이고 시간 절약적이다. 가장 큰 장점은 내복 탐사 수술(exploratory laparotomy)보다 비침습적이어서 이환율을 감소시킨다는 점이다. 위장내시경 검사는 역류, 구토, 혈액구토, 연하곤란, 혈변, 설사의 징후가 있는 모든 동물에게 적용될 수 있다. 방사선 진단에서 아무것도 발견하지 못했을 때, 위장과 관련된 혈액화학검사(혈청 코발라민, 엽산, 트립신 면역 반응성)가 비정상일 때 진단에 도움을 줄 수 있다.

28 과목 | 동물보건외과학   난이도 | ●●○   정답 | ③

③ 토끼나 기니피그는 보통 한 마리의 수컷과 여러 마리의 암컷이 생활한다. 원치 않는 임신을 방지하기 위해 수컷을 중성화하는 것이 합리적이다.

29 출산 후 갓 태어난 새끼의 케어에 대한 설명으로 옳지 않은 것은?

① 새끼를 따뜻하고 건조한 수건에 싸서 태아막의 잔류물을 제거한다.

② 원활한 호흡을 돕기 위해 몸 전체를 흔들어 준다.

③ 새끼가 스스로 호흡을 시작하지 않으면 구강 – 비강 소생술을 수행하기도 한다.

④ 심박수가 감소되면 산소를 공급해 준다.

⑤ 탯줄은 복벽에서 0.5 ~ 1cm 떨어진 위치에 결찰한다.

30 다음 〈보기〉에서 채혈의 과정이 올바르게 나열된 것은?

보기

㉠ 바늘, 혈액 튜브, 피부 소독제, 지혈대 등 필요한 물품을 미리 준비한다.

㉡ 바늘이 들어가면 혈액 튜브의 순서가 올바른지 확인하며 튜브를 채운다.

㉢ 바늘이 제거되면 거즈로 출혈이 멈출 때까지 약 1분 동안 압박한다.

㉣ 감염을 일으킬 수 있는 채혈 부위에 세균이 들어가지 않도록 면도 후 소독을 한다.

㉤ 직접 손으로 관절을 누르거나 또는 지혈대를 이용해 혈관을 찾기 쉽게 돕는다.

① ㉠→㉤→㉣→㉡→㉢   ② ㉠→㉣→㉤→㉡→㉢

③ ㉠→㉣→㉤→㉢→㉡   ④ ㉤→㉠→㉣→㉡→㉢

⑤ ㉤→㉠→㉡→㉣→㉢

29 과목 | 동물보건외과학   난이도 | ●●○   정답 | ②

② 출생 직후 새끼는 종종 불규칙한 호흡 패턴을 보인다. 호흡은 기도의 분비물을 흡입기로 제거하고 몸을 따뜻하게 하거나 격렬한 마찰로 자극되어질 수 있지만 몸 전체를 흔드는 것은 뇌출혈을 일으킬 수 있기 때문에 권장되지 않는다.

③ 새끼가 스스로 호흡하기 시작하지 않으면 구강 – 비강 소생술을 부드럽게 수행한다. 심장 박동을 감지할 수 있는 경우 소생술은 적어도 30분 동안 계속하고 조직의 산소화 향상을 위해 산소를 제공한다.

30 과목 | 동물보건외과학   난이도 | ●○○   정답 | ②

동물들은 움직이지 못하게 고정한다(보정). 보정이 매우 거칠게 보일 수 있지만 동물뿐만 아니라 직원들의 부상을 막기 위해서 꼭 필요한 과정이다. 경우에 따라서 진정제가 투입되기도 한다. 필요한 혈액 튜브의 수는 검사의 종류에 따라 달라지지만 올바른 순서로 항응고제로 인한 오염 방지가 중요하다. 혈청 튜브를 채운 다음 리튬 헤파린을 채우고 KEDTA 플라스마 튜브를 마지막에 채운다. 구연산 나트륨 항응고 튜브는 적정량을 채우는 것이 중요하므로 항상 처음에 채운다.

31 수술실에서 동물보건사의 역할이 아닌 것은?

① 수술부위를 절개하고 봉합을 한다.

② 수술과정이 어떻게 진행되는지 명확히 인지하고 있다.

③ 수술에 필요한 기계의 공급이 원활하게 되도록 준비한다.

④ 수술 과정에 무균술을 지킨다.

⑤ 스펀지, 바늘 등의 물품의 숫자를 확인한다.

32 수술 후에 해야 하는 간호로 적절한 것은?

① 보호자에게 수술 동의서를 받는다.

② 수술 위험도에 대한 자료를 수집한다.

③ 수술 후에 발생할 수 있는 잠재적인 위험 요인을 사정한다.

④ 활력징후와 의식을 사정한다.

⑤ 전신마취를 준비한다.

33 모양에 따른 상처 분류에 대한 설명으로 옳지 않은 것은?

① 타박상은 물체에 부딪힐 때 가해지는 압력으로 조직 내 출혈이 발생하는 상처이다.

② 절개상은 수술 등 의도적 원인으로 인한 개방상처이다.

③ 찰과상은 비의도적이나 의도적으로 피부표면이 긁히거나 벗겨진 상처이다.

④ 자상은 못같이 예리한 물체에 피부나 피하조직이 찔린 상처로 감염률이 매우 높다.

⑤ 관총상은 금속핀에 의해 의도치 않게 생긴 상처로 피부와 기저조직이 융합된 상처이다.

🐶 **advice**

31 과목 | 동물보건외과학   난이도 | ●○○   정답 | ①

① 수술을 집도하는 것은 수의사의 역할이다.

32 과목 | 동물보건외과학   난이도 | ●○○   정답 | ④

①②③ 수술 전에 해야 하는 간호에 해당한다.

⑤ 수술 중에 해야 하는 간호이다.

33 과목 | 동물보건외과학   난이도 | ●●○   정답 | ⑤

⑤ 관총상은 금속핀이나 총에 의한 비의도덕적 상처로, 피부와 기저조직이 관통된 상처이다.

34 발에 못이 깊게 찔리는 사고가 발생한 동물의 상처의 유형은?

① 천공

② 열상

③ 자상

④ 절개상

⑤ 찰과상

35 다음 중 염증반응 특성이 아닌 것은?

① 초기에 혈관이 일시적으로 수축된다.

② 혈관이 확장되고 모세혈관 투과성이 증가한다.

③ 염증성 삼출액이 형성되면서 부종이 발생한다.

④ 백혈구가 간질 내에서 혈관 내피 세포로 이동한다.

⑤ 코티졸 호르몬이 항염작용을 한다.

---

 advice

34 과목 | 동물보건외과학   난이도 | ●○○   정답 | ③

③ **자상** : 날카로운 것에 찔려 생긴 상처이다.

① **천공** : 궤양 등으로 조직에 구멍이 생긴 것이다.

② **열상** : 피부가 찢어져 생긴 상처이다.

④ **절개상** : 째거나 갈라진 개방상처이다.

⑤ **찰과상** : 무언가에 의해 스치거나 문질러져 피부표면이 벗겨진 상처이다.

35 과목 | 동물보건외과학   난이도 | ●●●   정답 | ④

④ 백혈구는 이주로 혈관내피세포에 붙어 있다가 혈관벽을 뚫고 간질 내로 이동한다. 섬유소는 방어벽이나 그물을 형성하면서 염증이 확대되는 것을 막는다.

①② 염증반응 초기에는 혈관이 일시적으로 수축된다. 하지만 이어서 혈관이 확장되고 모세혈관의 투과성이 증가한다.

③ 염증성 삼출액이 형성되면서 부종이 생긴다.

⑤ 코티졸 호르몬은 항염작용을 하여 호산구와 림프구 형성을 억제하고 림프조직을 위축시키면서 염증이 확대되는 것을 방지한다.

36 다음 〈보기〉에서 상처가 발생하면 치유되는 단계로 옳은 것은?

―――――――――――――― 보기 ――――――――――――――
ㄱ 성숙기   ㄴ 염증기
ㄷ 증식기

① ㄱ → ㄴ → ㄷ   ② ㄴ → ㄷ → ㄱ
③ ㄴ → ㄱ → ㄷ   ④ ㄷ → ㄱ → ㄴ
⑤ ㄷ → ㄴ → ㄱ

37 상처 치유 단계에서 증식기에 내원한 동물에게 해야 하는 조치는?

① 수분 제한   ② 냉습포 적용
③ 물리적 제거   ④ 비타민 A와 비타민 C 공급
⑤ 저탄수화물 식이

38 화상을 입은 동물에 대한 응급처치로 옳은 것은?

① 화상 입은 피부에 거즈붕대를 꽉 감는다.
② 붕대는 최대한 교체하지 않고 유지한다.
③ 강산으로 화상을 입은 경우에는 피부를 씻어내지 않는다.
④ 아이스 팩을 피부에 적용하여 냉찜질을 한다.
⑤ 화상부위를 핥지 않도록 목 칼라를 적용한다.

🐶 **advice**

36 과목 | 동물보건외과학   난이도 | ●○○   정답 | ②

상처치유의 단계는 염증기, 증식기, 성숙기이다.

37 과목 | 동물보건외과학   난이도 | ●○○   정답 | ④

④ 상처치유 시 탄수화물, 단백질, 비타민 A, 비타민 C, 무기질 등의 충분한 영양이 필요하다.

38 과목 | 동물보건외과학   난이도 | ●●○   정답 | ⑤

① 헐겁게 감아야 한다.
② 붕대는 하루에 한 번은 교체해서 깨끗하게 유지하여야 한다.
③ 산에 의한 화상은 자극이 적은 비누를 사용하여 물로 씻어내야 한다.
④ 조직이 손상될 수 있으므로 아이스 팩을 적용하지 않는다.

39 저혈량성 쇼크가 발생하는 일반적인 원인은?

① 심근경색　　　　　　　　　　② 폐색전증

③ 아나필락시스　　　　　　　　　④ 출혈

⑤ 심낭압전

40 쇼크가 발생한 동물에게 해야 하는 치료로 적절한 것은?

① 심박출량 반응성을 확인하면서 수액을 투여한다.

② 조용한 환경에서 안정을 취하게 한다.

③ 자극을 최대한 줄이기 위해 산소를 공급하지 않는다.

④ 냉습포를 적용한다.

⑤ 혈액순환을 돕기 위한 마사지를 한다.

41 응고인자 분석을 위해 혈장을 채취할 때 선택하는 항응고제는 무엇인가?

① 옥살산 나트륨　　　　　　　　② 구연산 나트륨

③ 나트륨 펜토탈　　　　　　　　④ 리튬 헤파린

⑤ 나트륨 헤파린

advice

39 과목 | 동물보건외과학　　난이도 | ●○○　　정답 | ④

④ 저혈량성 쇼크는 출혈이나 탈수에 의해서 발생한다.

①⑤ 심인성 쇼크 발생원인이다.

② 폐쇄성 쇼크 발생원인이다.

③ 분포성 쇼크 발생원인이다.

40 과목 | 동물보건외과학　　난이도 | ●○○　　정답 | ①

② 응급상황이므로 최대한 빠른 치료가 필요한 상태이다.

③ 활력징후가 불안정하므로 산소 공급이 필요하다.

41 과목 | 동물보건임상병리학　　난이도 | ●○○　　정답 | ②

혈액 응고인자 분석을 위한 샘플은 항응고제 구연산 나트륨을 사용한다.

42 수혈을 위한 혈액 채취에 대한 설명으로 옳지 않은 것은?

① 3.8% 구연산나트륨은 최고의 항응고제로 보존제 없이 즉각적인 수혈을 위해 사용될 수 있다.

② CPD-A1(citrate-phosphate-dextrose-adenine)은 상업적 항응고 보존제로 적혈구의 기능 및 생존 가능성을 향상시킨다.

③ 헤파린은 전혈, 포장 적혈구 및 혈장 성분을 저장하는 데 가장 일반적으로 사용된다.

④ 혈액 성분 분리는 수집 시점으로부터 8시간 이내에 이루어진다.

⑤ 해동 또는 실내 온도로 따뜻해진 혈액 성분은 다시 냉각하면 안 된다.

43 전혈구 검사를 위한 채혈을 할 때 혈액이 EDTA 튜브의 절반 이하(피의 양이 응고제 EDTA에 비해 모자란 경우)만 수집된 경우 나타날 수 있는 것은?

① 적은 양의 채혈은 아무런 영향을 미치지 못한다.

② 샘플이 응고되지 않는다.

③ 과도한 EDTA로 적혈구가 용혈이 될 수 있다.

④ 과도한 EDTA는 세포 수축을 유발한다.

⑤ 과잉 EDTA는 세포 팽윤을 일으킨다.

---

advice

42 과목 | 동물보건임상병리학   난이도 | ●●○   정답 | ③

③ CPD-A1은 전혈, 포장 적혈구 및 혈장 성분을 저장하는 데 가장 일반적으로 사용되며 헤파린은 항응고제로서 권장되지 않는다.

혈액

무균적으로 채취되어야 할 뿐만 아니라 채집된 이후에도 오염 방지에 유의한다. 마찬가지로 부분적으로 사용되거나 열린 혈액백은 오염의 위험 때문에 24시간 이내에 사용해야 한다.

43 과목 | 동물보건임상병리학   난이도 | ●○○   정답 | ④

EDTA는 고장성이기 때문에 세포의 수축을 유발하며 K-EDTA 튜브는 절반 이상을 채우는 것이 이상적이다.

EDTA

혈구세포의 보존력이 우수하여 일반 혈액검사에서 가장 많이 사용되는 항응고제이다. 칼슘이온을 제거하여 항응고 작용을 한다.

44 혈장(plasma)은 무엇으로 구성되는가?

① 수분, 혈장 단백질, 피브리노겐

② 수분, 혈청, 혈구

③ 수분, 혈소판, 피브리노겐

④ 수분, 혈소판, 혈구

⑤ 혈청, 혈구, 혈장 단백질

45 임상병리검사실에서 시약을 취급할 때 주의사항으로 적절하지 않은 것은?

① 독성이 있는 시약을 사용하고 완전히 막은 것을 검토한다.

② 에테르 시약은 싱크대에 버린다.

③ 화재 위험이 있는 시약은 안경과 장갑과 같은 보호장구를 착용한다.

④ 유기 시약은 직접 맨 손으로 만지지 않는다.

⑤ 유독성 시약을 피펫에 옮길 때 피펫용 필러를 부착하고 사용한다.

---

advice

44 과목 | 동물보건임상병리학　난이도 | ●○○　정답 | ①

혈액은 혈구(적혈구, 백혈구, 혈소판)와 혈장으로 이루어진다. 혈장의 대부분은 물이며, 혈장 단백질(알부민, 글로불린, 피브리노겐) 등이 함유되어 있다.

혈청과 혈장

혈청은 혈액 응고 이후 원심분리로 혈구를 분리시켜 추출한다. 혈장은 혈액 응고를 항응고제(EDTA, 리튬 헤파린)로 억제한 상태에서 원심분리를 한다. 혈청과 혈장의 차이는 혈액 응고 단백질, 피브리노겐 함유의 유무이다.

45 과목 | 동물보건임상병리학　난이도 | ●●○　정답 | ②

② 휘발성이 강한 에테르는 싱크대에 버려서는 안 된다.

46 다음 〈보기〉에서 Diff-Quick 염색을 할 때 사용하는 시약의 순서로 옳은 것은?

─────────────── 보기 ───────────────
ⓒ 폴리크롬

ⓛ eosin

ⓒ 메틸알코올
─────────────────────────────────────

① ㉠→㉡→㉢   ② ㉠→㉢→㉡

③ ㉡→㉢→㉠   ④ ㉢→㉡→㉠

⑤ ㉢→㉠→㉡

47 다음 〈보기〉에서 혈청이 사용되는 검사가 아닌 것은?

─────────────── 보기 ───────────────
㉠ 혈액화학 검사   ㉡ 호르몬 검사

㉢ 항체검사   ㉣ 혈액 응고검사

㉤ 전혈구 검사
─────────────────────────────────────

① ㉠㉡   ② ㉠㉤

③ ㉣㉤   ④ ㉡㉣㉤

⑤ ㉠㉢㉤

advice

46 과목 | 동물보건임상병리학   난이도 | ●●○   정답 | ④

메틸알코올을 1번 시약으로 이용하여 고정한 다음에 eosin으로 염색을 한다. 이후에 ph6.4 ~ 6.8 증류수로 세척을 하고 폴리
크롬으로 염색을 한다.

47 과목 | 동물보건임상병리학   난이도 | ●○○   정답 | ③

혈청은 전혈을 응고시킨후 혈구를 분리시켜 만들며, 피브리노겐을 포함한 혈액 응고 단백질과 혈구를 포함하지 않는다. 혈액
응고검사는 혈액 응고 시 필요한 단백질인 피브리노겐과 혈액 응고인자의 유무에 관한 검사로 혈청에서는 검사할 수 없고 또한
혈청은 혈구를 분리된 상태로 전혈구 검사도 불가능하다.

48 건강한 동물의 소변에는 포도당이 없어야 하는 이유로 적절한 것은?

① 사구체에서 여과된 포도당은 글리코겐으로 전환되기 때문이다.

② 사구체에서 여과된 포도당은 세뇨관에서 재흡수가 되기 때문이다.

③ 혈액의 포도당은 사구체에서 여과되지 않기 때문이다.

④ 정상 혈액에서 혈당은 포도당이 아닌 과당이기 때문이다.

⑤ 사구체에서 여과된 과당과 포도당 중에서 포도당만 재흡수 되기 때문이다.

49 간에 중증 질환이 있는 경우 혈중 수치 농도가 높게 나오는 항목은?

① 총콜레스테롤　　　　　　　　② 암모니아

③ 아밀레이스　　　　　　　　　④ 칼슘

⑤ 포도당

50 혈액검사에서 단핵구가 감소하면 나타날 수 있는 질환에 가장 적절한 것은?

① 쿠싱 증후군　　　　　　　　　② 염증

③ 세균 감염　　　　　　　　　　④ 빈혈

⑤ 탈수

---

 advice

48 과목 | 동물보건임상병리학　난이도 | ●○○　정답 | ②

일반적으로 건강한 동물의 소변에는 포도당이 전혀 포함되어 있지 않다. 사구체는 혈액을 걸러내고 사구체 여과액을 생성한다. 여과액에는 포도당, 아미노산 등 신체가 아직 필요로 하는 물질이 포함되어 있고 세뇨관에서 다시 재흡수 된다.

일과성 고혈당증

스트레스와 관련된 고혈당증은 스트레스로 인해 일시적으로 포도당이 과잉 생산되고 신장 역치를 초과해서 포도당뇨증을 유발하는 것으로 주로 스트레스에 취약한 고양이에 자주 나타난다. 다른 질환으로 인해 일시적인 고혈당증이 유발되는 경우(췌장염 등)도 존재하기 때문에 당뇨병 진단 시 주의해야 한다.

49 과목 | 동물보건임상병리학　난이도 | ●○○　정답 | ②

② 혈중에 암모니아 수치가 높게 나오면 간 질환이 있을 확률이 높다.

50 과목 | 동물보건임상병리학　난이도 | ●○○　정답 | ①

쿠싱증후군은 당질코르티코이드(Glucocorticoid)의 과잉분비로 발생하는 질환으로 단핵구 수치가 감소하면 나타날 수 있다.

51 혈액검사 수치를 확인할 때 빈혈에 영향을 주는 항목으로 적절하지 않은 것은?

① 적혈구
② 림프구
③ 헤모글로빈
④ 평균 적혈구 용적
⑤ 혈소판 수

52 동물의 발정주기를 평가하기 위해 확인해야 하는 호르몬 수치는?

① 프로게스테론
② T4
③ 코르티솔
④ 아세틸콜린
⑤ 도파민

53 자동 혈구 분석을 할 때 유의사항으로 적절하지 않은 것은?

① 자동 혈구 분석기가 고장 난 경우 PCV 계산이 불가능하다.
② 시료는 감염성이 있을 수 있으므로 보호 장비를 착용한다.
③ 시험관에 채취한 혈액은 항응고제와 잘 섞이도록 흔들어준다.
④ 혈액은 상온에서 4시간 동안 저장이 가능하다.
⑤ 기기 주변에 혈액 부산물은 중성세제로 세척한다.

😀 **advice**

51 과목 | 동물보건임상병리학   난이도 | ●○○   정답 | ②

①③④ 빈혈에 영향을 준다.
⑤ 재생불량성 빈혈에 영향을 준다.

52 과목 | 동물보건임상병리학   난이도 | ●●○   정답 | ①

① 에스트라디올과 프로게스테론을 교배와 배란 시기 확인을 위해 확인해야 한다.

53 과목 | 동물보건임상병리학   난이도 | ●●○   정답 | ①

① 자동 혈구 분석기 사용이 어려울 때에는 미세헤마토크리트법으로 PCV 계산을 할 수 있다.

54 일반혈액검사(CBC)에서 파악할 수 있는 정보로 적절하지 않은 것은?

① Hb   ② HCT

③ PLT   ④ AMYL

⑤ MCHC

55 다음 〈보기〉에서 고양이의 혈액검사 수치만으로 예상할 수 있는 증상으로 적절한 것은?

─────────── 보기 ───────────

• TG : 150

• IP : 6

• CRE : 5

① 췌장장애   ② 중추신경 장애

③ 콩팥 질환   ④ 고단백혈증

⑤ 간 질환

---

54 과목 | 동물보건임상병리학   난이도 | ●●○   정답 | ④

④ AMYL은 아밀레이스(amylase)를 의미한다. 혈액 화학 검사를 해야 검출된다.

① 헤모글로빈을 의미한다.

② 혈액에 적혈구의 비율을 의미한다.

③ 혈소판의 수를 의미한다.

⑤ MCHC(mean corpuscular hemoglobin concentration)로 평균 적혈구 혈색소 농도를 의미한다.

🐱 일반 혈액검사 CBC(complete blood count)

혈액에 있는 적혈구, 백혈구, 혈소판 정보를 확인할 수 있다.

55 과목 | 동물보건임상병리학   난이도 | ●●○   정답 | ③

중성지방(TG), 무기인(IP), 크레아티닌(CRE)의 수치가 정상 범주보다 높게 나온다. 특히나 크레아티닌의 수치는 콩팥 기능을 확인할 때 제일 많이 확인하는 수치로 콩팥 질환을 예상할 수 있다.

56 다음 〈보기〉에서 개의 혈액검사 수치만으로 예상할 수 있는 증상으로 적절한 것은?

보기

- BUN : 35
- ALP : 100
- AST : 20
- LDH : 50

① 심근경색
② 악성 종양
③ 간 괴사
④ 과체중
⑤ 탈수

57 침습적 진단 방법이 아닌 것은?

① 자연배뇨
② 혈액 채취
③ 세침흡인(FNA, fine needle aspiration)
④ 골수 검사
⑤ 피부 생검

---

advice

56 과목 | 동물보건임상병리학   난이도 | ●●○   정답 | ⑤

아스파라긴산 아미노전이효소(AST), 알라닌 아미노전이효소(ALP), 젖산탈수소효소(LDH)는 정상 수치이다. 혈액요소질소(BUN) 수치가 정상 범위인 9.2 ~ 29.2보다 높게 나오므로 콩팥부전이나 탈수 증상을 예상할 수 있다.

57 과목 | 동물보건임상병리학   난이도 | ●○○   정답 | ①

침습적 진단 방법
㉠ 정의 : 샘플을 얻기 위해 피부 또는 점막 장벽의 침투를 필요로 하는 샘플링 기술이다.
㉡ 예 : 정맥에서 채혈, 체내의 유출액 수집, 기관 및 피부의 생검 등이 있다.
㉢ 기술 : 결막 및 경구 점막 면봉, 타액 분석, 모발에 대한 PCR 및 자연배뇨를 이용한 소변 검사가 있다.

58 요침사의 현미경 검사에 대한 설명으로 옳지 않은 것은?

① 저배율(100배) 및 고배율(고배율)에서 수행한다.

② 염색을 하지 않은 침전물을 검사할 때는 강한 대비를 위해 콘덴서를 연다.

③ 방광 천자 소변은 약간의 적혈구를 포함한다.

④ 자연배뇨는 종종 약간의 백혈구와 편평상피 세포를 포함한다.

⑤ 약간의 유리질원주, 과립원주, 이행 상피 세포, 정자가 관찰되는 것은 정상이다.

59 동물보정에 대한 설명으로 옳은 것은?

① 고양이는 한 손으로 목 아래를 받쳐주고 나머지 손은 배를 받쳐서 세운 후 보정한다.

② 온순한 개는 보정 가방에 넣어서 진료한다.

③ 조류를 보정할 때 가죽장갑을 착용한다.

④ 크기가 큰 도마뱀은 천장 쪽으로 배를 받쳐 들어주며 보정한다.

⑤ 페럿은 보정자의 몸에서 최대한 떨어뜨려 보정한다.

---

advice

58 과목 | 동물보건임상병리학　난이도 | ●●○　정답 | ②

② 염색을 하지 않은 소변 침전물을 검사할 때는 강한 대비를 위해 콘덴서를 닫는다.

① 요침사의 현미경 검사는 저배율(100배) 및 고배율(400배)에서 수행된다.

③ 약간의 유리질원주, 과립원주, 이행 상피 세포 또는 정자는 정상이며 결정은 소변 pH, 품종, 다이어트에 따라 일반적으로 발견 될 수 있다. 산성 소변에서 칼슘 옥살레이트 결정은 발견되지만 스트루브석 결정은 알칼리성 소변에서 발견된다.

④ 요침사에서 <5 적혈구/HPF 및 5 백혈구/HPF는 정상이다. 자연배뇨는 편평상피 세포를 포함할 수 있다.

59 과목 | 동물보건외과학　난이도 | ●○○　정답 | ③

① 고양이를 보정할 때 보정 가방이나 수건을 이용한다.

② 온순한 개는 목 아래를 받쳐주고 나머지 손은 배를 받쳐서 세운 후 보정한다.

④ 크기가 큰 도마뱀은 바닥 방향으로 목 부위를 누른다.

⑤ 페럿은 가슴 부위를, 엉덩이 부위를 잡은 후 보정자 몸 쪽으로 안아준다.

60 다음 〈보기〉와 같은 보정 방식을 사용하는 개의 특징은?

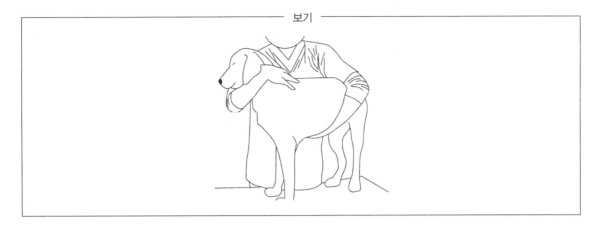

① 온순한 성격의 개
② 탈출을 시도하는 개
③ 허리가 약한 개
④ 귀가 들리지 않는 개
⑤ 수술을 받고난 직후의 개

 advice

60 과목 | 동물보건외과학   난이도 | ●○○   정답 | ②

② 주의가 산만하고 탈출하려고 시도하는 개에게 사용하는 보정 방식이다.

1 동물보호법에 따른 동물보호의 기본 원칙으로 옳지 않은 것은?

① 동물의 행복을 위해 운동 · 휴식 · 수면의 권리를 보장할 것
② 동물이 본래의 습성과 신체의 원형을 유지하면서 정상적으로 살 수 있도록 할 것
③ 동물이 갈증 및 굶주림을 겪거나 영양이 결핍되지 아니하도록 할 것
④ 동물이 정상적인 행동을 표현할 수 있고 불편함을 겪지 아니하도록 할 것
⑤ 동물이 공포와 스트레스를 받지 아니하도록 할 것

2 맹견에 분류되지 않는 것은?

① 도사견
② 아메리칸 핏불 테리어
③ 아메리칸 스태퍼드셔 테리어
④ 도베르만
⑤ 로트와일러

---

advice

1 과목 | 동물보호법   난이도 | ●●●   정답 | ①

동물보호법 제3조(동물보호의 기본 원칙)
㉠ 동물이 본래의 습성과 신체의 원형을 유지하면서 정상적으로 살 수 있도록 할 것
㉡ 동물이 갈증 및 굶주림을 겪거나 영양이 결핍되지 아니하도록 할 것
㉢ 동물이 정상적인 행동을 표현할 수 있고 불편함을 겪지 아니하도록 할 것
㉣ 동물이 고통 · 상해 및 질병으로부터 자유롭도록 할 것
㉤ 동물이 공포와 스트레스를 받지 아니하도록 할 것

2 과목 | 동물보호법   난이도 | ●○○   정답 | ④

동물보호법 시행규칙 제2조(맹견의 범위)
㉠ 도사견과 그 잡종의 개
㉡ 핏불테리어(아메리칸 핏불테리어를 포함한다)와 그 잡종의 개
㉢ 아메리칸 스태퍼드셔 테리어와 그 잡종의 개
㉣ 스태퍼드셔 불 테리어와 그 잡종의 개
㉤ 로트와일러와 그 잡종의 개

3 동물보호법에 따라 동물 운송을 할 때 준수해야 하는 사항으로 올바른 것은?

① 운송 중에 동물의 스트레스 감소를 위해 최대한 빠르게 이동한다.

② 운송 중에 동물에게 적합한 사료와 물을 제공한다.

③ 동물이 다치지 않도록 움직임을 최대한 제한하는 공간에 넣어서 이동한다.

④ 반려동물 판매자는 구매자에게 동물을 전달할 때에 택배배송으로 전달한다.

⑤ 이동 중에 스트레스를 줄이기 위해 전기(電氣) 몰이도구 사용이 허용된다.

---

3 과목 | 동물보호법   난이도 | ●○○   정답 | ②

🐱 **동물보호법 제11조(동물의 운송)**

㉠ 운송 중인 동물에게 적합한 사료와 물을 공급하고, 급격한 출발·제동 등으로 충격과 상해를 입지 아니하도록 할 것

㉡ 동물을 운송하는 차량은 동물이 운송 중에 상해를 입지 아니하고, 급격한 체온 변화, 호흡곤란 등으로 인한 고통을 최소화할 수 있는 구조로 되어 있을 것

㉢ 병든 동물, 어린 동물 또는 임신 중이거나 포유 중인 새끼가 딸린 동물을 운송할 때에는 함께 운송 중인 다른 동물에 의하여 상해를 입지 아니하도록 칸막이의 설치 등 필요한 조치를 할 것

㉣ 동물을 싣고 내리는 과정에서 동물 또는 동물이 들어있는 운송용 우리를 던지거나 떨어뜨려서 동물을 다치게 하는 행위를 하지 아니할 것

㉤ 운송을 위하여 전기(電氣) 몰이도구를 사용하지 아니할 것

🐱 **제12조(반려동물 전달 방법)**

반려동물을 다른 사람에게 전달하려는 자는 직접 전달하거나 제73조제1항에 따라 동물운송업의 등록을 한 자를 통하여 전달하여야 한다.

4　등록 대상 동물을 잃어버린 경우 변경신고는 잃어버린 날부터 며칠 이내에 하는가?

① 1일
② 2일
③ 3일
④ 5일
⑤ 10일

5　반려동물에 대한 위생 · 건강관리를 위한 준수사항으로 옳지 않은 것은?

① 동물에게 질병이 발생한 경우 신속하게 수의학적 처치를 제공한다.
② 목줄에 묶이거나 목이 조이면서 생기는 상해 위험을 낮추기 위해 목줄 사용을 하지 않는다.
③ 동물의 영양이 부족하지 않도록 사료 등 동물에게 적합한 먹이와 깨끗한 물을 공급한다.
④ 동물의 행동에 불편함이 없도록 털과 발톱을 적절하게 관리한다.
⑤ 2마리 이상의 동물을 함께 사육하는 경우에는 동물의 사체나 전염병이 발생한 동물은 즉시 다른 동물과 격리한다.

---

 advice

4　과목 | 동물보호법　난이도 | ●●○　정답 | ⑤

🐱🐶 동물보호법 제15조(등록 대상 동물의 등록 등) 제2항 제1호
등록 대상 동물을 잃어버린 경우에는 등록 대상 동물을 잃어버린 날부터 10일 이내에 한다.

5　과목 | 동물보호법　난이도 | ●●●　정답 | ②

🐱🐶 동물보호법 시행규칙 별표 2(반려동물에 대한 사육 · 관리 · 보호 의무) 제2호
㉠ 동물에게 질병(골절 등 상해를 포함한다. 이하 같다)이 발생한 경우 신속하게 수의학적 처치를 제공할 것
㉡ 2마리 이상의 동물을 함께 사육하는 경우에는 동물의 사체나 전염병이 발생한 동물은 즉시 다른 동물과 격리할 것
㉢ 동물을 줄로 묶어서 사육하는 경우 동물이 그 줄에 묶이거나 목이 조이는 등으로 인해 고통을 느끼거나 상해를 입지 않도록 할 것
㉣ 동물의 영양이 부족하지 않도록 사료 등 동물에게 적합한 먹이와 깨끗한 물을 공급할 것
㉤ 먹이와 물을 주기 위한 설비 및 휴식공간은 분변, 오물 등을 수시로 제거하고 청결하게 관리할 것
㉥ 동물의 행동에 불편함이 없도록 털과 발톱을 적절하게 관리할 것
㉦ 동물의 사육공간이 소유자 등이 거주하는 곳으로부터 멀리 떨어져 있는 경우에는 해당 동물의 위생 · 건강상태를 정기적으로 관찰할 것

6 수의사법에서 정한 동물보건사의 업무 범위에 대한 것으로 옳지 않은 것은?

① 동물에 대한 관찰　　　　　　　　② 체온·심박수 등 기초 검진 자료 수집

③ 동물의 사체 검안　　　　　　　　④ 수의사 진료 보조

⑤ 간호판단

7 수의사법에 따라 동물보건사 자격증에 대한 설명으로 옳지 않은 것은?

① 자격대장에 출신학교 및 졸업 연월일 등이 등록되어야 한다.

② 자격증을 잃어버린 경우 분실경위서와 사진 1장이 필요하다.

③ 면허가 취소되면 자격을 다시 받을 수 없다.

④ 자격증이 헐어서 쓰지 못하게 된 경우 자격증 원본과 사진 1장이 필요하다.

⑤ 자격증에 기재되는 사항이 변경되면 변경 내용을 증명하는 서류와 사진 1장이 필요하다.

---

6 과목 | 수의사법　난이도 | ●○○　정답 | ③

　수의사법 시행규칙 제14조의7(동물보건사의 업무 범위와 한계)
　㉠ 동물의 간호 업무 : 동물에 대한 관찰, 체온·심박수 등 기초 검진 자료의 수집, 간호판단 및 요양을 위한 간호
　㉡ 동물의 진료 보조 업무 : 약물 도포, 경구 투여, 마취·수술의 보조 등 수의사의 지도 아래 수행하는 진료의 보조

　수의사법 제16조의5(동물보건사의 업무) 제1항
　동물병원 내에서 수의사의 지도 아래 동물의 간호 또는 진료 보조 업무를 수행할 수 있다.

7 과목 | 수의사법 시행규칙　난이도 | ●●○　정답 | ③

　③ 동물보건사 자격증을 발급받은 사람이 자격을 다시 받게 되는 경우에는 동물보건사 자격증 재부여 신청서에 자격취소의 원인이 된
　　 사유가 소멸됐음을 증명하는 서류를 첨부하여 농림축산식품부장관에게 제출해야 한다〈「수의사법 시행규칙」 제14조의9 제2항〉.

　수의사법 시행규칙 제14조의9(자격증 재발급 시 제출 서류)
　㉠ 잃어버린 경우 : 별지 제11호의7서식의 동물보건사 자격증 분실 경위서와 사진 1장
　㉡ 헐어 못 쓰게 된 경우 : 자격증 원본과 사진 1장
　㉢ 자격증의 기재사항이 변경된 경우 : 자격증 원본과 기재사항의 변경 내용을 증명하는 서류 및 사진 1장

　수의사법 시행규칙 제14조의8(자격증 및 자격대장 등록사항)
　㉠ 자격번호 및 자격 연월일
　㉡ 성명 및 주민등록번호(외국인은 성명·국적·생년월일·여권번호 및 성별)
　㉢ 출신학교 및 졸업 연월일
　㉣ 자격취소 등 행정처분에 관한 사항
　㉤ 자격증을 재발급하거나 자격을 재부여했을 때에는 그 사유

8   다음 〈보기〉에서 동물의 인도적인 처리에 해당하는 경우를 모두 고른 것은?

> ─── 보기 ───
>
> ㉠ 질병이나 상해로부터 회복될 수 없는 경우
> ㉡ 다른 동물에게 질병을 옮기거나 위해를 끼칠 우려가 매우 높은 것으로 수의사가 진단한 경우
> ㉢ 기증이나 분양이 곤란한 경우
> ㉣ 시·도지사 또는 시장·군수·구청장이 부득이한 사정이 있다고 인정하는 경우

① ㉠   ② ㉡㉣
③ ㉢㉣   ④ ㉠㉡㉣
⑤ ㉠㉡㉢㉣

9   다음 중 동물의 수술 등 중대진료에 관하여 동물 소유자 등에게 설명하고 동의를 받아야 할 사항이 아닌 것은?

① 수술 등 중대진료 전후에 동물소유자 등이 준수하여야 할 사항
② 동물에게 발생하거나 발생 가능한 증상의 진단명
③ 수술 등 중대진료의 필요성과 방법 및 내용
④ 동물에게 발생할 수 있는 감염병에 대처하고 준수하여야 할 사항
⑤ 수술 등 중대진료에 따라 전형적으로 발생이 예상되는 후유증이나 부작용

---

advice

8   과목 | 동물보호법   난이도 | ●●○   정답 | ⑤

🐱TIP 동물보호법 시행규칙 제28조(동물의 인도적인 처리) 제1항
㉠ 동물이 질병 또는 상해로부터 회복될 수 없거나 지속적으로 고통을 받으며 살아야 할 것으로 수의사가 진단한 경우
㉡ 동물이 사람이나 보호조치 중인 다른 동물에게 질병을 옮기거나 위해를 끼칠 우려가 매우 높은 것으로 수의사가 진단한 경우
㉢ 기증 또는 분양이 곤란한 경우 등 시·도지사 또는 시장·군수·구청장이 부득이한 사정이 있다고 인정하는 경우

9   과목 | 수의사법   난이도 | ●●○   정답 | ④

🐱TIP 수의사가 동물소유자 등에게 설명하고 동의를 받아야 할 사항〈「수의사법」 제13조의2 제2항〉
㉠ 동물에게 발생하거나 발생 가능한 증상의 진단명
㉡ 수술 등 중대진료의 필요성, 방법 및 내용
㉢ 수술 등 중대진료에 따라 전형적으로 발생이 예상되는 후유증 또는 부작용
㉣ 수술 등 중대진료 전후에 동물소유자 등이 준수하여야 할 사항

10 동물 등록 번호 부여 방법에 대한 설명으로 옳은 것은?

① 외국에서 등록된 등록 대상 동물의 등록번호는 사용할 수 없다.

② 무선식별장치의 훼손 및 분실되었다면 기존의 번호로 재발급을 받는다.

③ 등록번호 체계는 총 5자리이다.

④ 검역본부장은 무선식별장치 공급업체별로 동물등록번호 영역을 배정·부여한다.

⑤ 외장형 무선식별장치는 해당동물이 기르던 곳에서 벗어나는 경우 소유자가 곁에 있는 경우 부착하지 않는다.

11 수의사법 상에서 위반 시 동물보건사 자격의 결격사유에 해당하는 법률이 아닌 것은?

① 실험동물에 관한 법률   ② 동물보호법

③ 수의사법   ④ 가축전염병예방법

⑤ 식품위생법

---

10 과목 | 동물보호법   난이도 | ●○○   정답 | ④

① 외국에서 등록된 등록대상 동물은 해당 국가에서 부여된 동물 등록번호를 사용하되, 호환되지 않는 번호체계인 경우 제2호 나목의 표준규격에 맞는 동물 등록번호를 부여한다〈「동물보호법 시행령」 별표 1 제1호 나목〉.

② 동물 등록번호 체계에 따라 이미 등록된 동물 등록번호는 재사용할 수 없으며, 무선식별장치의 훼손 및 분실 등으로 무선식별장치를 재삽입하거나 재부착하는 경우에는 동물 등록번호를 다시 부여받아야 한다〈「동물보호법 시행령」 별표 1 제1호 라목〉.

③ 총 15자리(국가코드3 + 개체식별코드 12)로 구성된다〈「동물보호법 시행령」 별표 1 제2호 가목〉.

⑤ 외장형 무선식별장치는 해당 동물이 기르던 곳에서 벗어나는 경우 반드시 부착하고 있어야 한다〈「동물보호법 시행령」 별표 1 제3호 나목〉.

11 과목 | 수의사법   난이도 | ●○○   정답 | ①

수의사법 제5조(결격사유)

㉠ 「정신건강증진 및 정신질환자 복지서비스 지원에 관한 법률」 제3조 제1호에 따른 정신질환자. 다만, 정신건강의학과전문의가 수의사로서 직무를 수행할 수 있다고 인정하는 사람은 그러하지 아니하다.

㉡ 피성년후견인 또는 피한정후견인

㉢ 마약, 대마(大麻), 그 밖의 향정신성의약품(向精神性醫藥品) 중독자. 다만, 정신건강의학과전문의가 수의사로서 직무를 수행할 수 있다고 인정하는 사람은 그러하지 아니하다.

㉣ 이 법, 「가축전염병예방법」, 「축산물위생관리법」, 「동물보호법」, 「의료법」, 「약사법」, 「식품위생법」 또는 「마약류관리에 관한 법률」을 위반하여 금고 이상의 실형을 선고받고 그 집행이 끝나지(집행이 끝난 것으로 보는 경우를 포함한다) 아니하거나 면제되지 아니한 사람

12 동물보건사의 자격을 인정받기 위해서 필요한 서류로 적절하지 않은 것은?

① 사고(思考)나 기분의 장애 질환자가 아님을 증명하는 의사의 진단서

② 마약 중독자에 해당하는 사람이 아님을 증명하는 의사의 진단서

③ 향정신성 의약품(向精神性醫藥品) 중독자에 해당하는 사람이 아님을 증명하는 의사의 진단서

④ 증명사진

⑤ 신체 질환자가 아님을 증명하는 의사의 진단서

13 다음 중 동물복지위원회의 자문 또는 심의 사항으로 적절하지 않은 것은?

① 종합계획의 수립에 관한 사항

② 동물복지정책의 수립, 조정 및 평가 등에 관한 사항

③ 다른 중앙행정기관의 업무 중 동물의 보호·복지와 관련된 사항

④ 동물병원에서의 동물 치료 및 처치 방법의 교육에 관한 사항

⑤ 동물 복지에 관한 사항

---

12 과목 | 수의사법   난이도 | ●○○   정답 | ⑤

수의사법 시행규칙 제14조의2(동물보건사의 자격인정) 제1항

㉠ 망상, 환각, 사고(思考)나 기분의 장애 등으로 인하여 독립적으로 일상생활을 영위하는 데 중대한 제약이 있는 사람은 정신 질환자가 아님을 증명하는 의사의 진단서

㉡ 마약, 대마(大麻), 그 밖의 향정신성 의약품(向精神性醫藥品) 중독자가 아님을 증명하는 의사의 진단서

㉢ 사진(가로 3.5센티미터, 세로 4.5센티미터) 2장

13 과목 | 동물보호법   난이도 | ●●○   정답 | ④

동물보호법 제7조 제1항(동물복지위원회)
농림축산식품부장관은 다음의 자문에 응하도록 하기 위하여 농림축산식품부에 동물복지위원회를 둔다. 다만, ㉠은 심의사항으로 한다.

㉠ 종합계획의 수립에 관한 사항

㉡ 동물복지정책의 수립, 집행, 조정 및 평가 등에 관한 사항

㉢ 다른 중앙행정기관의 업무 중 동물의 보호·복지와 관련된 사항

㉣ 그 밖에 동물의 보호·복지에 관한 사항

14 다음 〈보기〉에서 시 · 도지사와 시장 · 군수 · 구청장이 발견하면 보호조치를 취해야 하는 동물을 모두 고르면?

보기

ㄱ 유실 · 유기동물
ㄴ 피학대 동물 중 소유자를 알 수 없는 동물
ㄷ 학대를 받아 적정하게 치료 · 보호받을 수 없다고 판단되는 동물
ㄹ 부적절한 환경에서 분양되고 있는 동물
ㅁ 동물실험 대상 동물

① ㄱㄴ ② ㄱㄴㄷ
③ ㄴㄷㄹ ④ ㄷㄹㅁ
⑤ ㄱㄴㅁ

15 시장 · 군수 · 구청장이 유실 · 유기동물을 보호하고 있을 경우 소유자가 보호조치 사실을 알 수 있도록 공고 하여야 하는 기간은?

① 3일 이상 ② 5일 이상
③ 7일 이상 ④ 10일 이상
⑤ 30일 이상

---

 advice

14 과목 | 동물보호법   난이도 | ●○○   정답 | ②

🐱**TIP** 시 · 도지사와 시장 · 군수 · 구청장이 구조하여 치료 · 보호 조치 하여야 할 동물〈「동물보호법」 제34조 제1항〉

ㄱ 유실 · 유기동물
ㄴ 피학대 동물 중 소유자를 알 수 없는 동물
ㄷ 소유자로부터 학대를 받아 적정하게 치료 · 보호받을 수 없다고 판단되는 동물

15 과목 | 동물보호법   난이도 | ●○○   정답 | ③

시 · 도지사와 시장 · 군수 · 구청장은 유실 · 유기동물, 피학대 동물 중 소유자를 알 수 없는 동물을 보호하고 있는 경우에는 소유자 등이 보호조치 사실을 알 수 있도록 대통령령으로 정하는 바에 따라 지체 없이 7일 이상 그 사실을 공고하여야 한다〈「동물보호법」 제40조〉.

16 동물실험시행기관의 장이 실험 동물의 보호와 윤리적인 취급을 위하여 설치하여야 하는 것은?

① 동물보호명예감시원
② 수의사위원회
③ 동물보호센터
④ 동물복지 축산농장 인증기관
⑤ 동물실험윤리위원회

17 동물 실험 시행 기관의 범위에 속하지 않는 것은?

① 국가기관
② 국제백신연구소
③ 의료기관
④ 동물 수입업자
⑤ 대학

18 동물등록이 제외되는 지역의 범위로 옳은 것은?

① 제주특별자치도 본도(本島)
② 동물등록업무를 대행할 수 있는 자가 없는 읍·면
③ 지역인구가 100만 명 이상인 지역
④ 방파제로 육지와 연결된 도서 지역
⑤ 관광지 근처에 위치한 지역

---

advice

16 과목 | 동물보호법   난이도 | ●●○   정답 | ⑤

동물실험시행기관의 장은 실험동물의 보호와 윤리적인 취급을 위하여 동물실험윤리위원회를 설치·운영하여야 한다〈「동물보호법」 제51조 제1항〉.

17 과목 | 동물보호법   난이도 | ●●○   정답 | ④

동물보호법 시행령 제5조(동물실험시행기관의 범위)

㉠ 국가기관, 지방자치단체의 기관, 국가 또는 지방자치단체가 직접 설치하여 운영하는 연구기관, 「고등교육법」에 따른 대학, 정부출연연구기관, 과학기술분야 정부출연연구기관, 지방자치단체출연 연구원, 특정연구기관

㉡ 다음의 어느 하나에 해당하는 법인·단체 또는 기관
   ㉮ 식품, 건강기능식품, 의약품·의약외품 또는 첨단바이오의약품, 의료기기 또는 체외진단의료기기, 화장품, 마약을 제조·수입 또는 판매를 업(業)으로 하는 법인·단체 또는 기관
   ㉯ 의료기관
   ㉰ ㉮에 해당하는 것의 개발, 안전관리 또는 품질관리에 관한 연구업무를 식품의약품안전처장으로부터 위임받거나 위탁받아 수행하는 법인·단체 또는 기관와 ㉮에 해당하는 것의 개발, 안전관리 또는 품질관리를 목적으로 하는 법인·단체 또는 기관

㉢ 사료, 농약에 해당하는 것의 개발, 안전관리 또는 품질관리를 목적으로 하는 법인·단체 또는 기관, 「기초연구진흥 및 기술개발지원에 관한 법률」에 따른 법인·단체 또는 기관, 화학물질의 물리적·화학적 특성 및 유해성에 관한 시험을 수행하기 위하여 지정된 시험기관, 국제백신연구소

18 과목 | 동물보호법   난이도 | ●●○   정답 | ②

동물보호법 시행규칙 제9조(동물등록 제외 지역)

㉠ 도서[도서, 제주특별자치도 본도(本島) 및 방파제 또는 교량 등으로 육지와 연결된 도서는 제외한다]
㉡ 동물등록 업무를 대행하게 할 수 있는 자가 없는 읍·면

19 등록 대상 동물의 등록에 대한 설명으로 옳은 것은?

① 등록 대상 월령(月齡) 3개월 이하인 경우에는 등록할 수 없다.

② 동물등록증 재발급은 잃어버렸을 때만 가능하다.

③ 등록 대상 동물이 된 날부터 30일 이내에 등록 대상을 신청해야 한다.

④ 등록 대상 소유자의 개인정보는 필요하지 않다.

⑤ 동물 등록 신청은 제한 없이 모든 지역에서 하여야 한다.

20 다음 중 동물 학대 행위에 포함되는 것은?

① 동물보호 의식을 고양시키기 위한 목적으로 학대당하는 장면을 인터넷에 게재하는 것

② 언론기관에서 보도 목적으로 학대당하는 장면을 인터넷에 게재하는 것

③ 신고나 제보 목적으로 학대당하는 장면을 인터넷에 게재하는 것

④ 국가기관에서 동물복지를 위해 화학적 방법을 사용하여 학대당하는 장면을 인터넷에 게재하는 것

⑤ 약품의 판매 증진을 위한 광고 목적으로 동물을 대여하는 것

19 과목 | 동물보호법 시행규칙   난이도 | ●●○   정답 | ③

③ 등록대상동물의 소유자는 동물의 보호와 유실·유기 방지 및 공중위생상의 위해 방지 등을 위하여 특별자치시장·특별자치도지사·시장·군수·구청장에게 등록대상동물을 등록하여야 한다. 다만, 등록대상동물이 맹견이 아닌 경우로서 농림축산식품부령으로 정하는 바에 따라 시·도의 조례로 정하는 지역에서는 그러하지 아니하다〈「동물보호법」제15조 제1항〉.

① 등록 대상 월령(月齡) 2개월 미만인 경우에도 등록할 수 있다〈「동물보호법 시행령」제10조 제5항〉.

② 동물등록증을 잃어버리거나 헐어 못 쓰게 되는 등의 이유로 재발급이 가능하다〈「동물보호법 시행령」제10조 제4항〉.

④ 동물등록 신청서를 제출받은 특별자치시장·특별자치도지사·시장·군수·구청장은 행정정보의 공동이용을 통하여 법인 등기사항증명서, 주민등록표 초본, 외국인등록사실증명 중 어느 하나에 해당하는 서류를 확인하거나 해당 서류를 첨부하도록 해야 한다〈「동물보호법 시행령」제10조 제2항〉.

⑤ 도서, 동물등록 업무를 대행하게 할 수 있는 자가 없는 읍·면에서는 등록하지 않아도 된다〈「동물보호법 시행규칙」제9조 제2호〉.

20 과목 | 동물보호법   난이도 | ●●○   정답 | ⑤

⑤ 영리를 목적으로 동물을 대여하는 것은 동물학대 등의 금지행위에 해당한다〈「동물보호법」제10조 제5항 제4호〉.

①②③④ 국가기관, 지방자치단체, 동물보호 민간단체가 동물보호 의식을 고양시키기 위한 목적으로 동물에게 상해를 입히는 행위를 촬영한 사진 또는 영상물에 기관 또는 단체의 명칭과 해당 목적을 표시하여 판매·전시·전달·상영하거나 인터넷에 게재하는 경우에는 학대행위에 포함되지 않는다〈「동물보호법 시행규칙」제6조 제6항 제1호〉.

1. 응시자는 시험 시행 전까지 고사장 위치 및 교통편을 확인해야 합니다.
2. 시간 관리의 책임은 응시자에게 있습니다.
3. 응시자는 감독위원의 지시에 따라야 합니다.
4. 기타 시험 일정, 운영 등에 관한 사항은 홈페이지의 공지사항을 확인하시기 바라며, 미확인으로 인한 불이익은 응시자의 책임입니다.
5. OMR카드 작성 시에는 반드시 시험문제지의 문제번호와 동일한 번호에 작성해야 합니다.
6. 시험 도중 포기하거나 답안지를 제출하지 않은 응시자는 시험 무효 처리됩니다.
7. 채점은 전산 자동 판독 결과에 따르므로 유의사항을 지키지 않거나(지정 필기구 미사용) 응시자의 부주의(인적 사항 미기재, 답안지 기재·마킹 착오, 불완전 마킹·수정, 예비 마킹, 형별 마킹 착오 등)로 판독불능, 중복판독 등 불이익이 발생할 경우 응시자 책임으로 이의제기를 하더라도 받아들여지지 않습니다.
8. 코로나19 관련 응시자는 질병관리청 코로나19 시험 방역관리 안내에 따릅니다.

1. 응시자는 응시표, 답안지, 시험 시행 공고 등에서 정한 유의사항을 숙지하여야 하며 이를 준수하지 않아 발생하는 불이익은 응시자 본인의 책임으로 합니다.
2. 응시원서의 기재 내용이 사실과 다르거나 기재 사항의 착오 또는 누락으로 인한 불이익은 응시자 본인의 책임으로 합니다.
3. 1교시 시험에 응시하지 않은 자는 그 다음 시험에 응시할 수 없습니다.
4. OMR 답안지의 답란을 잘못 표기하였을 경우에는 OMR 답안지를 교체하여 작성하거나 수정테이프를 사용하여 답란을 수정할 수 있습니다.
5. 시험시간 중 휴대전화기, 디지털카메라, 스마트워치, 전자사전, 카메라 펜 등 모든 전자기기를 휴대하거나 사용할 수 없으며, 발견될 경우에는 부정행위로 처리될 수 있습니다.
6. 화장실 사용은 시험 중 2회에 한해 가능하며, 사용 가능 시간은 시험 시작 20분 후부터 시험종료 10분 전까지입니다.
7. 시험시간 관리의 책임은 전적으로 응시자 본인에게 있으며, 개인용 시계를 직접 준비해야 합니다.
   ※ 단, 계산기능이 있는 다기능 시계 또는 휴대전화 등 전자기기를 시계 용도로 사용할 수 없음
8. 타 응시자에게 방해되는 행위 등은 자제하여 주시기 바랍니다. 시험장 내에서는 흡연을 할 수 없으며, 시설물을 훼손하지 않도록 주의하여야 합니다.
9. 시험종료 후 감독관의 지시가 있을 때까지 퇴실할 수 없으며, 배부된 모든 답안지와 문제지를 반드시 제출하여야 합니다.

생년월일	
성 명	

실력평가 모의고사
- 제 2 회 -

풀이 시작 / 종료시간	
___시 ___분 ~ ___시 ___분(총 200문항/200분)	

⏰ 구분

- 1교시 : 기초동물보건학 | 예방동물보건학
- 2교시 : 임상동물보건학 | 동물 보건·윤리 및 복지 관련 법규

⏰ 시험시간

- 1교시 : 120분
- 2교시 : 80분

⏰ 시험과목

- 기초동물보건학 : 동물해부생리학, 동물질병학, 동물공중보건학, 반려동물학, 동물보건영양학, 동물보건행동학
- 예방동물보건학 : 동물보건응급간호학, 동물병원실무, 의약품관리학, 동물보건영상학
- 임상동물보건학 : 동물보건내과학, 동물보건외과학, 동물보건임상병리학
- 동물 보건 · 윤리 및 복지 관련 법규 : 수의사법, 동물보호법

⏰ 문항수(문항당 1점)

| 기초동물보건학(60문항)
| 예방동물보건학(60문항)
| 임상동물보건학(60문항)
| 동물 보건·윤리 및 복지 관련 법규(20문항)

제1과목	기초 동물보건학 (60문항)

1 위생적인 손소독으로 옳지 않은 것은?

① 손은 소독 이전에 마른 상태여야 한다.

② 소독제는 손의 모든 표면을 덮을 수 있게 충분히 적용한다.

③ 손목은 소독하지 않는다.

④ 손등, 손바닥, 손가락 사이, 엄지도 꼼꼼히 문지르며 소독한다.

⑤ 소독제는 잘 흡수되도록 30초에서 2분간 시간을 준다.

advice

1 과목 | 동물공중보건학   난이도 | ●○○   정답 | ③

　　위생적인 손소독법

　　㉠ 눈에 띄게 오염된 손은 사전에 일회용 소독 수건으로 닦거나 씻는다(위생적 손 씻기).

　　㉡ 소독제를 마른 손에 바르고 손소독제를 손목까지 포함하여 적극적으로 문지른다(손바닥, 손등, 손가락 사이, 엄지 등 단계별 움직임).

　　㉢ 손소독제의 권장 노출 시간을 확인하고 각 손 씻기 단계의 움직임을 5번 수행한다.

　　㉣ 전체 마찰시간 동안 손이 촉촉하게 유지되는지 주의한다.

2   **캄필로박터증의 특징으로 옳은 것은?**

① 위장관 기생충으로 발생한다.

② 인수공통감염병에 해당하지 않는다.

③ 병원소는 가금류, 소, 고양이 등이 있다.

④ 주된 증상은 중추신경계 손상이다.

⑤ 항결핵약물로 치료를 한다.

3   **감염성 질환의 발생 과정에 대한 설명으로 옳지 않은 것은?**

① 발생 과정이 6단계로 구성되어 있으며 어느 한 단계가 제거된다면 감염은 이뤄지지 않는다.

② 예방을 위해서는 병원체를 제거하고 전파되는 것을 완벽하게 차단해야 한다.

③ 병원체의 장기존속에는 외부환경 생존능력, 병원체 증식조건 등이 있다.

④ 호흡기, 생식기, 개방된 상처와 같은 병원소에서 병원체가 탈출한다.

⑤ 병원체는 박테리아, 바이러스, 리케치아, 곰팡이 등으로 분류된다.

---

advice

2   과목 | 동물공중보건학   난이도 | ●●○   정답 | ③

① 캄필로박터균으로 발생한다.

② 인수공통감염병에 해당한다.

④ 세균성 장염으로 주된 증상으로는 발열과 설사가 있다.

⑤ 마이크로라이드 계열, 퀴놀론 계열 항생제로 치료를 한다.

3   과목 | 동물공중보건학   난이도 | ●●○   정답 | ②

② 병원체를 완벽하게 제거하거나, 전파되는 것을 완벽하게 차단하거나, 숙주가 완벽한 방어력을 가진 경우는 현실적으로 불가능하다.

4 직접 전파에 대한 설명으로 옳은 것은?

① 물이나 우유 등에 의해서 감염된다.
② 수술기구나 생활용품과 같은 무생물이 전파시키는 것이다.
③ 병원체가 병원소 밖에 오랜 시간 생존할 수 있어야 성립된다.
④ 기침이나 재채기를 통해 감염된다.
⑤ 매개체가 필요하다.

5 곰팡이성 감염에 해당하는 질환은?

① 보르데텔라
② 톡소플라즈마증
③ 콕시듐증
④ 바르토넬라
⑤ 스포로트릭스증

---

advice

4 과목 | 동물공중보건학   난이도 | ●●○   정답 | ④

④ 매개체 없이 병원체가 새로운 숙주에게로 전파되는 것이다. 호흡기 감염이나 신체 접촉에 의해 감염된다.
①②③⑤ 매개체를 통해 전파하는 간접 전파에 대한 설명이다.

5 과목 | 동물공중보건학   난이도 | ●●○   정답 | ⑤

① 세균성 질환이다.
②③ 원충성 질환이다.
④ 리케차성 질환이다.

6 다음 고양이 인수공통감염병 중에서 기생충이 원인이 아닌 것은?

① 바르토넬라(Bartonella henselae)

② 지알디아편모충(Giardia intestinalis)

③ 개조충(Dipylidium caninum)

④ 톡소플라즈마(Toxoplasma gondii)

⑤ 크립토스포리디움(Cryptosporidium spp)

7 다음 미생물 중 소독에 가장 저항성이 큰 것은?

① 외피 보유 바이러스 　　　　② 외피 비보유 바이러스

③ 원충 포낭 　　　　　　　　④ 세균 아포

⑤ 진균

---

advice

6 과목 | 동물공중보건학　난이도 | ●●○　정답 | ①

① 바르토넬라는 고양이 스크래치 질환인 고양이 할큄병의 흔한 세균이다. 고양이의 항생제 치료는 세균혈증을 제한할 수 있지만 고양이의 감염을 치료하지 못하고 고양이 스크래치 질환의 위험도 줄이지는 못한다. 따라서 감염균을 보유한 건강한 고양이의 항생제 치료는 추천되지 않는다.

고양이 인수공통감염병

고양이와 인간 사이에 공통으로 감염될 수 있는 위장 내 병원체로는 지아르디아, 디필라디움, 톡소플라즈마(Toxoplasma gondii), 크립토스포리디움(Cryptosporidium spp) 등이 있다. 장관 인수공통감염병의 노출을 최소화하기 위해 구토 또는 설사를 하는 고양이는 동물병원에서 진단과 치료를 받는다.

7 과목 | 동물공중보건학　난이도 | ●●●　정답 | ④

감염을 방지하기 위해서는 올바른 소독제를 사용할 수 있어야 한다. 인수공통감염병에서 사용할 올바른 소독제에 대한 실무 지식 및 화학 물질을 적절히 취급하는 병원 직원을 교육하는 것은 필수적이다.

가장 저항성이 큰 미생물의 순서

세균 아포 → 원충 포낭 → 외피 비보유 바이러스 → 결핵 유기체 → 외피 보유 바이러스 → 진균 → 세균

8　환경 보건에 따라 식품이 건강에 미치는 영향으로 옳지 않은 것은?

① 식품으로 인한 인수공통감염병은 존재하지 않는다.
② 식중독은 세균성은 세균이 분비하는 독성에 의한 식중독과 세균 자체에 식중독으로 구분된다.
③ 감염형 식중독에는 장염비브리오 식중독, 병원성 대장균 식중독, 살모넬라 식중독이 있다.
④ 독소형 식중독에는 황색 포도상 구균에 의한 식중독, 보툴리누스 식중독, 웰치균에 의한 식중독이 있다.
⑤ 노로바이러스(Norovirus)와 캠필로박터균(Campylobacter)은 감염성이 큰 식중독이다.

9　주로 뼈 안에 존재하고 있으며 골격과 치아 형성과 혈액 응고, 세포막 투과성 조절에 관여를 하는 무기질은?

① 칼슘
② 비타민 C
③ 황
④ 칼륨
⑤ 나트륨

---

advice

8　과목 | 동물공중보건학　난이도 | ●●●　정답 | ①

① 식품이 건강에 미치는 영향으로 식중독, 인수공통감염병, 기생충병, 경구 전염병, 원충병으로 구분된다.

9　과목 | 동물보건영양학　난이도 | ●○○　정답 | ①

① 칼슘과 인은 주로 뼈 안에 존재 하고 있다. 칼슘은 골격과 치아 형성에 주된 기능을 하는 무기질에 해당한다.

10 개에게 사료 급여하는 것에 대한 설명으로 옳은 것은?

① 개의 미각은 사람보다 뛰어나므로 자주 사료를 바꾼다.

② 임신을 한 개는 식단 조절이 필요하므로 하루에 한 번 급여한다.

③ 사료를 바꿀 때에는 다음 날부터 바로 바뀐 사료를 급여한다.

④ 탄수화물, 단백질, 지방 순으로 많이 들어가야 영양학적으로 좋다.

⑤ 건사료를 우유에 불려서 주면 소화에 도움을 준다.

11 다음 고양이 사료 급여 방식에 대한 설명으로 옳은 것은?

① 습식 사료는 치아 건강에 좋다.

② 영양 균형을 위해서 습식 사료를 주로 먹이는 것이 좋다.

③ 습식 사료를 먹는다면 물은 많이 먹지 않아도 된다.

④ 개와 달리 사료에 필수로 들어가야 하는 영양소는 칼슘이다.

⑤ 아기 고양이일 때 다양한 음식을 먹지 않으면 편식을 하게 된다.

advice

10 과목 | 동물보건영양학   난이도 | ●●○   정답 | ④

④ 탄수화물 50%, 단백질 25%, 지방 8%의 비율이 이상적이다.
① 사람의 1/5에 불과하므로 자주 바꾸지 않는다.
② 임신견은 풍부한 영양이 필요하므로 2 ~ 3회는 주는 것이 좋다.
③ 기존에 먹던 것과 섞어서 급여하면서 점진적으로 바꾸는 것이 좋다.
⑤ 개들이 우유를 섭취하면 유당불내증으로 설사를 유발할 수 있다.

11 과목 | 동물보건영양학   난이도 | ●○○   정답 | ⑤

① 자주 섭취하면 치석이 생길 수 있다.
② 건식 사료가 균형적으로 영양분이 들어있다.
③ 습식 사료와 관계없이 물을 먹도록 환경을 제공한다.
④ 타우린은 고양이의 필수영양소로 고양이 전용 사료에 포함된다.

12 고양이에게 급여해도 되는 음식은?

① 우유

② 날생선

③ 건포도

④ 브로콜리

⑤ 커피

13 개에게 금지된 식품이 아닌 것은?

① 초콜릿

② 고구마

③ 포도

④ 아보카도

⑤ 우유

12 과목 | 동물보건영양학   난이도 | ●○○   정답 | ④

① 유당을 분해하는 능력이 없어 설사를 유발할 수 있다.

② 신경 질환이나 기생충에 감염될 수 있다.

③ 독성으로 신장질환이 생길 수 있다.

⑤ 카페인으로 불안증상이 나타날 수 있다.

13 과목 | 동물보건영양학   난이도 | ●○○   정답 | ②

① 테오브로민 성분으로 심장질환이 발생할 수 있다.

③ 혈당을 급격하게 높여 신부전이 발생할 수 있다.

④ 퍼신이라는 독성으로 인해서 심장질환이 발생할 수 있다.

⑤ 유당이 분해되지 않아서 설사가 발생할 수 있다.

14 고양이의 필수 아미노산 중 하나로, 결핍 시 고암모니아혈증을 유발하는 것은?

① 타우린   ② 아르기닌

③ 리신   ④ 트레오닌

⑤ 트립토판

15 캣닢의 잎과 줄기에 포함된 것으로 고양이에게 작용하여 기분을 좋게 만들어 주는 휘발성 성분은?

① 마타타비락톤   ② 액티리딘

③ 도파민   ④ 아드레날린

⑤ 네페탈락톤

---

14 과목 | 동물보건영양학   난이도 | ●●○   정답 | ②

고양이는 모든 포유류의 식단에 필요한 동일한 9가지 필수아미노산 외에도 아르기닌과 타우린이 필요하다. 고양이에게 아르기닌의 결핍은 고암모니아혈증을 유발한다. 고양이 사료에 사용되는 단백질 공급원은 일반적으로 아르기닌을 충분히 함유하고 있다.

15 과목 | 동물보건영양학   난이도 | ●●○   정답 | ⑤

캣닢의 잎과 줄기에 포함된 휘발성 물질인 네페탈락톤이 고양이에게 행복감을 느끼게 한다.

16　지방이 생긴 동물을 치료하는 데 어떤 식단이 가장 적합한가?

① 고단백질, 중지방, 저탄수화물　　　　② 고지방, 고탄수화물, 저단백질

③ 저탄수화물, 저지방, 고단백질　　　　④ 고지방, 고탄수화물, 저단백질

⑤ 저탄수화물, 고지방, 저단백질

17　암이 발생한 동물의 영양 관리로 옳지 않은 것은?

① 황산화제는 항암 화학 치료에 부정적인 영향을 미칠 수 있다.

② 생식(바프 식단)은 권장하지 않는다.

③ 항암 화학 치료 전 짧은 금식은 정상 세포의 부작용을 줄이고 항암 치료의 효과를 높인다.

④ 약물의 구성 성분이 불분명한 한약 혼합물은 화학 치료의 효과를 감소시킬 수 있기 때문에 섭취하지 않도록 한다.

⑤ 섬유질은 변비를 발생시킬 수 있으므로 섭취를 제한한다.

---

advice

16　과목 | 동물보건영양학　난이도 | ●●●　정답 | ①

적절한 영양은 지방간이 발생한 동물을 위한 치료의 가장 중요한 부분이다. 일반적으로 칼로리와 단백질을 균형 있게 제공하는 것이 매우 중요하기 때문에 지방과 단백질을 제한해서는 안 된다.

　지방간 동물 치료 영양학

㉠ 단백질은 전체 칼로리의 20 ~ 30%(개), 30 ~ 40%(고양이)가 공급되어야 한다.

㉡ 간 질환이 있는 동물은 간 글리코겐 저장 용량이 감소하고 잠재적으로 저혈당증의 위험이 증가하기 때문에 탄수화물은 가능한 낮게 유지한다.

㉢ 지방 함량을 증가하여 칼로리 밀도를 증가시키도록 한다.

㉣ 지방이 소화가 되지 않는 결과로 인한 심한 담관염이 없으면, 간 질환을 가진 대부분의 동물에게 공급될 수 있다.

17　과목 | 동물보건영양학　난이도 | ●●●　정답 | ⑤

⑤ 용해성 및 불용성 섬유질은 정상적인 장 건강을 유지하는 데 필수적이며, 충분한 양의 섬유질을 가진 식단은 위장관의 다양한 문제를 예방하거나 치료하는 데 권장한다.

① 황산화제는 정상세포 뿐만 아니라 종양세포도 활성 산소로부터 보호하기 때문에 항암 화학 치료에 부정적인 영향을 미칠 수 있다.

② 생식(바프 식단)은 세균의 증식 위험이 요리된 음식이나 상업적인 사료보다 크기 때문에 권장하지 않는다.

③④ 식욕 부진과 체중 감소를 방지하기 위해 식이 계획 및 식욕 촉진제는 동물이 악액질을 보이기 이전부터 주어져야 한다.

　암이 생긴 동물

탄수화물, 지질 및 단백질 대사의 변화로 암 악액질을 초래해서 삶의 질과 치료에 대한 반응을 감소시켜 생존 기간을 단축시킨다.

18 생명 유지를 위한 동물의 행동에 대한 설명으로 옳지 않은 것은?

① 수면을 취할 때를 제외하고 휴식 행동은 나타나지 않는다.
② 노령의 동물보다 어린 동물이 음수 행동에 적극적이다.
③ 성장 단계에 따라 결정되는 섭식량에 따라서 섭식 행동을 한다.
④ 사냥놀이, 달려가서 뒤쫓기 등은 포식 행동에서 기인한 놀이이다.
⑤ 고양이나 강아지는 이행기 이후에 스스로 배설 행동을 할 수 있다.

19 목적이 없는 행동을 반복하면서 정상적인 행동에 영향을 미치는 고양이의 행동 장애에 속하지 않는 것은?

① 과도한 그루밍
② 꼬리 사냥
③ 사료를 조금씩 여러 번 나누어 먹기
④ 원을 그리며 돌기
⑤ 발톱 물어뜯기

🐶 **advice**

18 과목 | 동물보건행동학   난이도 | ●●●   정답 | ①

① 자신이 좋아하는 장소에서 좌위나 횡와위 자세를 하고 휴식을 취한다. 반드시 수면을 취할 때만 하는 것은 아니다.

🐱 **생명 유지행동**
  음수 행동, 섭식 행동, 포식 행동, 배설 행동, 휴식 행동, 그루밍 행동이 있다.

19 과목 | 동물보건행동학   난이도 | ●○○   정답 | ③

③ 자연에서 사냥과 식사를 하루 종일 반복하며 살던 고양이는 소량의 음식을 자주 먹으므로 정상적인 식습관이다. 고양이들의 행동 장애는 종종 필요한 것이 충족되지 않을 때 대체 작업을 개발하여 굳어지게 되거나 만성 스트레스에서 발생된다.

20 다묘 가정에서 고양이들 사이에서 발생하는 갈등을 해결하는 방법으로 옳지 않은 것은?

① 고양이들 간의 싸움은 그들이 스스로 해결할 수 있도록 처음부터 끝까지 지켜본다.
② 모든 고양이가 음식, 물, 피난처, 침실, 화장실에 아무런 방해 없이 접근이 가능하게 한다.
③ 음식 퍼즐과 같은 시간이 많이 소요되는 음식 놀이로 놀아준다.
④ 고양이들에게 다양한 자극과 활동을 제공하여 갈등이 생기는 시간을 줄인다.
⑤ 고양이 페로몬을 사용한다.

21 고양이에게 부적절한 배설이 나타나는 적절한 원인이 아닌 것은?

① 화장실에 대변이 가득 차 있는 경우
② 화장실의 위치가 주로 생활하는 공간과 멀리 떨어진 경우
③ 환경이 갑자기 변해서 스트레스를 받는 경우
④ 변화한 환경의 영역을 표시하는 경우
⑤ 좋아하는 보호자를 보고 흥분하는 경우

---

 advice

20 과목 | 동물보건행동학   난이도 | ●○○   정답 | ①

① 싸움을 목격했을 때는 고양이들을 바로 분리해 주는 것이 좋다. 추가적인 싸움은 예후를 악화시킬 뿐이기 때문이다. 예방을 위해 고려해야 할 가장 중요한 조치는 풍부한 환경을 만드는 것이다.
② 모든 고양이가 음식, 물, 피신처, 침실, 화장실 등 중요한 시설 기반에 언제든지 혼자 접근 할 수 있어야 한다. 흩어진 장소는 새로 온 고양이는 눈에 띄지 않게 이용할 수 있고, 상주 고양이는 동시에 모든 것을 관리가 어렵기 때문에 싸움의 원인이 줄어든다.
③④ 먹이 낚시 놀이나 캣휠과 같은 운동은 과도한 에너지를 분출하고 또한 모든 고양이들의 자신감을 향상시키는데 도움이 된다.
⑤ 고양이 페로몬은 몇 년간 갈등 속에서 살아온 경우에도 몇 주 안에 관계가 개선이 될 수 있다는 기록이 있다.

🐱 **다묘 가정에서 고양이 갈등 해결 목표**
일반적으로 가정에서 고양이를 유지하는 것이지만 고양이 중 하나를 다른 곳으로 보내는 것이 유일하게 현실적이고 빠른 고양이 친화적인 솔루션인 경우가 있기도 하다.

21 과목 | 동물보건행동학   난이도 | ●○○   정답 | ⑤

⑤ 정서적으로 불안할 때 주로 나타나고 흥분을 할 때 나타나지 않는다.

22 다음 중 고양이의 행동 장애는 무엇인가?

① 그루밍   ② 피카 증후군

③ 너무 긴 식사시간   ④ 엉덩이 핥기

⑤ 판코니 증후군

23 개와 고양이가 공포와 스트레스를 느낄 때 하는 행동으로 가장 먼 것은?

① 도망가기   ② 방어적 공격성

③ 동공의 크기 증가   ④ 운동 억제

⑤ 수면

---

advice

22 과목 | 동물보건행동학   난이도 | ●●○   정답 | ②

② 피카 증후군 : 고양이가 소화를 시킬 수 없는 물체를 먹거나 핥는 행동장애이다. 종종 양모나 카펫 조각과 같은 직물을 먹는다. 장 폐쇄나 중독과 같은 생명이 위태로운 결과로 이어질 수 있기 때문에 즉시 원인을 찾아 교정을 하는 것을 권장한다. 가능한 고양이가 생활하기 적절한 생활환경(수직환경, 장난감, 깨끗한 화장실 등)을 제공하고 유지하는 것이 중요하다.

⑤ 판코니 증후군 : 근위세뇨관의 기능 이상으로 포도당, 아미노산 등 여러 물질들이 과다하게 배출되는 대사성 질환이다.

23 과목 | 동물보건행동학   난이도 | ●○○   정답 | ⑤

⑤ 공포나 스트레스 상황에서 수면 행동은 잘 하지 않는다.

24 반려견의 우위성 공격행동에 대한 설명이 아닌 것은?

① 애착물건을 가져갈 때 공격하는 경우

② 자신의 보호자 근처에 가거나 터치를 하면 공격하는 경우

③ 보호자가 목줄을 당기거나 쓰다듬을 때 공격하는 경우

④ 유아를 주시하면서 낮은 자세로 살금살금 다가가서 공격하는 경우

⑤ 보호자가 혼을 내면 공격하는 경우

25 다음 중 공격성을 보여주는 반려견의 신체 언어가 아닌 것은?

① 등으로 누워 몸을 굴리고 앞다리를 펴고 머리를 옆으로 돌린다.

② 입을 크게 벌려 이빨을 드러내고 코 주름이 생긴다.

③ 귀는 머리 쪽으로 평평하게 젖혀있다.

④ 목 주위와 등에 털을 세운다.

⑤ 꼬리를 움직이지 않고, 체중을 앞으로 이동하여 공격 할 준비가 되어 있다.

---

advice

24 과목 | 동물보건행동학　난이도 | ●●○　정답 | ④

④ 포식성 공격행동이다. 유아를 사냥감으로 인식해서 공격하려고 할 때 나타난다.

25 과목 | 동물보건행동학　난이도 | ●○○　정답 | ①

②③④⑤ 반려견이 공격적인 신체 언어를 보여주면 개가 바로 공격할 수 있는 상황이다. 보호자는 반려견의 끈을 짧게 잡고 진정시키고 공격을 제어할 수 있어야 한다.

26 반려견의 행동에 대한 설명으로 옳지 않은 것은?

① 다리를 들고 소변을 보는 것은 후각 커뮤니케이션을 위한 행동이다.
② 공격을 할 때는 머리를 높게 세운다.
③ 다른 반려견의 소변냄새를 맡으면서 다양한 정보를 파악한다.
④ 다른 개와 인사를 할 때에는 항문 주위 냄새를 맡곤 한다.
⑤ 터그놀이를 하는 중에 즐거움에 으르렁 소리를 낸다.

27 다음 〈보기〉의 증상이 나타나는 개에 대한 설명으로 틀린 것은?

───── 보기 ─────

보호자 : 같은 자리에서 계속 돌면서 자기 꼬리를 무는 행동을 지속하고 있습니다. 꼬리에서 피가 날
정도로 심하게 물고 있습니다.

① 상동장애를 가지고 있다.
② 다양한 놀이를 하지 않고 심심해서 하는 행동이다.
③ 고령이 되면서 대뇌의 기능이 떨어지면 나타난다.
④ 스트레스를 과하게 받으면서 나타나는 행동이다.
⑤ 반복적인 행동을 할 때 나온 엔도르핀에 의해 행동이 강화되었을 수 있다.

🐶 advice

26 과목 | 동물보건행동학   난이도 | ●●○   정답 | ①

① 시각 커뮤니케이션으로 서열이 높을수록 다리를 높게 들어 자신의 위치를 표현한다.

27 과목 | 동물보건행동학   난이도 | ●●○   정답 | ③

③ 상동장애는 대뇌의 기능이 떨어지면서 나타나는 문제행동이 아니다.

28 대소변을 잘 가리지 못하는 반려견의 적절한 원인이 아닌 것은?

① 질환   ② 마킹

③ 화장실 환경   ④ 흥분

⑤ 놀이 욕구

29 햄스터의 행동에 대한 설명으로 옳지 않은 것은?

① 공격 : 앉은 자세에서 몸을 웅크리고 있다.

② 피곤 : 귀를 앞으로 내민다.

③ 놀람 : 몸을 움찔한다.

④ 복종 : 다리와 꼬리를 세운다.

⑤ 애정 : 상대의 몸을 닦아준다.

30 위장의 괄약근이 강해서 구토를 하지 않는 동물은?

① 토끼   ② 개

③ 고양이   ④ 족제비

⑤ 소

---

28 과목 | 동물보건행동학   난이도 | ●○○   정답 | ⑤

① 대소변 실수가 잦은 경우는 비뇨기나 소화기에 의학적인 질환이 있을 수 있다.

② 마킹을 하기 위해서 정해지지 않은 곳에서도 대소변을 한다.

③ 화장실이 적거나 환경이 깨끗하지 않으면 다른 장소에서 대소변을 한다.

④ 흥분을 하면 실금이 나타나기도 한다.

29 과목 | 동물보건행동학   난이도 | ●○○   정답 | ②

② 피곤할 때에는 귀를 뒤로 보내는 행동을 한다.

30 과목 | 해부생리학   난이도 | ●●○   정답 | ①

동물의 위장에는 2개의 괄약근이 존재한다. 위의 입구에 본문 괄약근, 소장으로 연결되는 입구에 유문 괄약근이다. 본문 괄약근은 위의 내용물이 식도로 넘어가는 것을 방지하고 유문 괄약근은 소장의 내용물이 위로 역류하는 것을 방지한다. 토끼와 기니피그는 본문 괄약근이 아주 강하기 때문에 구토를 할 수 없다.

31 개와 고양이의 소화기관을 순서대로 옳게 나열한 것은?

① 식도 – 위 – 공장 – 십이지장 – 회장 – 맹장 – 결장 – 직장
② 식도 – 위 – 십이지장 – 회장 – 공장 – 맹장 – 결장 – 직장
③ 식도 – 위 – 십이지장 – 공장 – 회장 – 맹장 – 결장 – 직장
④ 식도 – 위 – 십이지장 – 공장 – 회장 – 맹장 – 직장 – 결장
⑤ 식도 – 위 – 공장 – 회장 – 십이지장 – 맹장 – 결장 – 직장

32 개와 고양이의 간은 몇 개의 엽으로 이루어지는가?

① 3개   ② 4개
③ 5개   ④ 6개
⑤ 7개

33 문맥성 고혈압이 간전성으로 발생하는 해부학적 부위는?

① 심장   ② 후대정맥
③ 간정맥   ④ 간 문맥의 복강부위
⑤ 간 내부

🐶 **advice**

31 과목 | 해부생리학   난이도 | ●○○   정답 | ③

'식도 → 위 → 십이지장(십이지장 옆 췌장) → 공장 → 회장 → 맹장 → 결장 → 직장' 순이다.

32 과목 | 해부생리학   난이도 | ●●○   정답 | ④

개와 고양이의 간은 외측 우엽, 외측 좌엽, 내측 우엽, 내측 좌엽, 네모엽, 꼬리엽(유두돌기, 꼬리돌기)을 포함하는 6개의 엽으로 구성되어 있다.

33 과목 | 해부생리학   난이도 | ●●○   정답 | ④

①②③ 간후성 문맥성 고혈압이 발생하는 부위이다.
⑤ 간성 문맥성 고혈압이 발생하는 부위이다.

34 개와 고양이의 치아에 대한 설명으로 틀린 것은?

① 개는 7개월령에 이갈이가 끝난다.

② 개의 절단치아는 위턱 PM4 및 아래턱 M1으로 구성되어있다.

③ 개는 아래턱, 위턱 총 42개의 영구치아로 구성되어있다.

④ 고양이는 아래턱, 위턱 총 30개의 영구치아로 구성되어있다.

⑤ 고양이의 영구치아의 총 개수는 유치의 총 개수와 동일하다.

---

 advice

34 과목 | 해부생리학   난이도 | ●●○   정답 | ⑤

⑤ 고양이의 유치의 개수는 총 26개, 영구치의 개수는 총 30개이다.

① 개와 고양이는 5 ~ 6개월령 유치가 빠지면서 이갈이를 시작해 6 ~ 8개월령 영구치를 갖게 된다.

 개의 치아

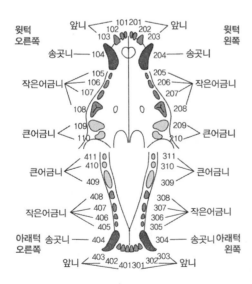

앞니는 Incisor, 송곳니는 Canine, 작은 어금니는 Premolar, 큰 어금니는 Molar 이다. 개의 영구치아는 위턱은 I(3개), C(1개), P(4개) M(2개), 아래턱은 I(3개),C(1개), P(4개), M(3개) 로 구성되어있다. 고양이의 영구치아는 위턱 I(3개),C(1개), P(3개), M(1개), 아래턱 I(3개), C(1개), P(2개), M(1개)로 구성된다.

35 혈관 중에서 총 단면적이 가장 넓은 혈관은?

① 모세혈관　　　　　　　　　　② 대동맥

③ 폐정맥　　　　　　　　　　　④ 소동맥

⑤ 대정맥

36 뇌척수액은 어디에 위치하는가?

① 거미막과 경질막 사이　　　　② 연질막과 두개골 사이

③ 거미막과 연질막 사이　　　　④ 경질막과 두개골 상이

⑤ 연질막 아래

37 담즙 농도는 어떤 영양소에 비례하는가?

① 단백질　　　　　　　　　　　② 지방

③ 탄수화물　　　　　　　　　　④ 비타민

⑤ 호르몬

---

advice

35 과목 | 해부생리학　난이도 | ●○○　정답 | ①

혈관의 총 단면적은 모세혈관이 가장 넓고, 정맥, 동맥 순으로 넓다.

36 과목 | 해부생리학　난이도 | ●●○　정답 | ③

뇌척수액은 뇌와 척추에서 발견되는 투명한 무색의 체액으로 거미막밑 공간, 즉 거미막과 연질막(뇌막의 내부층) 사이의 공간에 채워져 있다. 뇌척수액은 기계적·면역학적으로 뇌의 피질을 보호하는 역할을 한다.

37 과목 | 해부생리학　난이도 | ●●○　정답 | ②

🐱TIP 담즙

㉠ 간에서 만들어지고 담낭에 저장되며 음식, 특히 지방 소화를 돕는다.

㉡ 음식을 먹을 때 담즙낭은 수축하고 소장으로 담즙을 분비하여 지방을 더 쉽게 흡수 될 수 있는 작은 입자로 분해한다.

㉢ 소화가 끝나면 담즙은 장에 흡수되어 혈류로 전달되고 다시 간으로 운반된다.

㉣ 간세포는 혈류에서 담즙을 회수하고 다시 담낭으로 돌려보내져 다음 식사까지 저장된다(담즙의 리사이클링).

38 췌장에 대한 설명으로 옳지 않은 것은?

① 췌장은 조직학적으로 내분비와 외분비의 기능으로 구분된다.
② 췌장의 내분비 기능은 혈당을 조절하는 호르몬을 분비하는 것이다.
③ 췌장에서 생산되는 인슐린은 혈당을 낮추고, 글루카곤은 혈당을 높인다.
④ 췌장의 외분비 기능은 소화 효소가 포함된 소화액을 분비하여 소화를 돕는 것이다.
⑤ 췌장에서 소화 효소를 생산하지 못하는 질병을 내분비성 췌장기능부전증이라 한다.

39 난관의 특징으로 옳은 것은?

① 태아가 성장하는 기관이다.
② 성호르몬을 분비한다.
③ 외음부에 해당한다.
④ 수정된 난자가 착상하기도 한다.
⑤ 난자를 생성한다.

advice

38 과목 | 해부생리학   난이도 | ●●○   정답 | ⑤

⑤ 외분비성 췌장기능부전증이다.

외분비성 췌장기능부전증(exocrine pancreatic insufficency)
㉠ 췌장이 소화 효소를 생산하지 못해 소화에 문제가 생기는 질환이다.
㉡ 지방의 소화가 원활하지 않아 대변의 색깔이 시멘트 색깔인 것이 전형적인 증상이며 설사를 동반하기도 한다.
㉢ 소화불량으로 인해 에너지를 공급받지 못하고 과식을 하지만 동물은 체중이 오히려 감소한다.

췌장
㉠ 정의 : 췌장의 내분비계에서는 알파와 베타 세포가 각각 글루카곤과 인슐린이라는 호르몬을 분비한다.
㉡ 글루카곤 : 혈당이 낮을 때 분비되어 간에 저장된 글리코겐으로부터 포도당을 생산하여 혈당을 높인다.
㉢ 인슐린 : 혈당이 높을 시 포도당의 세포 흡수를 촉진함으로 혈당을 낮춘다.
㉣ 기능 : 췌장의 외분비계에서는 소화 효소를 분비함으로 소화를 돕는다.

39 과목 | 해부생리학   난이도 | ●●○   정답 | ④

④ 자궁외임신의 주요한 원인으로 비정상적으로 수정란이 난관점막에 착상하기도 한다.
① 자궁의 역할이다.
②⑤ 난소의 역할이다.
③ 난소와 자궁 사이를 연결하는 관으로 난소로 난자를 수집하고 수정이 이루어진 수정란을 자궁으로 이송시킨다.

40 신장의 특징으로 옳지 않은 것은?

① 네프론은 사구체, 보우만주머니, 요세관으로 구성된다.
② 대사과정에서 생성된 노폐물이나 독성물질을 배출한다.
③ 레닌을 분비하여 혈압을 증가시키는 조절 기능을 한다.
④ 개의 우측 신장은 흉추 12~13번 사이에 위치한다.
⑤ 세뇨관은 콩팥에 모아진 소변을 방광으로 운반하는 관이다.

41 소화기관에 대한 설명으로 틀린 것은?

① 위의 본문부는 식도와 맞닿아 있다.
② 가스트린은 위의 운동을 촉진시키는 작용을 한다.
③ 소장에서 분비되는 세크레틴은 위의 연동운동을 억제한다.
④ 결장은 소장의 일부로 분절운동을 한다.
⑤ 맹장에서는 내장미생물에 의해 음식물 발효되고 소화가 된다.

---

40 과목 | 해부생리학   난이도 | ●●○   정답 | ⑤

⑤ 요관이 콩팥에서 모아진 소변을 방광으로 운반한다. 세뇨관은 신장의 네프론을 이루는 관으로 신장의 피질과 수질 사이에 걸쳐져 있다.

41 과목 | 해부생리학   난이도 | ●●●   정답 | ④

④ 결장은 대장의 일부에 해당한다. 상행결장, 횡행결장, 하행결장, S자결장으로 구분되며 지방산이나 유기물을 흡수하거나 가스 발생 등이 나타나는 기관이다.

42 생후시기별 고양이의 관리방법에 대한 설명으로 옳은 것은?

① 생후 4주 동안 반드시 초유를 급여한다.

② 생후 2 ~ 3개월 동안 자주 접촉하면서 사람과 친화성을 키운다.

③ 생후 6개월이 지나면 건조 사료를 급여한다.

④ 생후 12개월이 되면 이갈이를 시작한다.

⑤ 노령의 고양이에게 고단백질의 식사를 다량으로 제공한다.

43 담낭이 존재하지 않는 동물은?

① 쥐 ② 개

③ 고양이 ④ 소

⑤ 양

44 동물 매개 치료의 특징으로 적절하지 않은 것은?

① 살아 있는 동물을 매개로 활용한다.

② 동물은 차별을 하지 않고 수용하여 회복에 효과적이다.

③ 아동에게는 효과가 적어 주로 노인을 대상으로 한다.

④ 다양한 분야의 학문이 통합되는 전문성을 가진다.

⑤ 동물과 감정교류를 통해 상호 간의 정신·심리적으로 효과가 크다.

---

advice

42 과목 | 동물생리학   난이도 | ●○○   정답 | ②

① 생후 1주 가량만 초유를 급여하고 3주 이후부터는 물에 불린 사료를 급여해도 된다.

③ 생후 3개월부터는 건조 사료를 급여해도 된다.

④ 생후 4개월부터 이갈이를 시작한다.

⑤ 소화 기능이 떨어지고 비만의 위험이 있으므로 저칼로리, 고섬유질 식이를 제공한다.

43 과목 | 동물생리학   난이도 | ●●○   정답 | ①

담낭이 존재하지 않는 대표적인 동물은 쥐, 말 종류(낙타, 코끼리, 얼룩말 등), 일부 새 종류(비둘기, 앵무새, 타조 등) 등이 있다. 담즙은 간에서 생성되어 담낭에 보관되어 응축되면서 음식물의 섭취 시 분비된다. 담낭이 존재하지 않는 동물들은 간에서 바로 십이지장으로 분비된다.

44 과목 | 반려동물학   난이도 | ●○○   정답 | ③

③ 남녀노소 다양한 사람들이 동물 매개 치료를 통해 회복에 도움을 받는다.

45 신생 자견 관리 방법으로 옳은 것은?

① 체온 유지를 위해 외부 온도를 30℃ 정도로 높여준다.

② 머리에 숨구멍이 열려있어야 건강한 상태이다.

③ 콧구멍에 액체가 차 있어야 건강하다.

④ 하루에 두 번 젖을 먹게 한다.

⑤ 태어나자마자 사람 손에 익숙해지도록 만져준다.

46 개의 위생 관리에 대한 설명으로 옳은 것은?

① 귀 안까지 물로 꼼꼼하게 씻겨준다.

② 항문낭을 짜지 않는다.

③ 목욕 후에 털을 말리지 않고 유지한다.

④ 발가락 사이에 있는 물기는 꼼꼼하게 닦고 말린다.

⑤ 잦은 목욕으로 위생을 관리한다.

advice

45 과목 | 반려동물학   난이도 | ●●○   정답 | ①

② 머리에 숨구멍은 닫혀있어야 한다.

③ 콧구멍에 액체가 없어야 한다.

④ 신생 자견은 대사율이 높으므로 3시간에 한 번씩 젖을 먹여야 한다.

⑤ 감각기관이 발달하는 생후 21일 이후부터 자주 접촉한다.

46 과목 | 반려동물학   난이도 | ●○○   정답 | ④

① 귀 안에는 물이 최대한 들어가지 않도록 한다.

② 정기적으로 항문낭을 짜주면 냄새가 예방된다.

③ 감기가 걸릴 수 있으므로 잘 말려준다.

⑤ 잦은 목욕은 오히려 피부 질환이 발생할 수 있다.

47 햄스터를 사육할 때 유익한 환경은?

① 기온의 변화가 많은 환경
② 충분한 잠을 못 자는 환경
③ 바닥에 건조한 짚이 깔려진 환경
④ 먹이가 부족한 환경
⑤ 움직임이 적어지는 좁은 환경

48 동물병원을 방문하는 고양이의 스트레스를 줄이기 위한 방법으로 틀린 것은?

① 캐리어 안에서 먹이를 주거나 잠을 자도록 함으로써 캐리어에 대한 반감을 줄인다.
② 동물병원과 관련이 없는 짧은 여행으로 외출에 대한 두려움을 줄인다.
③ 가정에서 눈, 귀 및 치아를 매일 검사하고 고양이가 동물병원에서 핸들링을 쉽게 받아들일 수 있도록 유도한다.
④ 동물병원의 냄새나 작은 소리에 익숙해지기 위해 미리 경험하게 해준다.
⑤ 어린 나이부터 스트레스에 직면하는 경험을 줄이기 위해 동물병원의 방문은 최대한 늦춘다.

advice

47 과목 | 반려동물학   난이도 | ●○○   정답 | ③

①②④⑤ 불결하거나 기온변화가 크고, 충분한 수면을 취하지 못하거나 먹이 섭취가 편중되거나 부족할 때, 운동공간이 협소하면 질병에 걸릴 확률이 높다.

48 과목 | 반려동물학   난이도 | ●○○   정답 | ⑤

동물병원은 고양이에게 잠재적으로 위협적인 환경이다. 고양이와 동물병원 직원들에게 스트레스가 많은 만남을 피하기 위해서는 고양이의 행동학 기반으로 이해와 적용이 필수적이다. 고양이에게 동물병원에 대한 환경은 빨리 배울 수 있게 하는 게 좋다.

49 페럿의 특징으로 틀린 것은?

① 더위에 강하고 추위에 약하다.

② 암컷의 성 성숙은 봄 기간이다.

③ 피하주사는 목덜미를 잡은 후에 어깨부위에 주사한다.

④ 변 냄새가 강하여 실내사육 시 실내 악취제거를 해야 한다.

⑤ 시력이 약한 편에 해당한다.

50 토끼가 비명을 지르는 원인으로 적합한 것은?

① 영역표시를 하는 경우

② 스트레스를 해소하려는 경우

③ 맛있는 음식을 섭취하는 경우

④ 번식기가 다가오는 경우

⑤ 공포를 느끼는 경우

🐶 **advice**

49 과목 | 반려동물학   난이도 | ●○○   정답 | ①

　① 일반적으로는 더위에는 약하고 추위에는 강한 편에 해당한다. 여름철에 주의하여 관리하여야 한다.

50 과목 | 반려동물학   난이도 | ●○○   정답 | ⑤

　⑤ 토끼는 비명을 빈번하게 지르지 않는 편이다. 극심한 고통이나 공포를 느끼는 경우에 비명을 지른다.

51 레트로바이러스(FeLV, FIV)에 감염된 고양이 관리 방법에 대한 설명으로 틀린 것은?

① FeLV 감염 고양이는 실내에서만 생활하게 한다.

② 중성화를 시켜 고양이 사이의 싸움을 막는다.

③ 날고기를 공급하거나 야외에서 먹이 사냥을 하도록 한다.

④ 정기적으로 내부 및 외부 기생충 예방을 한다.

⑤ FIV는 주로 싸우고 물면서 전염되기 때문에 단일 고양이 가정이 이상적이다.

52 방광결석이 발생한 고양이 특징으로 옳지 않은 것은?

① 가장 흔한 결석은 스트루바이트와 칼슘옥살레이트이다.

② 수고양이는 스트루바이트 결석 발생율이 암고양이보다 높다.

③ 스트루바이트는 알칼리뇨, 칼슘옥살레이트는 산성뇨에 의한 것이다.

④ 불결한 화장실 환경으로 배뇨횟수가 줄면 발생하기도 한다.

⑤ 수분 섭취량을 늘리면서 예방을 한다.

---

advice

51 과목 | 동물질병학   난이도 | ●●○   정답 | ③

🐱**TIP** 레트로바이러스 감염묘
ⓐ 면역력의 감소로 인해 감염의 위험이 크다.
ⓑ 다묘 가정의 고양이는 위험이 항상 존재하고, FeLV 감염 고양이와 접촉하는 고양이는 예방 접종을 권장한다.
ⓒ 감염된 고양이 모니터링은 적어도 1년에 한 번 수행한다.
ⓓ 임상검사와 혈액검사, 특히 상부 호흡기 감염의 임상 징후(안구 또는 비강 분비)등 및 구강 건강, 안과검사가 중요하다.

52 과목 | 동물질병학   난이도 | ●●●   정답 | ②

② 1~2살 암컷 고양이에게서 스트루바이트 결석이 빈번하고 중성화를 하고 10~15살 가량의 수컷 고양이는 칼슘옥살레이트 결석이 빈번하다.

53 당뇨가 발생한 개의 증상으로 적절하지 않은 것은?

① 체중 감소

② 인슐린 분비 증가

③ 백내장

④ 음수량 감소

⑤ 설사

54 갑상샘기능항진이 발생한 개의 특징으로 적절하지 않은 것은?

① 목에 혹처럼 보이는 증상이 나타난다.

② 빈맥과 빈호흡이 나타난다.

③ 활력이 떨어지고 운동량이 감소한다.

④ 식욕이 왕성하지만 체중은 감소한다.

⑤ 안구가 돌출된다.

advice

53 과목 | 동물질병학   난이도 | ●●○   정답 | ④

인슐린 호르몬이 부족하면서 당뇨가 발생한다. 개에게서 당뇨가 발생하면 평소보다 음수량이 증가한다. 식욕은 증가하지만 구토, 설사 등과 같은 소화기관에 증상이 나타나면서 영양분이 적절하게 저장되지 않아서 체중이 줄어든다. 외부적으로 피부 발진 등이 나타나기도 한다. 또한 당뇨가 지속되면 백내장과 케톤산증 합병증이 발생할 수 있다.

54 과목 | 동물질병학   난이도 | ●●●   정답 | ③

③ 갑상샘기능저하증일 경우에 나타는 증상이다. 갑상샘기능항진증이 발생하면 신진대사가 활발해지면서 흥분을 자주하며 과호흡이 나타나기도 한다.

갑상샘기능항진증 증상

왕성한 식욕에도 체중이 감소한다. 신진대사가 활발해지면서 더위를 참기 어려워하며 빈맥, 빈호흡이 나타나고 흥분을 자주한다. 눈이 튀어나오는 안구 돌출, 각막염, 안구건조증 증상이 보이기도 한다. 외부적으로는 목에 혹이 난 것처럼 보인다.

55 사료 알레르기를 의심할 수 있는 임상 증상이 아닌 것은?

① 농피증

② 외이염

③ 내이염

④ 가려움증

⑤ 설사

56 미로염이 생긴 고양이의 특징이 아닌 것은?

① 티아민이 과다하여 발생한다.

② 몸의 균형 잡는 것을 어려워한다.

③ 눈알을 빠르게 굴린다.

④ 몸을 들어 올리면 어지러워한다.

⑤ 일반적으로 내이염이 원인이다.

advice

55 과목 | 동물질병학   난이도 | ●●○   정답 | ③

사료 알레르기는 특정한 사료에 면역 반응을 보여진다. 사료 불내증은 면역 반응이 아닌 중독, 특이성 반응, 약리 반응 및 대사 반응에 의한 질환이다. 임상증상은 피부병(가려움증, 홍반, 농피증, 외이염 등)과 소화기계에 대한 반응(설사, 구토 등)으로 나타나고 아토피를 동반하기도 한다.

56 과목 | 동물질병학   난이도 | ●●○   정답 | ①

① 티아민이 결핍이 원인이 되어 나타난다.

57 심장 근육이 비대해진 고양이의 특징에 대한 설명으로 옳지 않은 것은?

① 타우린이 부족하면 나타날 수 있다.

② 혈전증이 나타날 수 있다.

③ 헤어볼 제거제를 섭취하여 구토를 줄여 증상을 완화시킨다.

④ 전신으로 순환하는 혈액의 양이 감소한다.

⑤ 증상이 진행되면 혀를 내밀고 거친 숨을 쉰다.

58 개의 모체 이행 항체에 대한 설명으로 옳지 않은 것은?

① 섭취한 초유를 통해 평생 항체를 소유하는 것이다.

② 모견의 젖을 통해서 항체를 획득하는 수동면역이다.

③ 생후 90 ~ 100일이 되면 백신 접종의 적기인 시기이다.

④ 항원에 대응하는 항체의 역가는 항체가라고 한다.

⑤ 분만을 한 개의 초유에는 면역물질이 함유되어있다.

---

advice

57 과목 | 동물질병학   난이도 | ●●○   정답 | ③

③ 심근증 증상에 헤어볼 제거제 섭취는 큰 영향을 주지 않는다.

58 과목 | 동물질병학   난이도 | ●●○   정답 | ①

① 초유를 통해 섭취한 항체는 90 ~ 100일 가량이 지나면 점점 사라지게 되므로 이 시기 이후에는 백신을 접종해야 한다.

59 개의 인지기능장애에 대한 설명으로 틀린 것은?

① 배뇨실수가 빈번하게 나타난다.
② 목적 없이 방황하거나 사회적 상호작용이 감소한다.
③ 알츠하이머 초기단계와 유사하다.
④ 어린 강아지에게 빈번하게 발생하는 퇴행성 질환이다.
⑤ 불안, 초조, 두려움을 자주 느껴한다.

60 토끼의 질병 스너플스(Snuffles)에 대한 설명으로 옳지 않은 것은?

① 감염되고 회복된 경우에 보균 동물이 되어 전파를 하지 않는다.
② 호흡기 전염병 중에 하나이다.
③ 계절 요인으로 9 ~ 10월에 발병률이 높다.
④ 파스튜렐라 물토시다가 원인균이다.
⑤ 점액 농양의 콧물이 흐르는 증상이 나타난다.

---

advice

59 과목 | 동물질병학   난이도 | ●●●   정답 | ④

노령견에서 발생하는 퇴행성 질환으로 인간의 알츠하이머와 비슷해 개 치매라고도 불린다. 인지기능장애 임상징후는 시간이 지남에 따라 더욱 악화된다. 항산화제, L − 카르니틴 또는 오메가 − 3 지방산은 예방적 차원에서 긍정적인 영향을 주기도 한다.

60 과목 | 동물질병학   난이도 | ●●○   정답 | ①

① 보균 동물이 되어도 전파할 수 있다.

1　다음 〈보기〉에서 수의간호기록의 목적을 모두 고른 것은?

보기

㉠ 건강 전문인 간 의사소통 수단
㉡ 목표와 기대되는 결과 확인
㉢ 간호의 연속성 제공
㉣ 개별화된 간호 제공

① ㉠㉣　　　　　　　　　　　　　② ㉡㉢
③ ㉢㉣　　　　　　　　　　　　　④ ㉠㉢㉣
⑤ ㉠㉡㉢㉣

---

advice

1　과목 | 동물병원실무　난이도 | ●○○　정답 | ⑤

　🐱ㅠ 수의 간호 기록 목적
　㉠ 의료진 간의 의사소통 수단으로 사용된다.
　㉡ 간호 계획을 설정한 때 방문한 동물에 대한 자료를 얻을 수 있다.
　㉢ 간호에 대한 정보를 제공한다.
　㉣ 연구나 통계 자료로 활용된다.
　㉤ 법적 문서이다.

2 문진에 대한 설명으로 옳지 않은 것은?

① 과거 병력에 대해 기록하지 않아도 된다.
② 문진을 할 때 보호자와 의사소통 기술이 사용된다.
③ 잠재적인 건강문제 도출을 위한 자료를 찾는다.
④ 동물이 의료 서비스를 찾은 이유를 묻는다.
⑤ 동물의 상태에 대한 특성을 알려주는 자료 수집이다.

3 다음 중 주관적 자료에 해당하는 것은?

① 체중
② 오심
③ 활력징후
④ 하지 부종
⑤ 혈액검사 수치

4 다음 〈보기〉에서 간호 과정의 순서를 올바르게 정리한 것은?

───────── 보기 ─────────

ㄱ 간호 평가   ㄴ 간호 사정
ㄷ 간호 계획   ㄹ 간호 진단
ㅁ 간호 수행

① ㄱ → ㅁ → ㄴ → ㄷ → ㄹ
② ㄴ → ㄹ → ㄷ → ㅁ → ㄱ
③ ㄷ → ㄴ → ㄱ → ㄹ → ㅁ
④ ㄹ → ㄴ → ㄷ → ㄱ → ㅁ
⑤ ㅁ → ㄹ → ㄷ → ㄴ → ㄱ

───────────────────

advice

2　과목 | 동물병원실무　난이도 | ●○○　정답 | ①

① 과거와 현재의 병력에 대해 적어야 한다.

3　과목 | 동물병원실무　난이도 | ●●○　정답 | ②

② 주관적 자료
①③④⑤ 객관적 자료

4　과목 | 동물병원실무　난이도 | ●●○　정답 | ②

간호 과정은 'ㄴ 간호 사정 → ㄹ 간호 진단 → ㄷ 간호 계획 → ㅁ 간호 수행 → ㄱ 간호 평가' 순이다.

5 간호 진단의 특성으로 옳은 것은?

① 동물의 질병 상태를 밝힌다.
② 질병의 병리적 과정을 규명한다.
③ 질병 치료 및 완치에 초점을 둔다.
④ 목표 달성을 위한 간호전략을 설정한다.
⑤ 동물의 실제적 · 잠재적 건강문제를 확인한다.

6 다음 중 수의 약어를 올바르게 연결한 것은?

① R/O : 심장사상충
② FIV : 금식
③ qd : 매 시간
④ RBC : 양 부족
⑤ TX : 치료

advice

5 과목 | 동물병원실무   난이도 | ●○○   정답 | ⑤

간호 진단은 독자적 간호중재에 의해 예방되거나 해결될 수 있는 문제에 대한 임상적 판단을 하는 과정이다. 표준화된 진술문으로 기록하고 대상자 문제의 원인과 결과를 명시한다.

6 과목 | 동물병원실무   난이도 | ●○○   정답 | ⑤

① R/O : rule out으로 제외진단을 의미한다.
② FIV : feline immunodeficiency virus로 고양이 면역 결핍 바이러스를 의미한다.
③ qd : every day로 매일을 의미한다.
④ RBC : red blood cell로 적혈구를 의미한다.

7   다음 〈보기〉에서 투약 지도를 반드시 해야 하는 약물을 모두 고른 것은?

보기

ⓐ 심장사상충약
ⓑ 호르몬제제
ⓒ 항균제
ⓓ 비타민제제

① ㉠   ② ㉡
③ ㉡㉢   ④ ㉡㉢㉣
⑤ ㉢㉣

8   진료를 할 때 사용하는 제품의 취급하는 방법으로 적절하지 않은 것은?

① 바늘의 게이지가 높을수록 직경은 두껍다.
② 멸균된 일회용품은 겉 포장지가 파손된 경우 사용하지 않는다.
③ 정맥 주사용과 피하 주사용의 주사바늘 끝에 단면은 형태가 다르다.
④ 주사바늘의 포장지 색상으로 게이지를 구분할 수 있다.
⑤ 수액에 사용되는 카테터 주사바늘은 속침과 겉침이 있다.

advice

7   과목 | 동물병원실무   난이도 | ●●○   정답 | ③

투약 지도가 필요한 약물은 호르몬제제, 항균제, 항생제, 마약류가 함유된 의약품, 마취제 등이 있다.

8   과목 | 동물병원실무   난이도 | ●●○   정답 | ①

① 바늘의 게이지가 높을수록 직경은 가늘어진다.

9   증상에 따른 동물의 샘플을 가져와야 할 때 사항으로 적절한 것은?

① 분변은 고온의 상태에 보관해서 가져올 것을 지시한다.

② 처음 1 ~ 2초 사이에 나오는 소변을 받아올 것을 지시한다.

③ 구토에 의한 토사물은 마르지 않도록 봉투에 밀봉해서 가져올 것을 지시한다.

④ 소변을 받을 때 입구가 좁은 병의 사용을 제안한다.

⑤ 패드에 스며든 소변을 짜서 가져올 것을 지시한다.

10 의료 폐기물의 보관시설 세부 기준으로 적절하지 않은 것은?

① 의료 폐기물 보관 창고와 냉장시설은 접수실 근처에 있어야 한다.

② 보관 창고의 바닥과 안벽은 타일·콘크리트 등 물에 견디는 성질의 자재로 세척이 쉽게 설치한다.

③ 소독에 쓰이는 소독약품 및 분무기 등 소독 장비와 이를 보관할 수 있는 시설을 갖춘다.

④ 냉장시설은 섭씨 4℃ 이하의 설비를 갖춘다.

⑤ 냉장시설은 주 1회 이상 약물 소독의 방법으로 소독한다.

---

advice

9   과목 | 동물병원실무   난이도 | ●●○   정답 | ③

① 분변은 저온의 상태에 보관해야 한다.
② 처음 1 ~ 2초의 소변은 사용하지 않는다.
④ 입구가 좁은 병은 소변을 담을 때 용이하지 않다.
⑤ 스며든 소변을 짜서 가져온 것은 검사에 사용할 수 없다.

10 과목 | 동물병원실무   난이도 | ●●○   정답 | ①

① 보관 창고와 냉장시설은 의료 폐기물이 밖에서 보이지 않는 구조로 되어 있어야 하며, 외부인의 출입을 제한하여야 한다.

11 동물보건사가 임상 현장에서 업무 시 비판적으로 사고해야 하는 내용으로 옳지 않은 것은?

① 모호하고 애매한 용어 사용을 피한다.

② 동물의 임상자료를 연역적으로 추론한다.

③ 업무를 처리함에 있어 논리적으로 사고한다.

④ 문제해결을 위한 상황에서 자신의 선입견이나 편견을 배제한다.

⑤ 문제해결 발생 시 가장 확실한 정보만 찾고 바로 활용한다.

12 동물 등록에 대한 유의사항으로 옳은 것은?

① 소유자의 소재지나 연락처가 변경되더라도 신고하지 않아도 된다.

② 등록인식표가 헐어서 번호가 잘 안보여도 계속 사용해도 무방하다.

③ 동물을 잃어버리면 자동으로 동물보호관리시스템에 공고된다.

④ 등록 대상 동물을 잃어버린 경우 10일 이내에 변경신고를 한다.

⑤ 등록 동물이 죽은 경우 신고를 하지 않아도 된다.

13 상담 기법에 대한 설명으로 옳지 않은 것은?

① 경청 : 내담자의 말과 행동을 주의 깊게 관심을 가지는 것이다.

② 반영 : 내담자가 하는 감정과 생각에 대해 부연설명을 해주는 것이다.

③ 명료화 : 내담자가 하고자 하는 말을 명확하게 말해주는 것이다.

④ 직면 : 내담자가 받아들일 준비가 되어있지 않아도 인정하도록 돕는 것이다.

⑤ 해석 : 내담자가 인식하고 있지 못하는 상황을 명확하게 인식하도록 의미를 설명해주는 것이다.

---

11 과목 | 동물병원실무   난이도 | ●●○   정답 | ⑤

⑤ 문제해결 발생 시 모든 정보에 대한 검증을 거쳐야 한다.

12 과목 | 동물병원실무   난이도 | ●○○   정답 | ④

④ 등록 대상 동물의 소유자는 등록 대상 동물을 잃어버린 경우에는 잃어버린 날부터 10일 이내에 변경신고를 해야 한다.

①②⑤ 소유자 개인정보, 등록 대상 동물이 죽은 경우, 등록 대상 동물 분실 신고 후 그 동물을 다시 찾은 경우, 무선식별장치 또는 등록인식표를 잃어버리거나 헐어 못 쓰게 되는 경우 30일 이내에 변경신고를 한다.

③ 변경신고를 해야 잃어버린 동물에 대한 정보는 동물보호관리시스템에 공고된다.

13 과목 | 동물병원실무   난이도 | ●●○   정답 | ④

④ 내담자가 받아들일 준비가 되어있지 않다면 주의 깊게 고려하고 사용해야 하는 기법이다.

14 다음 〈보기〉에서 반려동물 검역 신청을 할 때 받아야하는 검사를 모두 고른 것은?

```
──────────────────── 보기 ────────────────────
   ㉠ 역학 조사                        ㉡ 임상 검사
   ㉢ 정밀 검사                        ㉣ 관능 검사
```

① ㉠
② ㉠㉢
③ ㉠㉡㉢
④ ㉡㉢㉣
⑤ ㉠㉡㉢㉣

15 개·고양이 수입 검역 방법에 대한 설명으로 옳은 것은?

① 생후 90일 이상인 개·고양이는 마이크로 칩을 이식하지 않아도 된다.
② 개·고양이는 선적 전 24개월 이내에 광견병 중화항체 역가시험 결과가 검역증명서에 기재되어야 한다.
③ 광견병 예방 접종 후 중화항체가 0.5IU/ml 이하이면 개방된다.
④ 생후와 관련 없이 마이크로 칩을 이식한 경우에는 당일 개방한다.
⑤ 수출국 정부기관에서 발행한 동물검역증명서에 마이크로칩 이식번호만 기재하면 된다.

🐶 **advice**

14 과목 | 동물병원실무   난이도 | ●○○   정답 | ③

㉠ 역학 조사 : 수입금지 지역 여부인지, 위생 조건을 이행했는지에 대한 역학 조사가 필요하다.
㉡ 임상 검사 : 검역증과 개체를 확인하고 개체별로 임상실험을 한다.
㉢ 정밀 검사 : 미생물학적 검사, 혈청학적 검사, 병리학적 검사를 진행한다.
㉣ 관능 검사 : 컨테이너 상태를 확인하고 현물 검사를 한다. 축산물일 때 진행한다.

15 과목 | 동물병원실무   난이도 | ●●○   정답 | ②

① 마이크로 칩 이식 완료일까지 대기한다.
③ 광견병 예방 접종 후 중화항체가 0.5IU/ml 이상이 되어야 개방한다.
④ 생후 90일 미만과 광견병 비발생지역 동물(개·고양이)은 광견병 중화항체가 검사 기준 적용 제외하지만, 그 이외의 경우는 생후 90일 이상인 개·고양이는 광견병 중화항체 결과가 0.5IU/ml 이상인 경우인 경우에만 당일에 개방한다.
⑤ 마이크로칩 이식번호, 광견병 항체 검사사항이 기재되어야 한다.

16 보호자와 면담을 시행하는 목적으로 옳은 것은?

① 객관적 자료를 얻기 위해서

② 보호자와 친분을 위한 사적으로 알아가기 위해서

③ 보호자와 긍정적 관계를 확립하기 위해서

④ 보호자의 목표수립을 위한 의견일치를 보기 위해서

⑤ 동물의 진단이 정확하게 내려졌는지 확인하기 위해서

17 고객과 협상에 임할 때의 원칙으로 옳은 것은?

① 협력보다 경쟁을 촉진한다.

② 비용 측면에서 상호이익을 강조한다.

③ 주관적 표준에 근거한 결과를 강조한다.

④ 문제보다 상대방의 행동에 초점을 맞춘다.

⑤ 상대방의 의도파악보다 문제해결을 먼저 한다.

16 과목 | 동물병원실무   난이도 | ●○○   정답 | ③

③ 면담을 통해 동물 및 보호자와의 긍정적이고 개방적인 관계를 확립한다.

① 동물의 객관적 자료와 주관적 자료의 수집을 할 수 있다.

② 동물 및 보호자와의 신뢰관계를 발전시킨다.

④ 목표지향적인 간호 계획을 세울 수 있다.

⑤ 동물의 진단에 따른 목표를 세울 수 있다.

17 과목 | 동물병원실무   난이도 | ●○○   정답 | ②

① 경쟁보다는 협력을 촉진한다.

③ 객관적 표준에 근거한 결과를 강조한다.

④ 개인의 행동보다 문제에 초점을 맞춘다.

⑤ 상대방의 관점을 이해하기 위해 노력한다.

18 업무의 질 향상을 위해 자발적으로 아이디어를 제시하며 토의를 할 때 사용되는 의사결정 기법은?

① 전자회의   ② 델파이법

③ 집단노트기법   ④ 명목집단기법

⑤ 브레인스토밍

19 효과적인 의사결정을 방해하는 요인이 아닌 것은?

① 민감성   ② 불분명성

③ 인식 결여   ④ 자료수집 오류

⑤ 대안의 불충분성

🐶 advice

18 과목 | 동물병원실무   난이도 | ●○○   정답 | ⑤

⑤ 브레인스토밍 : 리더가 제시한 문제에 구성원들이 대면하여 자발적이고 자유적으로 아이디어를 제시하면서 집단으로 토의하는 방법이다.

① 전자회의 : 컴퓨터와 명목집단기법을 이용하여 문제를 제시하여 컴퓨터로 서로의 의견을 교류한다.

② 델파이법 : 설문지를 통해 각자의 의견을 제시하고, 설문지 수정 후 다시 의견을 제시하는 절차를 반복하며 최종결정을 내리는 방법이다.

③ 집단노트기법 : 문제에 대한 아이디어를 기록하고 다른 사람에게 넘겨 새로운 아이디어를 첨가하며 전체를 종합하여 문제를 해결하는 방법이다.

④ 명목집단기법 : 구성원들이 모여 언어적 의사소통 없이 개인의 의견을 제출하고 이후 조정안에 대해 서로 토론을 거쳐 투표로 의사결정 하는 방법이다.

19 과목 | 동물병원실무   난이도 | ●●○   정답 | ①

① 민감성은 의사결정을 효율적으로 이끄는 요소이다.

20 마케팅 리서치에 대한 설명과 거리가 먼 것은?

① 미래의 정보를 수집한다.　　　　　② 마케팅 활동과 관련되어야 한다.

③ 신뢰할 수 있어야 한다.　　　　　④ 타당성이 있어야 한다.

⑤ 정확한 정보가 기반이 되어야 한다.

21 X선의 특징으로 옳은 것은?

① X선이 발생하면 쿰쿰한 냄새가 난다.　② 다른 빛에 비해 에너지가 작은 편이다.

③ 신체에 무해하다.　　　　　　　　④ 고체를 통과하지 못한다.

⑤ 눈에 보이지 않는다.

22 흡수선량은 어떤 국제적인 단위로 표시되는가?

① 그레이(gray)　　　　　　　　　② 라드(rad)

③ 시버트(sievert)　　　　　　　　④ 렘(rem)

⑤ 베크렐(bq)

20 과목 | 동물병원실무　　난이도 | ●○○　　정답 | ①

① 마케팅 리서치는 현재의 정보를 수집한다.

21 과목 | 동물보건영상학　　난이도 | ●○○　　정답 | ⑤

① 냄새가 나지 않는다.
② 다른 빛에 비하면 에너지가 큰 편이다.
③ 신체에 노출되면 질병을 일으킬 수 있다.
④ 고체를 통과할 수 있다.

22 과목 | 동물보건영상학　　난이도 | ●○○　　정답 | ①

① 흡수선량은 질량당 흡수된 방사선 에너지의 양으로 줄/킬로그램(J/kg)으로 측정된다. 1J/kg의 양은 국제 수량 및 단위 시스템에서 그레이로 표시된다.
② 라드는 과거에 사용하던 단위로, 1그레이는 100라드와 동일하다.
③④ 시버트는 방사선이 특정 인체 조직에 미치는 영향을 나타내는 단위로 과거에는 렘으로 표시되었다.
⑤ 방사능 단위는 베크렐이다. 1베크렐은 1초 동안 1개의 원자핵 붕괴 시 방사능의 강도를 의미한다.

23 진단 가치가 있는 방사선 사진을 위해 지켜야 하는 것은?

① 빔의 중심은 촬영부위에서 우측으로 치우친 곳에 둔다.

② 부위마다 정해진 표준자세를 만들어서 촬영한다.

③ 피폭을 줄이기 위해서 사진은 1장만 촬영한다.

④ 동물의 안전을 위해 흥분하더라도 마취는 하지 않는다.

⑤ 노출시간을 최대한 길게 잡아서 촬영한다.

24 다음 〈보기〉의 표시가 의미하는 것은?

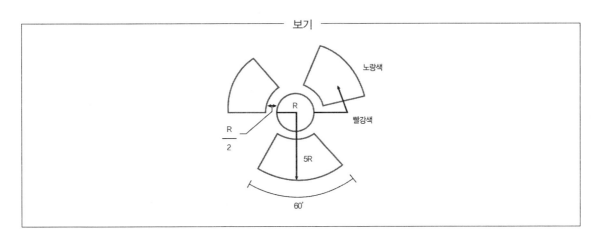

① 방사선 구역   ② 수술실

③ 의료 폐기물   ④ 마약류 약물

⑤ 독성약물

23 과목 | 동물보건영상학   난이도 | ●●○   정답 | ②

① 촬영하는 부위 가운데에 위치해야 한다.

③ 최소 2장 이상 촬영해야 한다.

④ 흥분한 동물은 마취한 이후에 촬영한다.

⑤ 호흡이나 심장박동으로 사진이 흔들릴 수 있으므로 노출시간은 가능한 짧게 한다.

24 과목 | 동물보건영상학   난이도 | ●○○   정답 | ①

① 다음 표시는 방사선 구역을 의미하는 표시이다.

25 방사선 구역에 대한 설명으로 옳은 것은?

① 방사선 구역에는 특별한 표시를 하지 않아도 된다.
② 동물의 정밀한 자세 보정을 위해 납 장갑은 착용하지 않는다.
③ 방사선 구역에는 일반인의 출입을 제한한다.
④ 동물의 흥분 감소를 위해 최대한 많은 인원이 방사선 구역에 들어간다.
⑤ 방사선 종사자는 근무를 시작한 후 처음 1회만 건강검진을 받으면 된다.

26 방사선 자세 용어에 대한 설명으로 옳지 않은 것은?

① V(ventral) : 배나 아랫배에 해당하는 위치
② D(dorsal) : 등 부분에 해당하거나 뒤쪽에 더 가까운 위치
③ Cr(cranial) : 두개골이나 머리 쪽을 향하는 위치
④ L(Lateral) : 정중앙에서 가까운, 중앙을 향한 위치
⑤ Cd(caudal) : 꼬리나 꼬리 쪽을 향하는 위치

advice

25 과목 | 동물보건영상학   난이도 | ●●○   정답 | ③

① 방사선 구역표시가 있어야 한다.
② 피폭을 방지하기 위해 보호장구 착용은 필수이다.
④ 최소 인원만이 방사선 구역에 들어간다.
⑤ 근무를 시작한 후 2년마다 건강검진을 받아야 한다.

26 과목 | 동물보건영상학   난이도 | ●○○   정답 | ④

④ Lateral : 측면 또는 측면을 향한 위치

기타 방사선 자세 용어
㉠ Distal : 다른 신체 부위와 관련하여 신체의 중심에서 가장 멀리 떨어져 있는 위치
㉡ Medial : 정중앙에서 가까운, 중앙을 향한 위치
㉢ Rostral : 머리의 코끝이나 코를 향하는 위치

27   방사선 용어에서 몸 쪽을 의미하는 약어는?

① Pr   ② M

③ R   ④ O

⑤ V

28   방관 조영에 대한 설명으로 옳은 것은?

① 황산바륨을 조영제로 사용한다.

② 배복상 자세로 촬영을 한다.

③ 양성 조영제는 동물의 크기와 관련 없이 동일한 양을 주입한다.

④ 음성 조영제를 주입할 때는 방광 부위를 촉진한다.

⑤ 반드시 전신마취를 하고 진행한다.

advice

27 과목 | 동물보건영상학   난이도 | ●○○   정답 | ①

① Proximal로 몸 쪽을 의미하는 방사선 자세 약어이다.

② Medial로 안쪽을 의미한다.

③ Rostral로 주둥이 쪽을 의미한다.

④ Oblique로 사선을 의미한다.

⑤ Ventral로 배쪽을 의미한다.

28 과목 | 동물보건영상학   난이도 | ●○○   정답 | ④

① 방광 조영에서는 사용해서는 안 된다.

② 배복상 자세는 머리를 촬영하기 위한 자세이다.

③ 양성 조영제는 동물의 크기에 따라 다르다.

⑤ 전신마취가 필수는 아니다.

29 방사선 검사에서 비투과성이 가장 높은 결석은?

① 칼슘옥살레이트   ② 암모늄 유레이트
③ 스트루브석   ④ 시스틴
⑤ 요산석

30 동물병원에서 초음파 검사의 활용도가 낮은 경우는?

① 중성화가 되지 않은 수컷의 예방 검사 : 전립선과 고환
② 급성 외상(자동차 사고, 창문 낙상 등) 검사 : 내장 출혈과 장기의 부상
③ 8세부터 중·대형견의 연간 건강 검진 : 비장 종양
④ 암컷의 임신 : 출산예정일 계산, 강아지의 수, 강아지의 건강 상태.
⑤ 뼈 골절 : 골절로 인한 주위 근육 및 혈관파열

🐶 advice

29 과목 | 동물보건영상학   난이도 | ●●○   정답 | ①

칼슘이 함유된 결석은 방사선 불투과성(radiopaque)으로 엑스레이 사진에서 밝게 보인다. 복부 방사선 사진은 모든 결석을 감지하지는 못한다. 암모늄 유레이트를 제외한 일반적인 결석들(스트루브석, 칼슘 옥살레이트, 시스틴)의 대부분은 방사선 요법으로 어느 정도는 진단이 가능하다.

🐱 불투과성이 높은 결석 순서

칼슘 옥살레이트 → 칼슘 포스파트 → 스트루브석(밀도가 다양함) → 시스틴 → 암모늄 유레이트

30 과목 | 동물보건영상학   난이도 | ●●○   정답 | ⑤

🐱 초음파 검사

㉠ 장기의 작은 변화까지 감지할 수 있기 때문에 초기 단계에서 질병을 감지하고 치료하는 유일한 방법이다.
㉡ 노령 동물의 건강검진에서 정기적으로 수행되어야 한다.
㉢ 많은 수컷 노령견들이 전립선 질환(전립선 낭종, 전립선 비대증, 염증, 종양) 또는 고환 질환(부고환염증, 고환 종양)을 앓는다. 비장 종양(양성, 악성)도 다른 검사로 진단하기 어렵기 때문에 초음파의 활용도는 높다.
㉣ 심장 초음파는 현재 심장 진단의 표준이다. 뼈 골절로 인한 연조직 검사는 동물병원에서 수행되는 루틴은 아니다.

31 초음파로 태아의 심장을 감지할 수 있는 날짜는?

① 임신 10일부터

② 임신 16일부터

③ 임신 20일부터

④ 임신 28일부터

⑤ 임신 35일부터

32 심장 초음파에 대한 설명으로 틀린 것은?

① 심장 초음파는 심장 질환 진단의 기초로 심장의 크기 및 기능을 정확하게 검사한다.

② M - 모드 심장 초음파는 주로 심장의 크기와 수축을 측정하는 데 사용된다.

③ 도플러 심장 초음파에서는 혈류를 검사하는 데 사용된다.

④ 마취 위험의 평가에도 사용되기도 한다.

⑤ 정확한 진단을 위해 동물에게 진정제를 투여 한다.

33 심전도 검사에 대한 설명으로 옳지 않은 것은?

① 평활근과 횡문근의 전기자극을 기록한다.

② 좌우 심방의 탈분극을 기록하는 것은 P파이다.

③ 몸 중앙부 근처에 장착한다.

④ 심실의 탈분극을 나타내는 것은 QRS복합이다.

⑤ 전극에 보정자의 손이 닿지 않도록 한다.

🐼 **advice**

31 과목 | 동물보건영상학   난이도 | ●●○   정답 | ④

초음파 검사는 임신 21일 ~ 25일째에 가능하고, 22 ~ 28일부터 태아의 심장박동을 감지할 수 있으며 태아의 바이탈을 확인할 수 있다.

32 과목 | 동물보건영상학   난이도 | ●●○   정답 | ⑤

심장 초음파는 심장의 크기와 기능에 침습적이지 않고 정확하게 검사할 수 있기 때문에 심장질환 진단의 기초이다. 심장 초음파는 질병의 심각성을 개별적으로 진단 및 치료를 할 수 있고 마취 위험의 평가에도 사용되기도 한다. 동물의 진정제 투여는 일반적으로 필요하지 않으며 때로는 정확한 진단을 방해하기도 한다.

33 과목 | 동물보건영상학   난이도 | ●●○   정답 | ③

③ 앞다리 굽이 관절이나 무릎 관절 근처에 장착하고 중앙부에는 장착하지 않는다.

34 다음 〈보기〉에서 심전도(ECG) 전극을 부착하는 표준 위치로 옳은 것은?

보기

- 빨간색 : ㉠
- 블랙 : ㉢
- 녹색 : ㉡
- 노란색 : ㉣

	㉠	㉡	㉢	㉣
①	왼쪽 뒷다리	오른쪽 앞다리	오른쪽 뒷다리	왼쪽 앞다리
②	오른쪽 뒷다리	왼쪽 앞다리	왼쪽 뒷다리	오른쪽 앞다리
③	오른쪽 앞다리	왼쪽 뒷다리	오른쪽 뒷다리	왼쪽 앞다리
④	오른쪽 뒷다리	왼쪽 뒷다리	왼쪽 앞다리	오른쪽 앞다리
⑤	왼쪽 뒷다리	오른쪽 뒷다리	왼쪽 앞다리	오른쪽 앞다리

35 다음 〈보기〉의 빈 칸에 들어갈 말은 무엇인가?

보기

동물의 복부를 ventrodorsal 뷰로 방사선 촬영을 할 때 방사선 빔이 (㉠)면에 들어가 (㉡)면을 통해 나온다.

	㉠	㉡			㉠	㉡
①	ventral(배방향)	dorsal(등방향)		②	cranial(머리방향)	caudal(꼬리방향)
③	dorsal(등방향)	ventral(배방향)		④	medial(중앙방향)	ventral(배방향)
⑤	lateral(측면반향)	medial(중앙방향)				

🐼 **advice**

---

34 과목 | 동물보건영상학　난이도 | ●●●　정답 | ③

네 다리에 악어 클립이나 패드로 전극을 부착한다. 접촉을 개선하기 위해 젤 또는 알코올을 사용하기도 하고 때로는 접촉면에 면도도 필요하다. 근육 간섭을 피하기 위해 느슨한 피부에 전극을 부착한다.

35 과목 | 동물보건영상학　난이도 | ●●○　정답 | ①

방사선 검사에서의 뷰는 방사선이 들어가는 방향에서 나오는 방향의 순서대로 명명된다.

36 심부전증의 임상 증상은?

① 빈맥

② 분홍색 점막

③ 정상 산소포화도

④ 설사

⑤ 우울

37 고농도 산소 공급에도 호전되지 않는 급성 호흡곤란 증후군에 대한 설명으로 옳은 것은?

① 심장문제로 발생한다.

② 항생제는 금기이다.

③ 산소를 꾸준히 공급한다.

④ 추위에 노출되면서 나타난다.

⑤ 피부에 돌출된 병변이 보인다.

38 구토를 하는 동물에게 우선적으로 확인해야 하는 것이 아닌 것은?

① 전염병 여부

② 중독약물 섭취여부

③ 산소포화도

④ 급여한 음식

⑤ 전해질 불균형

🐶 advice

36 과목 | 동물보건응급학   난이도 | ●●○   정답 | ①

　① 심부전증의 임상 증상은 빈맥, 빈호흡이 있다. 창백하거나 청색의 점막이 나타나고 실신을 할 수 있다.

37 과목 | 동물보건응급학   난이도 | ●○○   정답 | ③

　③ 산소를 공급하며 호흡을 지탱하는 집중 치료를 해야 한다.

　① 심장이 아닌 폐에 원인이 있을 수 있다.

　② 세균성 폐렴으로 나타난 경우일 수도 있으므로 금기는 아니다.

　④⑤ 급성 호흡곤란 증후군에서 일반적으로 나타나는 증상이 아니다.

38 과목 | 동물보건응급학   난이도 | ●○○   정답 | ③

　③ 구토를 하는 동물에게 우선적으로 확인해야 하는 처치는 아니다.

39 고체온 상태의 동물이 입원했을 때 우선적으로 해야 하는 간호중재로 올바른 것은?

① 인큐베이터 제공
② 시원한 상태를 유지
③ 진통제 투여
④ 구토 여부 확인
⑤ 소변 상태 확인

40 반려견의 일사병에 대한 응급 처치로 옳지 않은 것은?

① 차가운 공간을 찾아 시원한 표면에 뉘인다.
② 차가운 물을 적신 수건으로 다리를 감싼다.
③ 얼음을 띄운 욕조에 다리를 넣는다.
④ 미지근한 물을 조금씩 제공한다.
⑤ 직장 체온을 측정하고 39.5℃가 될 때까지 조치를 계속한다.

---

advice

39 과목 | 동물보건응급학   난이도 | ●○○   정답 | ②

체온이 높은 동물이 입원하면 우선적으로 체온을 낮춰주는 간호중재를 제공해야 한다.

40 과목 | 동물보건응급학   난이도 | ●○○   정답 | ③

일사병에 대한 응급 처치는 빠르지만 적당한 냉각이다. 너무 차가운 물이나 빠른 냉각은 작은 혈관을 협착시켜 열이 방출되는 것을 방해할 수 있거나 너무 빨리 식으면 쇼크를 받을 수 있다.

41 다음 〈보기〉에서 보호자의 이야기를 통해 동물에게 예상되는 간호중재로 옳은 것은?

보기

보호자 : 점막이 건조해요. 소변도 잘 보지 않고 피부를 당기면 축 늘어져서 돌아가지 않습니다. 안구도 살짝 함몰한 것처럼 보여요.

① 설사
② 요도 폐쇄
③ 고체온
④ 탈수
⑤ 변비

42 돌이킬 수 없는 뉴런의 손상 또는 사망에까지 이를 수 있는 응급상황인 반복적인 발작 및 간질에 대한 응급치료로 옳지 않은 것은?

① 약물의 신속한 투여를 위해 정맥 카테터를 배치한다.
② 정맥 카테터를 배치할 수 없으면 빠른 조치를 위해 경구약을 복용시킨다.
③ 동물의 온도를 확인하고 고온인 경우 냉각시킨다.
④ 동물은 외상을 방지하기 위해 부상의 위험이 없는 공간으로 입실시킨다.
⑤ 무기폐를 방지하기 위해 4시간마다 동물의 상태를 체크한다.

advice

41 과목 | 동물보건응급학   난이도 | ●○○   정답 | ④

탈수에서 주로 나타나는 임상 증상이다.

42 과목 | 동물보건응급학   난이도 | ●●○   정답 | ②

①② 대부분의 약물은 정맥으로 투여 될 때 가장 빠른 효과를 보기 때문에 정맥 카테터를 배치하는 것이 중요하다. 정맥 카테터를 배치할 수 없는 경우 약물이 직장 또는 코 점막을 통해 투여될 수 있다. 경구약은 발작 시 폐로 들어갈 수 있기 때문에 철저히 금한다.
③ 동물이 진정된 후, 온도를 확인하고 고체온인 경우 냉각시킨다. 체온을 과도하게 식혀 저체온증을 만들지 않도록 주의를 기울인다.
④ 자기 외상을 피하기 위해 동물을 위험이 없는 밀폐된 공간에 두고 침구는 깨끗하고 건조하게 유지한다.
⑤ 무기폐를 방지하기 위해 4시간마다 동물의 상태를 체크하는 것이 권장된다.

43 저산소증으로 입원한 동물에게 우선적으로 제공해야 하는 간호중재로 옳은 것은?

① 동맥혈가스분석 측정   ② 저염식 제공
③ 포도당 투약   ④ 관장 실시
⑤ 수분 공급

44 고양이 동맥혈전색전증(feline arterial thromboembolism)에서 일반적으로 나타나지 않는 임상 증후는?

① 대퇴 맥박의 부재   ② 고열
③ 통증   ④ 빈맥
⑤ 뒷다리의 파행

45 토끼의 개구호흡이 나쁜 예후의 지표인 이유는?

① 개구호흡은 극심한 고통을 의미하는 것이기 때문이다.
② 심장에 무리를 주기 때문이다.
③ 토끼는 비강호흡이 필수적이기 때문이다.
④ 비강 폐쇄를 의미하기 때문이다.
⑤ 저산소증을 일으키기 때문이다.

---

advice

43 과목 | 동물보건응급학   난이도 | ●○○   정답 | ①

① 저산소증으로 입원한 동물에게 맥박 산소와 동맥혈 가스 분석을 측정하고 산소를 공급해야 한다.

44 과목 | 동물보건응급학   난이도 | ●●○   정답 | ②

혈전증(심장 또는 혈관 내의 응고 형성) 및 색전성(혈관 내의 혈전 파편 또는 기타 이물질)
㉠ 일반적으로 고양이 심근질환을 동반한다.
㉡ 대동맥이 각 뒷다리로 분기되는 기저부에서 발생한다(안장혈전).
㉢ 다양한 다른 장기(특히 신장)가 영향을 받을 수 있다.
㉣ 동맥혈전색전증은 일반적으로 뒷다리 파행, 사지의 냉감, 빈맥, 통증의 임상 징후를 초래한다.

45 과목 | 동물보건응급학   난이도 | ●●○   정답 | ③

토끼의 해부학적으로 특징은 후두개가 길고 후두개가 연구개의 끝부분에 닿아 있기 때문에 비강호흡이 절대적이다. 호흡기 질환은 토끼의 이환율과 사망률의 주요 원인으로 토끼의 개구호흡은 응급상황으로 간주한다.

46 약리학에 대한 설명으로 옳지 않은 것은?

① 혈중 약물 농도를 감시해서 영향을 주는 요소를 확인한다.

② 약물 투여를 할 때 동물의 건강 상태를 확인한다.

③ 약리학에는 의약품 명명법은 관련이 없다.

④ 약이 신체기능에 변화를 주는 효과를 의미한다.

⑤ 동물보건사는 약물 작용의 생리적 요소에 대한 지식을 함양해야 한다.

47 약물 작용에 영향을 미치는 요인에 대한 설명으로 옳은 것은?

① 경구투여 약은 공복 시 빨리 흡수된다.

② 페니실린은 우유와 복용하여 체내 흡수를 높인다.

③ 간과 콩팥 기능 저하된 동물은 약물 배설이 증가된다.

④ 흡수력이 떨어지는 어린 동물에게는 더 많은 양을 투약한다.

⑤ 약물투약이 아나필락시스 알레르기 반응의 원인이 아니다.

advice

46 과목 | 의약품관리학   난이도 | ●●○   정답 | ③

③ 의약품 명명법, 약물의 종류, 의약품 분류, 약물적응증, 약물의 작용 기전, 약물 유해 반응, 약물 작용에 영향을 미치는 요소가 포함된다.

47 과목 | 의약품관리학   난이도 | ●●○   정답 | ①

① 경구 투여 약은 공복 시 더 빨리 흡수된다.
② 페니실린은 우유와 복용하면 체내 흡수가 저하된다.
③ 약물대사가 저하되면 약물 배설이 감소된다.
④ 약물대사에 필요한 효소가 부족하므로 적은 용량을 투여한다.
⑤ 약물에 의해서 아나필락시스 알레르기 반응이 나타날 수 있다.

48 약물을 투여하고 나타나서 우선적으로 확인해야 하는 유해 반응은?

① 탈수

② 아나필락시스 반응

③ 신부전

④ 간질

⑤ 마비

49 투약의 기본 원칙으로 옳지 않은 것은?

① 안전한 투약을 위해 시행된다.

② 경구용 · 비경구용 약물을 정확히 확인한다.

③ 알약을 자르는 것은 제조회사에서 명시한 경우에만 가능하다.

④ 투약을 하기 전에 미리 기록을 한다.

⑤ 대상자가 이전 먹던 약과 다르면 수의사 처방을 확인할 때까지 투약을 보류한다.

---

advice

48 과목 | 의약품관리학　난이도 | ●○○　정답 | ②

　② 약물 유해 반응 중 하나이다. 신체가 투여된 약을 외부 물질로 해석할 때 일어나는 면역체계 반응이다. 가장 심각한 알레르기 반응이다. 응급처치가 필요한 위급 상황이 발생할 수 있다.

49 과목 | 의약품관리학　난이도 | ●○○　정답 | ④

　④ 투약 후 즉시 기록하며 투약 전 미리 기록은 금지이다.

50 투약 처방 중 특정 시간 한 번만 투여하는 처방으로 옳은 것은?

① 일회 처방　　　　　　　　② 즉시 처방

③ 구두 처방　　　　　　　　④ 정규 처방

⑤ 필요시 처방

51 처방전 작성 시 불필요한 기입 사항은?

① 수의사 개인정보　　　　　② 동물의 나이

③ 처방전 작성 날짜　　　　　④ 처방 발행 동물병원의 이름

⑤ 동물의 이름

52 다음 처방약어를 설명한 것으로 옳지 않은 것은?

① liq. : 액제　　　　　　　② cr. : 크림

③ OS : 왼쪽 눈　　　　　　④ q : ~마다

⑤ SC : 정맥주사

---

50 과목 | 의약품관리학　난이도 | ●○○　정답 | ①

 ② 일회 처방의 한 종류로 처방 즉시 투여한다.
 ③ 구두로 내리는 처방이다.
 ④ 수의사가 정해놓은 기간 동안 유효한 처방이다.
 ⑤ 수의사가 미리 내놓은 처방을 필요시 투여한다.

51 과목 | 의약품관리학　난이도 | ●○○　정답 | ①

 처방전을 작성 시 필수 기입 사항
 처방전 번호, 약물의 이름, 사용 목적, 주의 사항 등이 있다.

52 과목 | 의약품관리학　난이도 | ●○○　정답 | ⑤

 ⑤ SC는 피하주사를 의미한다.

53 다음 〈보기〉의 처방에 대하여 옳은 설명은?

보기

Acetaminophen 500mg PO qid × 5days

① 하루에 복용하는 Acetaminophen 총량은 1,500mg이다.
② Single Order이다.
③ 1일 4회 투약해야 하며 1회 투약량은 125mg이다.
④ 1일 4회 500mg씩 경구 투약한다.
⑤ 5일간 격일로 한 번씩 경구 투약한다.

54 세파졸린의 농도가 100mg/ml이고 투여율이 22mg/kg인 경우 9kg 개에게 몇 ml의 세파졸린을 투여하는가?

① 19.8ml   ② 1.98ml
③ 0.19ml   ④ 3.0ml
⑤ 4.1ml

55 한정에 250mg인 Ampicillin이 있다. Ampicillin 2.0g을 하루 동안 나누어 동물에게 qid 경구투여 하고자 할 때, 1회 투여되는 Ampicillin은 몇 정인가?

① 2정   ② 3정
③ 4정   ④ 5정
⑤ 6정

🐶 advice

53 과목 | 의약품관리학   난이도 | ●●●   정답 | ④

투약 처방의 해석에 대한 질문이다. 지문에 나온 처방은 Acetaminophen 500mg을 하루 4번 경구 투약하는 것을 5일간 지속하라는 Standing 오더다.

54 과목 | 의약품관리학   난이도 | ●●○   정답 | ②

9kg 개에게 필요한 투여량은 9 × 22 = 198ml
세파졸린의 농도가 100mg/ml, 198 ÷ 100 = 1.98ml

55 과목 | 의약품관리학   난이도 | ●●●   정답 | ①

① qid = 하루 네 번, 2.0g = 2,000mg, 2,000mg ÷ 4회 = 500mg, 따라서 500mg = 250mg × 2정

56 내성균 발생원인으로 가장 적합한 것은?

① 이물질 섭취
② 잘못된 항생제 사용
③ 피부염증
④ 피부지방층이 제거되면서 건조한 피부
⑤ 피부보호층이 제거되면서 발생한 가려움증

57 「마약류 관리에 관한 법률」에 따른 마약류의 저장 방법으로 옳은 것은?

① 향정신성 의약품은 이중으로 잠금장치가 된 철제금고에 보관한다.
② 마약이나 임시 마약은 잠금장치가 설치된 냉장고 안에 보관한다.
③ 대마나 임시 대마는 타인의 출입이 제한된 장소에서 반출·반입한다.
④ 마약류 취급 의료업자는 원활한 조제를 위하여 업무 시간 중 조제대에 향정신성 의약품을 비치할 수 있다.
⑤ 마약류는 공통적으로 일반인이 쉽게 발견할 수 없는 장소에 설치하되 이동과 운반이 자유롭도록 해야 한다.

advice

56 과목 | 의약품관리학   난이도 | ●○○   정답 | ②

내성균이 생기는 이유는 항생제 또는 소독제가 제대로 사용되지 않았기 때문이다. 항생제 또는 소독제를 너무 자주 사용하거나,
너무 짧게, 너무 낮은 복용량 또는 농도로 사용될 때 생길 수 있다.

57 과목 | 의약품관리학   난이도 | ●●○   정답 | ④

① 향정신성 의약품의 보관은 잠금장치가 설치된 장소로, 꼭 이중으로 잠금장치가 되어있을 필요는 없다.
② 마약류는 이중으로 잠금장치가 된 철제금고에 보관 및 저장하여야 한다.
③ 반출·반입하는 경우는 잠금장치와 출입 제한 조치가 제외된다.
⑤ 마약류 저장시설은 이동할 수 없도록 설치해야 한다.

58 마취제에 해당하지 않는 약물은?

① 케타민(ketamine)

② 조레틸(zolazepam)

③ 아세프로마진(acepromazine)

④ 메데토미딘(medetomidine)

⑤ 알팍솔론(alfaxalone)

59 국소 마취제에 해당하는 약물은?

① 시클로포스파미드(cyclophosphamide)

② 리도카인(lidocaine)

③ 빈크리스틴(vincristine)

④ 빈블라스틴(vinblastine)

⑤ 독소루비신(doxorubicin)

advice

58 과목 | 의약품관리학   난이도 | ●●○   정답 | ③

③ 진정제에 해당한다.

59 과목 | 의약품관리학   난이도 | ●●○   정답 | ②

국소 마취제는 신경막에 있는 나트륨 채널을 막음으로서 신경의 탈분극을 억제한다. 부피바카인(bupivacaine)과 리도카인은 동물병원에서 가장 일반적으로 사용되는 국소 마취제이다.

60 비스테로이드성 소염진통제(NSAIDs)의 진통 효과의 원리로 옳은 것은?

① 감각 신경에 통증의 전달을 차단한다.
② 프로스타글란딘의 생산을 억제한다.
③ 아라치돈산의 생산을 억제합니다.
④ 뉴런의 나트륨 채널을 차단한다.
⑤ 알도스테론의 합성을 차단한다.

---

60 과목 | 의약품관리학   난이도 | ●●●   정답 | ②

비스테로이드성 소염진통제(non steroid antiimmflamatory durgs)
㉠ 만성 통증의 치료에 가장 널리 사용되는 진통제로 골관절염에 주로 사용된다.
㉡ 진통 억제, 발열 감소, 염증의 제어효과가 있다.
㉢ 복용 30 ~ 60분 후에 약효가 시작되어 8 ~ 9시간 지속된다.
㉣ 프로스타글란딘은 조직의 외상에서 유래된 염증의 주요 원인으로 비스테로이드성 진통제는 이 기전을 차단해서 소염한다.
㉤ 부작용은 프로스타글란딘의 신장, 혈소판, 위장을 보호하는 기능을 억제함에 기인한다. 위장내 출혈 및 궤양은 대표적인 부작용이다.
㉥ 스테로이드성 소염제와 함께 복용하는 것을 금한다.

실력평가 모의고사

임상 동물보건학, 동물 보건 · 윤리 및 복지 관련 법규

제3과목	임상 동물보건학 (60문항)

1 매년 추가로 접종하지 않아도 되는 예방 접종으로 옳은 것은?

① 고양이 전염성 복막염(FIP)

② 개 종합백신(DHPPL)

③ 광견병 백신

④ 고양이 종합백신(FvRCP)

⑤ 고양이 바이러스성 백혈병 백신(FeLV)

2 6주령이 된 개가 접종해야 하는 백신으로 옳은 것은?

① 종합백신(DHPPL)

② 기관지염

③ 케니플루

④ 광견병

⑤ 비오칸M

🐶 **advice**

1 과목 | 동물보건내과학   난이도 | ●○○   정답 | ①

　① 고양이 전염성 복막염 접종은 2차까지 접종하고 나면 추가로 매년 접종하지 않아도 된다.

2 과목 | 동물보건내과학   난이도 | ●○○   정답 | ①

　① 6주령이 된 개는 종합백신(DHIPPL)과 코로나 장염 백신을 접종한다.

3 토끼의 구충제 투약 기간으로 옳은 것은?

① 1개월

② 3개월

③ 6개월

④ 1년

⑤ 한 번

4 심잡음 청진시 Levine의 강도에 따른 분류법에 따라 가슴에서 진동이 촉진되지는 않지만 잡음이 큰 경우 등급으로 옳은 것은?

① Ⅰ

② Ⅱ

③ Ⅲ

④ Ⅳ

⑤ Ⅴ

(advice)

3 과목 | 동물보건내과학   난이도 | ●●○   정답 | ②

② 토끼는 3개월 간격으로 구충제를 투약한다.

4 과목 | 동물보건내과학   난이도 | ●●○   정답 | ④

① 집중해서 들어야 잡음이 들린다.

② 잡음이 작게 들린다.

③ 청진을 하면 바로 중등도의 잡음이 들린다.

⑤ 진동이 촉진되며 큰 잡음이 들린다.

5 사료 급여 방법에 대한 설명으로 옳은 것은?

① 비만인 동물에게 자율 급식이 좋다.
② 뼈의 질병 예방을 위해 자율 급식을 한다.
③ 사료 제한적 급여를 하면 영양 분석을 하지 않아도 된다.
④ 정해진 시간마다 급여하는 시간 제한적 급여 방식이 있다.
⑤ 과식을 예방하기 위해 자율급식을 한다.

6 다음 〈보기〉의 증상이 있는 개에게 예상할 수 있는 질환으로 가장 적절한 것은?

───────── 보기 ─────────

- 입에서 고약한 냄새가 난다.
- 자주 구역질을 하고 침을 흘린다.
- 음식을 잘 먹지 못한다.
- 연하곤란 증상이 있다.

① 척추염
② 방광결석
③ 치주염
④ 고환염
⑤ 배꼽감염

advice

5 과목 | 동물보건내과학   난이도 | ●○○   정답 | ④

①②⑤ 자율 급식은 과식을 유발할 수 있어 비만, 뼈·관절이 약한 동물에게는 좋은 방법이 아니다.
③ 사료를 제한적으로 급여하려면 일일 에너지 요구량을 기반으로 계산한다.

6 과목 | 동물보건내과학   난이도 | ●●○   정답 | ③

구강에 질환이 있을 때 빈번하게 보이는 증상이다.

7   튜브 영양을 통해 개에게 강제 급여를 할 때 동물보건사가 하는 일은?

① 튜브 장착   ② 영양관 튜브 선택

③ 튜브가 막히지 않도록 관리   ④ 섭취해야 하는 음식 선택

⑤ 동물의 상태 진단

8   비타민 A 중독에 대한 설명으로 옳지 않은 것은?

① 대부분 비타민 A 보충제의 과다 섭취에 기인한다.

② 거친 모피, 건조한 피부, 체중 감소 등과 같은 징후가 나타난다.

③ 임신 중 과도한 비타민 A 섭취는 갈라진 구개 형성 및 태아 이상과 관련이 있다.

④ 비타민 A의 혈중 농도, 방사선 검사, 혈중 간수치 등으로 진단한다.

⑤ 개는 고양이보다 비타민 A 중독에 더 취약하다.

---

advice

7   과목 | 동물보건내과학   난이도 | ●○○   정답 | ③

③ 강제 급여를 하는 튜브가 오염 및 막힘 방지를 위해 관리하는 것이 동물보건사의 업무이다.

①②④⑤ 수의사가 해야 하는 업무이다.

8   과목 | 동물보건내과학   난이도 | ●●○   정답 | ⑤

⑤ 고양이가 개보다 비타민 A 중독에 더 취약하다.

② 대부분의 경우 진단은 과도한 비타민 A 보충제와 예상 임상징후에 기초한다. 방사선 검사에서 특히 목, 가슴 및 관절의 영역에서 과도한 뼈 형성을 보인다.

④ 혈액에 있는 비타민 A의 농도는 장기기능, 간 수치 등으로 진단을 지원한다.

🐾 비타민 A 만성 과다 보충

㉠ 비타민 A 보충제의 공급을 중지하여 치료하고 상업적으로 균형 잡힌 식단이나 수의사에 의해 제조된 균형 잡힌 수제 식단을 먹이도록 한다.

㉡ 식단이 수정되면 비타민 A의 혈중 농도는 몇 주 내에 정상으로 돌아오지만 비타민 A가 저장되는 간의 혈액 수치는 수년 동안 높게 유지될 수 있다.

㉢ 과도하게 성장된 뼈는 되돌릴 수 없지만 비타민 A 수치가 정상화되면 이동성과 편안함이 향상되고 장기적으로 통증 관리가 필요한 경우도 있다.

9   작은 포유류의 신체검사에 대한 설명 중 옳지 않은 것은?

① 기니피그는 항문과 생식기 사이에 회음부 주머니라는 특수한 피부선이 존재한다.

② 암컷 기니피그는 요도결석이 자주 발생하기 때문에 생식기 주위를 주의 깊게 검사해야 한다.

③ 토끼, 기니피크, 친칠라의 치아는 장관치(hypsodont) 이다.

④ 토끼와 기니피그의 소변 pH는 4 ~ 5이다.

⑤ 친칠라의 앞니 앞부분의 노란색이 없거나 치아 법랑질에 홈이 있으면 치조 부위의 염증을 의미한다.

10   타진을 할 때 들리는 소리로 옳지 않은 것은?

① 편평음

② 수포음

③ 탁음

④ 공명음

⑤ 과공명음

advice

9   과목 | 동물보건내과학   난이도 | ●●○   정답 | ④

④ 토끼나 기니피그와 같은 초식동물의 소변 pH는 알칼리성으로 8 ~ 9이다.

① 기니피그는 회음부 주머니라는 특수한 피부선이 항문과 생식기 사이에 존재하며, 특히 직장온도 측정할 때 실수로 체온계를 회음부 주머니에 넣는 경우가 자주 있기 때문에 주의해야 한다.

② 암컷 기니피그는 칼슘과 관련된 요도결석이 자주 발생한다.

③ 장관치는 크라운이 높고 치아 뿌리가 늦게 닫히거나 전혀 닫히지 않는 치아로 초식동물의 치아는 평생 자라며 음식 섭취를 통해서 치아 마모가 필요한 이유이다.

⑤ 친칠라의 4개의 앞니는 오렌지색이 변색되어 있는 것이 정상이다.

10   과목 | 동물보건내과학   난이도 | ●●○   정답 | ②

⑤ 흡기를 할 때 들리는 소리이다.

①③④⑤ 타진을 할 때 들리는 소리로는 편평음, 탁음, 공명음, 과공명음 등이 있다.

11 혈압에 영향을 주는 직접적인 요인이 아닌 것은?

① 비만

② 정서 상태

③ 약물

④ 수면

⑤ 운동

12 고양이의 혈압 측정에 대한 설명으로 옳지 않은 것은?

① 카테터를 동맥에 직접 삽입하는 침습적인 혈압 측정방법이 가장 정확하지만 실용적이지 않다.

② 비침습적인 혈압 측정은 정확도에서 한계가 있지만 대부분 직접 측정보다 실용적이다.

③ 혈압을 측정할 수 있는 계측기를 청진기라고 한다.

④ 고양이 고혈압 진단에 있어서는 도플러 방법이 선호된다.

⑤ 어리고 건강한 고양이에게 혈압을 측정하는 것은 권장하지 않는다.

---

advice

11 과목ㅣ동물보건내과학　난이도ㅣ●○○　정답ㅣ④

④ 수면은 혈압에 직접적인 영향을 주는 요인이 아니다.

12 과목ㅣ동물보건내과학　난이도ㅣ●●○　정답ㅣ③

TIP 고양이 혈압 측정

㉠ 측정기구는 혈압계(sphygmomanometer), 도플러(doppler)가 있다.

㉡ 전통적인 진동 기술은 고혈압이 있는 고양이에게서 자주 나타나는 망막 병변을 확실하게 예측하지 못하는 단점이 있어, 도플러 방법이 추천된다.

㉢ 무증상 고양이의 고혈압 모니터링은 10세 이상이거나, 10세 이하라도 고혈압을 발병할 수 있는 위험 요소가 존재하는 경우에 수행한다.

㉣ 어린 고양이는 핸들링과 화이트 코트 현상으로 인해 혈압 측정값이 높을 수 있지만 고혈압일 가능성은 낮기 때문에 권장되지 않는다.

13 서맥이 나타나는 이유로 옳은 것은?

① 출혈   ② 통증

③ 저체온   ④ 스트레스

⑤ 에피네프린

14 소형견 정상 맥박수 범위로 적절한 것은?

① 50 ~ 80   ② 90 ~ 160

③ 70 ~ 110   ④ 60 ~ 90

⑤ 140 ~ 220

15 체온에 영향을 주는 직접적인 요인이 아닌 것은?

① 고온의 환경에 장시간 노출   ② 저온의 환경에 장시간 노출

③ 음식 섭취 이후   ④ 연령이 높은 경우

⑤ 격렬한 활동

---

advice

13 과목 | 동물보건내과학   난이도 | ●○○   정답 | ③

①②④⑤ 빈맥을 유발한다.

14 과목 | 동물보건내과학   난이도 | ●●○   정답 | ②

③ 중형견 정상 맥박수 범위이다.
④ 대형견 정상 맥박수 범위이다.

15 과목 | 동물보건내과학   난이도 | ●○○   정답 | ③

③ 음식 섭취는 체온에 직접적으로 영향을 주지 않는다.

16 토끼의 수액 치료에 대한 설명 중 틀린 것은?

① 경골이나 대퇴골을 이용한 골내 경로를 고려할 수 있다.

② 정맥 카테터는 귀의 가장자리 정맥에 삽입할 수 있다.

③ 복강 내 경로는 가장 쉽고 안전한 접근 방식이다.

④ 피하 경로는 옆구리 또는 목 부분의 피하주름을 끌어올리고 피부 아래 투여된다.

⑤ 경구 경로는 효과적이다.

17 불안으로 인해 심한 긴장감을 보이는 동물에게 나타나는 증상으로 옳지 않은 것은?

① 근육 수축　　　　　　　　　② 동공 확대

③ 위장 작용 촉진　　　　　　　④ 피부 혈관 수축

⑤ 심근의 과다 수축

advice

16 과목 | 동물보건내과학　　난이도 | ●●○　　정답 | ③

　③ 복강 내 투여는 일반적으로 저혈압으로 인해 혈관을 찾을 수 없는 동물이거나, 혈액 대체 수액의 경우에만 이루어진다.

　④ 개와 고양이처럼 토끼에게도 피하 주사가 가능하다. 목 주위 또는 옆구리의 피부 주름 아래에 투여한다.

　⑤ 토끼의 수액 치료는 쇼크 동물에게는 정맥 수액 치료가 필요하지만 경구 수액 치료도 효과적인 결과를 낼 수 있다. 정맥 치료는 리스크는 권장되지 않는다. 수액의 초기 투입액은 심혈을 과부하하고 심부전을 일으켜 죽음에 이르기도 하기에 따뜻한 수액을 느린 속도로 투입하는 것이 권장된다.

17 과목 | 동물보건내과학　　난이도 | ●○○　　정답 | ③

　③ 위장 작용 억제가 나타난다.

18 강아지 기생충 이(Lice)에 대한 설명으로 옳지 않은 것은?

① 이는 대표적인 인수공통감염 기생충이다.
② 대부분의 외부 기생충과 마찬가지로 가려움증을 유발한다.
③ 반려견의 몸에서 평생을 살고, 모피에 알을 낳는다.
④ 살충제로 개를 목욕시키거나 스팟온으로 성충의 이를 제거한다.
⑤ 감염이 심각한 경우에는 환경 관리도 필요하다.

19 급성 위염이 발생한 개의 보호자에게 내리는 간호교육으로 적절한 것은?

① 이뇨제를 처방받아야 합니다.
② 네뷸라이저 치료가 필요합니다.
③ 음식을 주지 말고 설탕물만 급여하세요.
④ 엉덩이에 힘을 주는 행동을 보인다면 내원하세요.
⑤ 위산이 과도하게 분비되지 않도록 위를 쉴 수 있게 식단을 조절해주세요.

---

18 과목 | 동물보건내과학   난이도 | ●●●   정답 | ①

 이(Lice)

㉠ 숙주 특이성을 가진다.
㉡ 한 종에서 다른 종으로 전염될 수 없다.
㉢ 반려견은 이가 있는 다른 개, 오염된 침구, 주위 환경에서만 전염된다.
㉣ 심각한 감염이 진단된 경우에는 환경 관리도 필요하고 모든 침구를 청소하거나 세척할 수 없는 침구를 폐기하는 것이 좋다.

19 과목 | 동물보건내과학   난이도 | ●●○   정답 | ⑤

⑤ 과도하게 위산이 분비되지 않도록 식단을 적절히 조절하고 휴식을 취하면 일반적으로 하루 이틀 안으로 회복이 될 수 있다.

20 강아지 외이염에 대한 설명으로 옳지 않은 것은?

① 외이염에 발생에 기여하는 기저질병은 아토피 피부염 및 내분비 질환이다.

② 만성 외이염을 앓고 있는 동물은 중이염 및 내이염으로 발전할 수 있다.

③ 외이염의 가장 흔한 세균성 요인은 포도상 구균류(staphylococcus pseudintermedius)이고, 진균성 요인은 말라세지아(Malassezia pachydermatis)이다.

④ 외이염의 경우 전신 치료가 필요한 경우가 대부분이다.

⑤ 외이염이 재발되는 주 이유는 기저질병의 치료 실패, 보호자의 부적절한 관리이다.

21 페럿의 인슐린종에 대한 설명으로 옳지 않은 것은?

① 인슐린종은 췌장의 베타 세포가 과도하게 인슐린을 생산하는 종양이다.

② 양성 종양인 선암종 또는 악성 종양인 선종으로 나뉜다.

③ 임상징후는 체중 감소, 떨림, 우울증, 저혈당증으로 인한 발작과 혼수이다.

④ 혈중에 포도당 및 인슐린의 비율로 진단이 가능하다.

⑤ 종양을 제거하는 외과적 치료가 최적의 치료법이다.

advice

20 과목 | 동물보건내과학   난이도 | ●●○   정답 | ④

④ 강아지 외이염은 만성으로 발전한 심각한 경우를 제외하고 대부분은 국소적으로 치료한다.

21 과목 | 동물보건내과학   난이도 | ●●●   정답 | ②

② 인슐린종은 페럿에게 일반적이다. 인슐린종은 인슐린을 생성하는 양성 종양인 선종 또는 악성 종양인 선암종이 있다.

① 인슐린은 혈액에 있는 포도당의 양을 감소시켜 혈당 수준을 통제한다. 인슐린종에 의해 생성되는 과잉 인슐린은 저혈당을 가져오며 발작 및 혼수를 일으킨다.

③ 임상징후의 심각성은 저혈당이다. 페럿이 저혈당증의 간헐적이라면 증상이 보호자에게 관찰되지 않기 때문에 질병은 장기간 발견되지 않을 수 있다.

④ 진단을 위해서 약 4시간 금식 후 혈중 포도당 측정 또는 인슐린의 농도를 측정한다. 포도당과 인슐린의 비율은 더 유용한 테스트로 낮은 포도당 농도에 비하여 높은 농도의 인슐린이 측정되는 경우 진단이 결정적으로 이루어질 수 있다.

22 **고양이 불명열(FUO, fever of unknown origin)에 대한 설명으로 옳지 않은 것은?**

① 발열은 바이러스와 박테리아가 번식하는 능력을 방해하고 외부의 침입 물질에 대한 면역 체계 반응을 향상시키는 신체의 자연스러운 반응이다.

② 체온이 39.7℃ 이상이어야 하며 병력 및 신체검사를 기반으로 명백한 근본 원인을 찾을 수 없는 경우를 말한다.

③ 임상징후는 무기력, 운동량 저하, 식욕저하, 심장과 호흡의 속도 증가, 탈수이다.

④ 발열을 줄이기 위해 아세틸살리실산(아스피린®)과 아세트아미노펜(타이레놀®)이 투여된다.

⑤ 따뜻하고 건조하게 유지하고, 물과 영양을 충분히 제공하는 기본적인 지원 치료에 잘 반응한다.

23 **혈액 내 산소 부족으로 인한 맥박수 변화로 옳은 것은?**

① 변화가 없다.

② 맥압이 약해진다.

③ 빈맥이 나타난다.

④ 불규칙한 맥이 생긴다.

⑤ 맥이 느껴지지 않는다.

advice

22 과목 | 동물보건내과학   난이도 | ●●●   정답 | ④

④ 아세틸살리실산(아스피린®)과 아세트아미노펜(타이레놀®)은 고양이에게 독성이 있으므로 수의사의 지시 없이 투여할 수 없다.

② 고양이의 정상 체온 범위는 38.1 ~ 39.2℃이다. 불명열(FUO)로 분류되려면 체온이 39.7℃ 이상이어야 하며, 병력 및 신체 검사를 기반으로 명백한 근본 원인을 찾을 수 없을 경우이다.

③ 발열은 바이러스와 박테리아가 번식하는 능력을 방해하고 외부 침입물질에 대한 면역 체계 반응을 향상시키기 때문에 신체에 유익하지만, 체온이 40.5℃ 이상 이틀 이상 지속되면 동물은 무기력, 식욕 부진이 되고 빠르게 탈수가 되고 잠재적으로 생명을 위협할 수 있다.

23 과목 | 동물보건내과학   난이도 | ●●○   정답 | ③

③ 혈액 내 산소가 충분하지 않을 경우 산소 보충을 위한 심혈관계 보상 기전으로 빠른맥이 나타나게 된다.

24 DHPPL에 대한 설명으로 옳은 것은?

① 렙토스피라, 홍역, 파보바이러스, 전염성 간염, 파라인플루엔자가 예방된다.

② 강아지가 태어나고 4주가 지난 이후라면 언제든 투약이 가능하다.

③ 1회 투약하면 항체가 형성되어 평생 유지된다.

④ 경구약물로 음식과 함께 한 알씩 투약한다.

⑤ 발열 또는 설사 등의 이상 증상이 확인되는 경우 신속하게 투약한다.

25 토끼 바이러스성 출혈열 백신을 통해 예방되는 바이러스로 옳은 것은?

① 클라미도필라 펠리스   ② VHD

③ 칼리시 바이러스   ④ 파라인플루엔자

⑤ 렙토스피라

26 상처에 자극이 적고 생리식염수나 용액 등에 적셔 사용해도 안전하게 보존할 수 있는 드레싱은?

① 거즈드레싱   ② 알지네이트

③ 텔파(Telfa) 드레싱   ④ 폴리우레탄 폼

⑤ 투명필름 드레싱

🐶 **advice**

24 과목 | 동물보건내과학   난이도 | ●●○   정답 | ①

② 태어나고 6주차에 1차 접종을 시작해야 한다.
③ 1차 접종 이후 2~3주 간격으로 접종을 하고 기초접종은 5회 시행한다. 매년 추가 접종을 해야 한다.
④ 개의 피하나 근육에 접종하는 종합백신에 해당한다.
⑤ 수의사의 처방에 따라 건강한 상태의 개에게만 접종해야 한다.

25 과목 | 동물질병학   난이도 | ●●○   정답 | ②

토끼 바이러스성 출혈열 백신(RVHD)는 VHD(viral haemorrhage disease)을 예방한다.

26 과목 | 동물보건외과학   난이도 | ●○○   정답 | ①

① 거즈드레싱 : 헝겊섬유로 짜진 것으로 배액을 흡수하고 상처 오염을 방지한다.
② 알지네이트 : 흡수력이 좋고 상처 사강을 채우는 패킹용으로 사용할 수 있다.
③ 텔파(Telfa) 드레싱 : 비접착 드레싱으로 지혈 시는 사용하지 않는다.
④ 폴리우레탄 폼 : 중정도 삼출물이 있는 욕창에 사용하며 건조한 상처에 권장되지 않는다.
⑤ 투명필름 드레싱 : 얇은 반투과성 필름 접착제를 이용하여 상처 부위 관찰이 가능하다.

27 예방 접종을 통해 얻게 되는 면역의 종류는?

① 자연 능동 면역   ② 인공 능동 면역

③ 인공 수동 면역   ④ 자연 수동 면역

⑤ 선천성 면역

28 고양이 바이러스성 비기관지염을 예방하기 위한 백신으로 적절한 것은?

① 고양이 면역부전바이러스 백신(FIV)   ② 고양이 종합예방 백신(FvRCP)

③ 고양이 전염성 복막염 백신(FIP)   ④ 고양이 바이러스성 백혈병 백신(FeLV)

⑤ 비오칸 M백신

29 눈으로 동물의 모습을 관찰하는 신체검사 방법을 의미하는 용어는?

① 문진   ② 촉진

③ 타진   ④ 청진

⑤ 시진

---

advice

27 과목 | 동물보건내과학   난이도 | ●○○   정답 | ②

면역은 선천적인 자연 면역과 후천적인 획득 면역으로 나뉘며, 능동 면역은 스스로가 항체와 림프구를 능동적으로 생산하는 것으로 질병을 앓고 난 후 얻게 되거나 예방 접종을 통해 얻을 수 있다. 수동 면역은 만들어진 항체를 주입하여 면역이 형성되게 하는 것이다. 인공 능동 면역은 예방 접종을 통해 얻게 되며, 자연능동은 질병을 앓고 난 후 얻게 된다. 인공 수동 면역은 혈청글로불린같은 예방목적외 치료 목적으로 사용되는 항체를 주입함으로 얻게 되는 것이며, 자연 수동 면역은 모체의 태반이나 모유를 통해 전달받는 것을 말한다.

28 과목 | 동물보건내과학   난이도 | ●●○   정답 | ②

① 고양이 에이즈 예방을 위한 것이다.
③ 복막염 예방을 위한 백신이다.
④ 고양이 백혈병을 예방하기 위한 백신이다.
⑤ 곰팡이성 피부병을 예방하기 위한 백신이다.

29 과목 | 동물보건내과학   난이도 | ●○○   정답 | ⑤

① 보호자를 통해 동물의 상태를 확인하는 것이다.
② 몸을 만져보면서 확인하는 것이다.
③ 몸을 두드려보면서 확인하는 것이다.
④ 청진기를 통해 들어보면서 상태를 확인하는 것이다.

30 수술 후 동물에게 중탄산염(Bicarbonate)을 투여할 때 예방하고자 하는 것은?

① 고칼슘혈증
② 대사성 산증
③ 호흡성 산증
④ 대사성 알칼리증
⑤ 호흡성 알칼리증

31 고양이의 만성 변비 원인으로 적절한 것은?

① 뇌하수체 선종
② 방광염
③ 갑상샘항진증
④ 탈수
⑤ 식중독

32 긴급 정도에 따른 수술분류로 옳은 것은?

① 긴급 수술은 즉각적인 수술을 시행한다.
② 응급 수술은 24 ~ 48시간 내에 수술을 시행한다.
③ 선택적 수술은 보호자의 의향에 따른 단순한 수술이다.
④ 임의적 수술은 동물의 편리에 따른 필수적인 수술이다.
⑤ 계획된 수술은 수주 또는 수개월내로 계획된 필수적인 수술이다.

---

 advice

30 과목 | 동물보건외과학   난이도 | ●●○   정답 | ②

② 수술로 인한 대사성 산증 예방을 위해 중탄산염을 투여한다.

31 과목 | 동물보건내과학   난이도 | ●○○   정답 | ④

④ 탈수는 고양이 변비의 가장 주요한 원인 중에 하나이다.
③ 배변이 늘어나는 증상이 잦다.
⑤ 설사가 나타난다.

32 과목 | 동물보건외과학   난이도 | ●●○   정답 | ⑤

① 즉각적인 수술이 필요한 것은 응급 수술이다.
② 24 ~ 48시간 내 수술을 요하는 것은 긴급 수술이다.
③ 보호자의 의향에 따른 단순한 수술은 임의적 수술이다.
④ 동물의 편리에 따른 수술로 필수적이지는 않다.

33 토끼의 정상 체온에 가까운 수치로 옳은 것은?

① 36℃

② 37℃

③ 38℃

④ 39℃

⑤ 40℃

34 수술 후 추위와 관련된 원인으로 옳은 것은?

① 혈액순환 촉진

② 산소 요구량 증가

③ 마취제 및 근육이완제 주입

④ 수술실에 비해 낮은 병실 온도

⑤ 가온한 수액 및 혈액제제 주입

35 동물의 체온을 가장 정확하게 측정하는 위치는?

① 항문

② 발바닥

③ 등

④ 목

⑤ 배

---

advice

33 과목 | 동물보건내과학   난이도 | ●○○   정답 | ④

토끼의 정상 체온 범위는 38.5 ~ 39.3℃이다.

34 과목 | 동물보건외과학   난이도 | ●○○   정답 | ③

③ 수술 시 마취제와 근육이완제 투여로 비정상적 혈압상태가 될 수 있고 이것이 순환장애를 초래 해 체온조절을 어렵게 한다.

35 과목 | 동물보건내과학   난이도 | ●○○   정답 | ①

직장(항문)에서 체온계를 이용하여 측정한다.

36 임상병리검사실에서의 주의사항으로 적절하지 않은 것은?

① 의료기기가 고장 나는 상황을 대비하기 위해 기기업체 연락처를 알아둔다.
② 의료기기의 청소 방법에 대해 숙지한다.
③ 검사실 안에서는 멸균 장갑을 착용한다.
④ 검사실 안에서 업무를 하기 전후에 손 씻기를 시행한다.
⑤ 비누로 손을 닦아 손을 살균한다.

37 검체의 검사의 수거가 하루 이상 늦어질 경우 검체 보관에 대한 설명 중 옳지 않은 것은?

① 혈액화학 검사 샘플은 원심분리 후 2 ~ 8℃에서 냉장보관을 한다.
② 전혈구검사 샘플은 원심분리를 하지 않고 냉장보관한다.
③ 세포학 샘플은 일반적으로 냉장보관을 하지 않는다.
④ 모든 검체는 햇볕이 잘 드는 실내에 보관한다.
⑤ 혈액배양검사를 제외한 모든 미생물 진단 검체는 냉장 보관한다.

38 혈액 화학검사에서 포도당이 증가하면 나타날 수 있는 증상은?

① 간경색   ② 영양불량
③ 장폐색   ④ 당뇨병
⑤ 심근경색

---

advice

36 과목 | 동물보건임상병리학   난이도 | ●○○   정답 | ⑤

⑤ 비누는 오물과 표면의 미생물을 제거하기는 용이하지만 살균의 기능은 없다.

37 과목 | 동물보건임상병리학   난이도 | ●○○   정답 | ④

④ 샘플은 진단의 목적에 따라 올바르게 보관되어야 한다. 적절하지 못하게 보관된 샘플은 품질이 저하되어 진단 결과에도 영향을 미친다. 일반적으로 자외선이나 열은 검체를 변화시킬 수 있기에 피해야 한다.

38 과목 | 동물보건임상병리학   난이도 | ●○○   정답 | ④

④ 포도당(GLU) 수치가 높게 나오면 당뇨병이나 만성 췌장염의 증상이 나타날 수 있다.

39 피부병 진단을 위한 검사에 대한 설명 중 틀린 것은?

① 피부 스크래핑 검사 : 옴진드기, 디모덱스 진단에 최적화된 테스트이다.

② 모발 검사법(trichoscopy) : 모발의 뿌리까지 뽑아서 현미경으로 검사하며, 모발의 성장 단계, 멜라닌 색소의 이상, 피부염 등의 진단이 가능하다.

③ 우드램프 : 피부 진균 중 하나인 홍색백선균(trichophyton rubrum)은 우드램프에서 형광 녹색을 발한다.

④ 곰팡이 배양 : 진균 피부증 진단이다. 배양에 최대 4주의 기간이 걸려 모니터링에 적합하지 않다.

⑤ 피부 생검 : 3 ~ 5 피부 생검 샘플을 동물에 대한 병력 및 임상검사 결과와 함께 병리학자에게 보낸다.

40 고빌리루빈혈증(황달)이 일어나는 가장 잦은 이유는?

① 신장질환   ② 근육 손상

③ 심각한 화상   ④ 담즙 정체

⑤ 고지혈증

41 고지방혈증이 자주 나타나는 원인으로 적절한 것은?

① 간 질환   ② 애디슨 증후군

③ 췌장염   ④ 금식

⑤ 면역매개성 용혈성빈혈

---

 advice

39 과목 | 동물보건임상병리학   난이도 | ●●○   정답 | ③

③ 우드램프는 개와 고양이에서 가장 흔한 피부 곰팡이인 개소포자균(microsporum canis)을 감지하는 데 사용된다. 모든 피부 진균들이 우드램프에 반응하는 것이 아니고, 개소포자균에 의한 피부감염도 50 ~ 80%에서만 형광 반응을 보인다. 검사의 낮은 민감성과 특이성 때문에 확진을 위해서는 곰팡이 배양 혹은 PCR 검사가 꼭 수행되어야 한다.

40 과목 | 동물보건임상병리학   난이도 | ●●○   정답 | ④

고빌리루빈혈증은 담즙정체가 주 원인이며 그 외에도 용혈성 빈혈, 간 질환 등의 경우에 나타난다.

41 과목 | 동물보건임상병리학   난이도 | ●●○   정답 | ③

고지방혈증은 내분비계 이상으로 자주 일어난다. 예를 들어 갑상샘기능저하증, 당뇨병, 쿠싱 증후군, 신장 증후군 등이 있다. 쿠싱 증후군은 부신피질기능항진증으로 부신피질호르몬인 코티솔이 과다하게 분비되어 발생하는 질병이며 에디슨 증후군은 부신피질 부전으로 코티솔이 분비되지 않아 일어나는 질병이다. 췌장은 지방소화와 관련된 소화효소를 생산하는 기관으로 췌장염의 경우 혈액화학검사에서 자주 고지혈증이 관찰된다.

42 채혈에 대한 설명 중 틀린 것은?

① 반려동물은 경정맥, 요측피 정맥, 복재 정맥에서 주로 채혈을 한다.

② 채혈을 할 때에는 20 ~ 22G 바늘이 주로 사용된다.

③ 혈액이 빠르게 채혈되면 정맥이 파괴될 수 있으므로 적절한 속도를 유지한다.

④ 혈액이 채워진 주사기 + 바늘을 진공 튜브로 옮기면 혈액용해증을 예방한다.

⑤ 튜브의 뚜껑을 닫고 30초 동안 2 ~ 3초마다 튜브를 천천히 반전시키며 항응고제와 혈액을 부드럽게 섞어준다.

43 수혈액에 대한 설명 중 옳지 않은 것은?

① 신선 전혈 : 모든 혈액 성분(적혈구, 혈소판, 응고인자 및 혈장 단백질)을 포함한다. 산소운반 능력과 혈액량 확장이 동시에 요구될 때 사용된다.

② 저장 혈액 : 저장 혈액은 전혈에 혈액 보존제(ACD, CPD 또는 CPD−A1)가 첨가되어 4℃에서 약 1개월 동안 보관될 수 있다. 저장 혈액은 신선 전혈과 마찬가지로 혈액의 모든 성분을 포함한다.

③ 포장 적혈구(PRBC) : 포장 적혈구는 전혈에서 냉장 원심분리로 혈장이 분리된다. 4℃에서 약 1개월 동안 보관될 수 있으며 심각한 빈혈 동물에게 사용된다.

④ 신선동결혈장(FFP) : 포장 적혈구에서 분리되며, 혈액 수집 후 8시간 이내에 동결되며 −30℃에서 최대 1년 동안 보관 될 수 있다. 신선동결혈장은 응고병증의 치료에 사용된다.

⑤ 냉동 성전(CRYO) : 신선동결혈장에서 제조되며 폰빌레브란트 항고인자, 제8항고인자, 피브리노겐과 화이브로넥틴을 포함한다. 주로 폰빌레브란트병과 A형 혈우병에 사용된다.

---

42 과목 | 동물보건임상병리학   난이도 | ●○○   정답 | ④

④ 채혈한 주사기에서 튜브로 혈액을 전송할 때 세포 손상이 있을 수 있고, 특히 혈액이 채워진 주사기 + 바늘을 진공 튜브로 옮길대 혈액용해증의 가능성이 높아진다.

① 요측피 정맥은 앞다리의 앞쪽, 손목과 팔꿈치 관절 사이에 위치한다. 반려동물을 보정하기 쉽고 정맥을 쉽게 찾을 수 있기 때문에 자주 채혈이 수행되는 정맥이다. 요측피 정맥이 수집 절차 중에 파괴되는 경우 복재 정맥에서 수집될 수 있다.

② 바늘 크기의 선택은 정맥의 크기와 혈액의 양에 따라 달라지는데, 보통 20 ~ 22G 바늘이 사용된다.

43 과목 | 동물보건임상병리학   난이도 | ●●●   정답 | ②

② 저장 혈액은 적혈구 및 혈장 단백질(알부민 및 글로불린)을 포함하지만 생존 가능한 혈소판과 백혈구가 거의 없다.

🐱 **혈소판 농축 혈장(PRP)**

신선 전혈에서 원심분리기로 혈소판을 분리하여 제조되며 일반적으로 준비 직후에 사용된다. 혈소판 농축 혈장은 혈소판 감소증 또는 혈소판 기능장애가 있는 동물에게 지혈기능을 회복시키기 위해 사용된다.

44 혈구에 대한 설명으로 옳지 않은 것은?

① 혈소판은 출혈을 멈추게 하는 기능을 한다.

② 포유류의 적혈구는 핵이 있고 산소를 운반할 때 중요한 역할을 한다.

③ 호산구는 백혈구의 일종의 과립구로 과립 단백질을 방출하거나 탈과립하여 감염 퇴치(특히 알레르기와 기생충 감염)에 관여한다.

④ 호염구는 과립구로 세포질에 큰 과립을 포함하고 히스타민(혈관 확장제)을 저장한다.

⑤ 단핵구는 대식세포와 함께 식세포(phagocytosis) 작용, 항원 제시(antigen presentation), 사이토카인 생산을 하는 백혈구의 유형이다.

45 혈액 도말 표본(blood smear)을 위해 혈액 슬라이드 샘플을 디프퀵(Diff – Quick) 염색을 하려고 한다. 염색을 하는 순서가 옳은 것은?

① 알코올 함유 고정액(하늘색) – 염색액(붉은색) – 염색액(푸른색) – 증류수

② 알코올 함유 고정액(하늘색) – 염색액(푸른색) – 염색액(붉은색) – 증류수

③ 증류수 – 알코올 함유 고정액(하늘색) – 염색액(푸른색) – 염색액(붉은색)

④ 알코올 함유 고정액(하늘색) – 염색액(붉은색) – 증류수 – 염색액(푸른색)

⑤ 증류수 – 염색액(푸른색) – 알코올 함유 고정액(하늘색) – 염색액(푸른색)

44 과목 | 동물보건임상병리학   난이도 | ●○○   정답 | ②

② 포유 동물의 적혈구는 골수에서 합성 된 후 핵이 제거되는 핵제거(enucleation) 라는 과정을 거친다. 핵이 없으면 적혈구가 더 많은 헤모글로빈을 포함하여 더 많은 산소를 운반할 수 있다. 핵의 부재로 확산을 돕는 독특한 양면 오목한 모양을 하게 된다.

45 과목 | 동물보건임상병리학   난이도 | ●●○   정답 | ①

혈액 도말 표본

㉠ 정의 : 혈구를 현미경으로 검사함으로서 기계화된 혈구수의 측정 이외에 상세 백혈구 감별검사, 혈소판 수 추정, 병태생리학 적 변이 등 다양한 정보를 얻을 수 있는 검사이다. 염색 방법이 간단하여 병원에서도 쉽게 수행이 가능하며, 보통 귀 세포학 샘플 및 소변 침전물 검사와 함께 수행하는 검사방법이다.

㉡ 염색 과정
• 슬라이드를 고정액(하늘색)에 5회 담근 후, 고정액이 염색액에 떨어지지 않도록 잠시 기다린다.
• 슬라이드를 염색액 A(붉은색)에 5회 담근 후, 용액이 썩이는 것을 방지하기 위해 잠시 기다린다.
• 슬라이드를 염색액 B(푸른색)에 5회 담근다.
• 슬라이드를 증류수로 깨끗이 씻은 다음 공기 건조한다.
• 베어만 테스트(Baermann test)는 폐충의 유충을 진단하는 방법이다.

46 개와 고양이 설사의 흔한 원인인 지아르디아증(giardiosis)을 진단하는 데 사용될 수 없는 방법으로 적절한 것은?

① 지아르디아 항원 LEISA

② 지아르디아 대변 부유법 항체검사

③ 부유법(flotation)

④ 베어만 테스트(Baermann test)

⑤ 지아르디아 항원 PCR

47 혈액 샘플 분석할 때 고려되어야 하는 상황 중 옳지 않은 것은?

① 금식이 되지 않은 혈청에는 고혈당증이 나타난다.

② 금식이 되지 않은 혈청에는 고지혈증이 나타난다.

③ EDTA 혈장에는 저칼슘증이 나타난다.

④ 극심한 스트레스를 받은 동물에서는 고혈당증이 나타난다.

⑤ 극심한 스트레스를 받은 동물에서는 호산구수 증가가 나타난다.

---

advice

46 과목 | 동물보건임상병리학   난이도 | ●●●   정답 | ④

면역학적 및 분자 분석이 원생동물의 진단을 돕기 위해 점점 더 많이 이용 가능하지만 대변의 직접적인 현미경 검사는 진단을 하는데 있어 주류로 남아 있다.

47 과목 | 동물보건임상병리학   난이도 | ●●●   정답 | ⑤

⑤ 아드레날린은 스트레스 반응의 일환으로 자연적으로 백혈구의 증가를 유발한다. 이러한 변화는 주로 고양이, 말, 어린 동물에서 볼 수 있다. 전형적으로, 호중구(좌방 이동 없는 성숙한 호중구) 및 림프구가 증가한다.

①② 금식이 안 된 동물의 혈액은 일시적인 고혈당증 및 고지혈증을 유발한다.

③ EDTA는 칼슘과 결합하여 혈액 응고를 억제하기 때문에 EDTA 혈장에서는 칼슘을 측정하지 않는다. EDTA 튜브는 칼륨을 함유하고 있기 때문에 칼륨도 측정하지 않는다.

48 **대변 잠혈 검사에 대한 설명으로 옳지 않은 것은?**

① 대변에 육안으로 볼 수 없는 소량의 혈액이 있는 것이다.

② 소화 시스템에 출혈이 있는지 확인하는 간단하고 비침습적인 방법이다.

③ 치주질환, 위장관 기생충, 위장 궤양, 창자 염증, 이물질 삼킴 등이 출혈의 원인일 수 있다.

④ 소량의 대변 샘플만이 필요하고 이상적인 대변 샘플은 24시간미만 신선한 샘플이어야 한다.

⑤ 딱딱한 변의 형태가 나타나는 경우 장 연동운동이 항진되어 나타나는 경우이다.

49 **기생충 검사를 위해 대변 샘플을 수집할 때 설명으로 옳지 않은 것은?**

① 적어도 5g의 대변을 깨끗하고 건조하고 밀폐용기에 배치한다.

② 샘플 용기에 동물에 대한 정보를 기입한다.

③ 대변 샘플을 즉시 검사할 수 없는 경우 최대 1주일 동안 냉동 보관한다.

④ 원생동물 식별을 위한 경우 신선한 샘플을 바로 검사한다.

⑤ 내부기생충 검사를 위한 샘플은 3일간 수집한 샘플을 권한다.

 advice

48 과목 | 동물보건임상병리학   난이도 | ●●○   정답 | ⑤

⑤ 수분 부족, 장 연동운동의 불량 등에 의해서 딱딱한 변이 나타난다.

🐾 **대변 잠혈 검사**

㉠ 원리는 적혈구에 존재하는 헤모글로빈이 특수 시약과 화학적으로 반응하여 색상 변화를 일으키는데 이것은 혈액의 존재를 의미한다. 양성인 경우 출혈이 발생하는 위치를 결정하기 위해 추가 검사가 권장된다.

㉡ 간단하고 쉽지만 특정 상황에서 가양성의 결과를 초래할 수 있다.

㉢ 혈액이 대변 샘플 전체에 고르게 분포되지 않거나 생고기 또는 잘 조리되지 않은 고기, 생 채소 또는 일부 종류의 통조림 음식을 먹는 경우 결과가 가양성으로 나오는 경우가 있다.

㉣ 가양성을 피하기 위해 동물에게 검사 3일 전에 고기를 제외한 채식이 권장된다.

㉤ 결과의 가변성 때문에 정확한 진단을 보장하기 위해 검사를 반복하는 것이 좋다.

49 과목 | 동물보건임상병리학   난이도 | ●●○   정답 | ③

대변 샘플은 바로 검사하거나 검사가 지연되는 경우에는 최대 일주일 냉장보관을 할 수 있다. 내부기생충은 충란을 불규칙하게 분비하기 때문에 3일간 채집된 샘플을 검사함으로서 검사의 민감성을 높일 수 있다.

50 고양이에서 채취한 흉막액이 유미흉은 어떤 검사로 확진되는가?

① 흉수 내 호산구 수
② 혈중 콜레스테롤
③ 흉수 내 콜레스테롤
④ 혈중 중성 지방(triglycerides)
⑤ 흉수 내 중성 지방(triglycerides)

51 개의 혈중 임신 테스트에 대한 설명으로 옳지 않은 것은?

① 혈중 호르몬 릴렉신을 검출하여 임신 유무를 확인 할 수 있다.
② 가임신의 경우에도 릴렉신의 농도는 상승한다.
③ 교미 후 22 ~ 27일 사이에 테스트가 가능하다.
④ 음성 결과는 테스트 당시 임신이 아님을 의미한다.
⑤ 양성 결과는 임신을 의미하지만 임신이 성공적으로 끝날 것이라는 것은 예측할 수 없다.

advice

50 과목 | 동물보건임상병리학   난이도 | ●●●   정답 | ⑤

⑤ 유미삼출액은 일반적으로 불투명하고 유백색이다. 유미삼출액은 유미 미립을 함유하고 있고 유미 미립의 존재는 체액에 있는 중성지방 농도를 측정함으로서 가장 확실하게 확인될 수 있다. 유미삼출액 내 중성 지방은 일반적으로 혈청 측정치보다 12 ~ 100배 더 높다. 가슴 림프관의 손상 또는 질병으로 인한 우심부전 또는 우심장 종양과 같은 정맥 압력 증가는 유미흉으로 이어질 수 있으며 유미삼출액의 양에 따라 심각한 호흡 문제가 발생하기도 한다.

51 과목 | 동물보건임상병리학   난이도 | ●●○   정답 | ②

릴렉신 호르몬
㉠ 태반에서 생성되며 22 ~ 27일 교미 후 임신한 암캐에서 검출된다.
㉡ 릴렉신의 농도는 총 임신 기간 중 상승되고 출생 이후에 급속하게 감소한다.
㉢ 가임신은 태반이 형성되지 않기 때문에 항상 음성이다. 임신과 가임신의 차이를 구별하기 위해 사용한다.
㉣ 가음성은 암컷 개가 임신하지 않았다는 것을 나타낼 수 있지만 태반이 생산되기도 전인 임신 초기에 테스트를 일찍 수행하면 가음성 결과를 초래할 수도 있다.
㉤ 첫 테스트(교미 후 22 ~ 27일)가 음성일 경우 일주일 후 재검사를 통해 결과를 확인하는 것이 좋다.
㉥ 임신 초기에 테스트를 반복하는 것은 개의 경우 배란 날짜가 확실하지 않은 경우에 중요하다.
㉦ 양성 결과는 개가 시험 당시에 임신이지만 태아는 임신 후 모든 단계에서 잃을 수 있으므로 첫 번째 테스트에서는 양성이었지만 다음 테스트에서는 음성 결과가 나온다.

52 혈액 및 소변에서 쿠싱 증후군을 진단하는 방법이 아닌 것은?

① UCC(urine cortisol/creatinine ratio)

② ACTH 자극 검사(ACTH stimulation test)

③ UPC(urine protein/creatinine ratio)

④ 저용량 덱사메타손 억제검사(Dexamethason low dose test)

⑤ 고용량 덱사메타손 억제검사(Dexamethason high dose test)

53 적혈구 표면의 면역 글로불린을 검출하는 검사로 적절한 것은?

① 대변 부유법(fecal flotation)

② 항핵항체검사(ANA test)

③ 쿰즈검사(coomb's test)

④ 현미경응집검사(MAT, microscopic agglutination test)

⑤ 대변 침전법(fecal sedimentation)

---

52 과목 | 동물보건임상병리학   난이도 | ●●●   정답 | ③

③ UPC : 소변 단백질을 검사하는 방법으로 단백 소실성 신장병증(protein losing nephropathy)의 진단에 사용된다.

① UCC : 소변을 통한 비침습적 진단 방법으로 높은 민감성으로 스크리닝에 이용되는 방법이다. 쿠싱 증후군의 진단에서 문제가 되는 부분은 스트레스로 인한 가양성의 가능성이 있다는 점인데, UCC는 집에서 소변 수집이 가능하기 때문에 동물이 스트레스를 덜 받는다는 장점이 있다.

② ACTH자극 검사 : 저용량 덱사메타손 억제 검사보다 민감성이 낮지만, 자주 사용되는 방법 중 하나이다.

④ 저용량 덱사메타손 억제검사 : 쿠싱 증후군 진단의 가장 기본이다.

⑤ 고용량 덱사메타손 억제검사 : 쿠싱 증후군의 원인인 종양의 위치(부신 또는 뇌하수체)를 감지하는 방법이다.

53 과목 | 동물보건임상병리학   난이도 | ●●○   정답 | ③

쿰즈검사(coomb's test)

㉠ 적혈구의 표면에 면역 글로불린(항체)를 검출한다. 면역 글로불린은 백혈구에 의해 만들어지는 단백질이다.

㉡ 다양한 면역 글로불린에 반응하는 특정 항혈청을 사용하여 면역글로불린을 검출한다. 항혈청이 적혈구 표면에서 면역 글로불린을 감지하면 적혈구가 시험관에서 응집한다.

㉢ 면역 매개 용혈성 빈혈이 의심되는 경우 수행되는 검사이다.

54 유출액에 대한 설명으로 틀린 것은?

① 유출액은 복수액, 흉수액, 낭포액, 활액, 뇌척수액 등이 있다.

② 유출액은 누출액(transudat), 삼출액(exudate)으로 구분된다.

③ 삼출액과 누출액은 단백질, 세포수, 비중, 색깔, pH 등의 세분화된 검사로 식별 가능하다.

④ 누출액과 삼출액을 구분하는 간단한 방법으로 리발타 반응검사가 있다.

⑤ 리발타 반응검사는 고양이 백혈병 바이러스를 진단할 때 사용되는 검사 방법 중 하나이다.

55 개나 고양이가 상처 부위를 핥는 것을 예방하기 위해 사용하는 보정기구는?

① 넥 칼라   ② 가죽장갑

③ 보정 가방   ④ 입마개

⑤ 포획봉

54 과목 | 동물보건임상병리학   난이도 | ●●○   정답 | ⑤

⑤ 고양이 전염성 복막염(feline infectious peritonitis)은 삼출성(wet type)과 비삼출성(dry type)으로 구분된다. 삼출성 복막염일 경우 복강액을 천자하여 Rivalta 검사법을 사용하여 병원에서 간단하게 진단하기도 했지만, 요즘은 잘 사용하지 않는 검사이다. 매우 민감한 테스트로 음성 결과는 FIP가 아닐 가능성이 높다.

누출액과 삼출액

㉠ 누출액 : 혈관 내의 수압이 증가하여 모세혈관으로부터 누출이 되거나 또는 혈관의 콜로이드 압력(저알부민혈증)이 낮아져 누출이 되는 등 순환기 장애의 결과로 발생한다.

㉡ 삼출액 : 염증이나 종양 질환의 결과로 발생하며 모세혈관 벽의 투과성이 커짐으로 종양 세포, 혈장 단백질 및 그 밖 혈액성분이 혈관 밖으로 유출된다.

55 과목 | 동물보건내과학   난이도 | ●○○   정답 | ①

① 목에 넥 칼라를 씌워서 상처를 핥지 않도록 사용한다.

56 혈청 담즙 검사가 수행되는 경우가 아닌 것은?

① 혈액검사에서 비정상적으로 높은 간 효소 수치가 관찰될 때

② 혈액검사에서 낮은 알부민 농도를 보일 때

③ 혈중 요소질소(BUN)가 상승했을 때

④ 어린 동물이 잘 성장하지 못할 때

⑤ 발작 증상이 있을 때

57 다음 중 반려견의 혈액에서 담관의 압력과 코티솔이 지속적으로 증가하면 동정되는 효소는 무엇인가?

① ALT(Alanine Aminotransferase)

② ALP(Alkaline Phosphatase)

③ GGT(Gamma Glutamyl Transpeptidase)

④ AST(Aspartate Aminotransferase)

⑤ GLD(Glutamate Dehydrogenase)

---

56 과목 | 동물보건임상병리학   난이도 | ●●●   정답 | ③

담즙 검사
ⓐ 간 질환이 의심될 때에 수행하는 검사이다.
ⓑ 혈중 간효소 수치가 상승하는 것은 간 손상을 의미할 수 있다.
ⓒ 알부민과 BUN은 간에서 생성되며, 간이 건강한 세포가 충분하지 않을때 낮은 수치를 보일 수 있다.
ⓓ 혈액 공급에 선천적인 결함(문맥 전신 순환 션트)이 있을 때, 어린 동물은 성장이 지연된다.
ⓔ 간이 그 기능을 다하지 못하면 몸의 독소를 해독하지 못하고 발작을 일으킨다.

57 과목 | 동물보건임상병리학   난이도 | ●●●   정답 | ②

① ALT : 개와 고양이에 본질적인 간 특정 효소이다.
③ GGT : 비록 많은 다른 조직에도 존재하지만, 혈청 GGT의 대부분은 간에서 생성되며, 보통 간 담즙성 효소로 분류된다. 고양이 지방간에서 ALP가 일반적으로 GGT에 비해 불균형하게 증가한다는 것을 보여주고, 고양이 의학에서 특히 유용하다.
④ AST : 간 뿐만 아니라 여러 조직(적혈구, 근육)에서 존재하기에 간 특이성은 낮은 효소이다.
⑤ GLD : 모든 동물들의 미토콘드리아에서 생성되며 방출되기 전에 상당히 높은 세포 손상이 필요하다. GLD 증가는 간 손상의 지표로 여겨진다.

58 다음 혈액 생화학 검사 수치 중 골격근 손상에 특이화 된 효소로 적절한 것은?

① 혈액 요소 질소(BUN) ② 아스파르테이트아미노전달효소(AST)

③ 알라닌아미노전이효소(ALT) ④ 크레아틴키나아제(CK)

⑤ 알칼리성 인산분해 효소(ALP)

59 신생 새끼의 혈액 생화학 검사 및 혈구 수치에 대한 설명으로 옳지 않은 것은?

① 출생 시 적혈구 수, 헤모글로빈 농도, PCV(농축세포용적)는 생애 첫 3주 동안 급격히 감소한다.

② 백혈구는 성인 동물보다 높다.

③ 혈청 크레아티닌과 BUN의 농도는 성인 동물보다 낮다.

④ 혈청 포도당이 성인 동물보다 낮다.

⑤ 혈청 ALP가 성인 동물의 정상 농도보다 낮다.

---

advice

58 과목 | 동물보건임상병리학   난이도 | ●●○   정답 | ④

④ 크레아틴키나아제(CK)는 특히 심장과 골격근 세포에서 생산되며 혈액에서 CK 농도 증가는 근육 손상을 의미한다.

② 아스파르테이트아미노전달효소(AST)도 골격근 세포에서 생산되나 그 특이성은 크레아틴키나아제(CK)보다 낮다.

59 과목 | 동물보건임상병리학   난이도 | ●●●   정답 | ⑤

⑤ 혈청 ALP(알칼리성 인산분해 효소) 농도는 어린 동물의 뼈 성장성과 관련해 성인 동물의 정상 농도보다 높다. 또한 강아지의 초유는 높은 ALP(알칼리성 인산분해 효소)와 GGT(감마 글루타밀전이효소)를 함유하고 있기 때문에 초유를 섭취하는 첫 2주 동안 높게 측정될 수 있다.

① 출생 시 적혈구 수, 헤모글로빈 농도 및 PCV(농축세포용적)는 모계 혈액에서 측정 된 것과 유사하나 태아 헤모글로빈이 성인 헤모글로빈으로 대체되며 모든 값이 생애 첫 3주 동안 급격히 감소한다. 고양이는 태어나면서 여러 병원균과 접촉이 일어난다. 새끼 고양이의 미숙한 면역력은 이러한 병원균에 반응하기 때문에 백혈구의 수는 증가하게 된다.

② 림프구 수는 신생 새끼에서 매우 가변적일 수 있으며 비정상적으로 높은 경우는 테스트를 반복해야 한다.

③ 신생 동물의 혈액 생화학 수치는 간과 신장이 미숙하기 때문에 낮다. BUN, 혈청 크레아티닌 농도는 지속적으로 성인 동물의 정상 농도 이하이며, 유사하게 혈청 빌리루빈, 단백질, 알부민 및 콜레스테롤 농도도 성인 동물 범위보다 낮다.

④ 신생 새끼에게서 포도당 조절은 불완전하며 성인 동물보다 낮다.

60 다음 〈보기〉의 그림과 같은 보정 방식을 사용하는 주된 목적은?

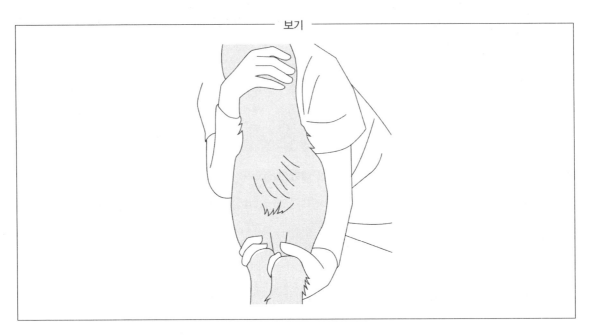

① 발톱을 손질하기 위해   ② 입질을 예방하기 위해
③ 목 정맥에서 채혈을 위해   ④ 흥분을 진정시키기 위해
⑤ 엑스레이를 촬영하기 위해

 advice

60 과목 | 동물보건내과학   난이도 | ●●○   정답 | ③

　　③ 목 정맥에서 채혈을 할 때 주로 사용되는 보정 방식이다.

제4과목	동물 보건·윤리 및 복지 관련 법규 (20문항)

1 다음 중 동물실험윤리위원회에 대한 설명으로 옳은 것은?

① 농림축산식품부장관은 실험동물의 보호와 윤리적인 취급을 위하여 윤리위원회를 설치·운영하여야 한다.

② 윤리위원회는 위원장 1명을 포함하여 5명 이상의 위원으로 구성한다.

③ 동물실험을 하려면 윤리위원회의 허가를 받아야 한다.

④ 윤리위원회를 구성하는 위원의 3분의 1 이상은 전임수의사이어야 한다.

⑤ 농림축산식품부장관은 윤리위원회의 운영에 관한 표준지침을 위원회(IACUC)표준운영가이드라인으로 고시하여야 한다.

---

 advice

1 과목 | 동물보호법   난이도 | ●○○   정답 | ⑤

🐱🐶 동물보호법 제51조 및 제53조(동물실험윤리위원회)

① 동물실험시행기관의 장은 실험동물의 보호와 윤리적인 취급을 위하여 동물실험윤리위원회(이하 "윤리위원회"라 한다)를 설치·운영하여야 한다〈「동물보호법」 제51조 제1항〉.

② 윤리위원회는 위원장 1명을 포함하여 3명 이상의 위원으로 구성한다〈「동물보호법」 제53조 제1항〉.

③ 동물실험시행기관의 장은 동물실험을 하려면 윤리위원회의 심의를 거쳐야 한다〈「동물보호법」 제51조 제3항〉.

④ 윤리위원회를 구성하는 위원의 3분의 1 이상은 해당 동물실험시행기관과 이해관계가 없는 사람이어야 한다〈「동물보호법」 제53조 제4항〉.

⑤ 「동물보호법」 제51조 제5항

2 동물 학대 행위로 옳지 않은 것은?

① 목을 매다는 등의 잔인한 방법으로 죽음에 이르게 하는 행위

② 민속경기와 같은 소싸움으로 동물에게 상해를 입히는 행위

③ 노상 등 공개된 장소에서 죽이거나 같은 종류의 다른 동물이 보는 앞에서 죽음에 이르게 하는 행위

④ 도구ㆍ약물 등 물리적ㆍ화학적 방법을 사용하여 상해를 입히는 행위

⑤ 이득을 위해 동물의 체액을 채취하기 위한 장치를 설치하는 행위

advice

2 과목 | 동물보호법   난이도 | ●●○   정답 | ②

동물보호법 제10조(동물학대 등의 금지) 제1항 및 제2항

㉠ 누구든지 동물을 죽이거나 죽음에 이르게 하는 다음의 행위를 하여서는 아니 된다.
- 목을 매다는 등의 잔인한 방법으로 죽음에 이르게 하는 행위
- 노상 등 공개된 장소에서 죽이거나 같은 종류의 다른 동물이 보는 앞에서 죽음에 이르게 하는 행위
- 동물의 습성 및 생태환경 등 부득이한 사유가 없음에도 불구하고 해당 동물을 다른 동물의 먹이로 사용하는 행위
- 그 밖에 사람의 생명ㆍ신체에 대한 직접적인 위협이나 재산상의 피해 방지 등 농림축산식품부령으로 정하는 정당한 사유 없이 동물을 죽음에 이르게 하는 행위

㉡ 누구든지 동물에 대하여 다음의 행위를 하여서는 아니 된다.
- 도구ㆍ약물 등 물리적ㆍ화학적 방법을 사용하여 상해를 입히는 행위. 다만, 해당 동물의 질병 예방이나 치료 등 농림축산식품부령으로 정하는 경우는 제외한다.
- 살아있는 상태에서 동물의 몸을 손상하거나 체액을 채취하거나 체액을 채취하기 위한 장치를 설치하는 행위. 다만, 해당 동물의 질병 예방 및 동물실험 등 농림축산식품부령으로 정하는 경우는 제외한다.
- 도박ㆍ광고ㆍ오락ㆍ유흥 등의 목적으로 동물에게 상해를 입히는 행위. 다만, 민속경기 등 농림축산식품부령으로 정하는 경우는 제외한다.

㉢ 동물의 몸에 고통을 주거나 상해를 입히는 다음에 해당하는 행위를 하여서는 아니 된다.
- 사람의 생명ㆍ신체에 대한 직접적 위협이나 재산상의 피해를 방지하기 위하여 다른 방법이 있음에도 불구하고 동물에게 고통을 주거나 상해를 입히는 행위
- 동물의 습성 또는 사육환경 등의 부득이한 사유가 없음에도 불구하고 동물을 혹서ㆍ혹한 등의 환경에 방치하여 고통을 주거나 상해를 입히는 행위
- 갈증이나 굶주림의 해소 또는 질병의 예방이나 치료 등의 목적 없이 동물에게 물이나 음식을 강제로 먹여 고통을 주거나 상해를 입히는 행위
- 동물의 사육ㆍ훈련 등을 위하여 필요한 방식이 아님에도 불구하고 다른 동물과 싸우게 하거나 도구를 사용하는 등 잔인한 방식으로 고통을 주거나 상해를 입히는 행위

3 맹견을 관리할 때 준수해야 하는 사항으로 옳은 것은?

① 월령이 5개월인 맹견을 동반하고 외출하는 경우 목줄을 하지 않아도 된다.

② 20세 미만의 사람은 맹견사육허가를 받을 수 없다.

③ 맹견의 소유자는 노인복지시설에 목줄을 한 맹견과 함께 출입할 수 있다.

④ 소유자 없이 맹견이 기르는 곳에서 벗어나게 하지 않는다.

⑤ 시·도지사는 맹견이 사람에게 신체적 피해를 주는 경우 소유자의 동의를 받아 맹견에 대하여 필요한 조치를 취할 수 있다.

4 동물보호법에 따라 동물보호센터에 신고할 수 있는 동물이 아닌 것은?

① 도구·약물 등 물리적·화학적 방법으로 상해를 입고 있는 동물

② 동물 실험 대상이 된 동물

③ 도박·광고·오락·유흥 등의 목적으로 상해를 입은 동물

④ 피학대 동물 중 소유자를 알 수 없는 동물

⑤ 유실·유기동물

🐼 advice

3 과목 | 동물보호법   난이도 | ●●○   정답 | ④

🐱 동물보호법 제2절(맹견의 관리 등)

④ 소유자 등이 없이 맹견을 기르는 곳에서 벗어나지 아니하게 할 것. 다만, 제18조에 따라 맹견사육허가를 받은 사람의 맹견은 맹견사육허가를 받은 사람 또는 대통령령으로 정하는 맹견사육에 대한 전문지식을 가진 사람 없이 맹견을 기르는 곳에서 벗어나지 아니하게 할 것〈「동물보호법」 제21조 제1항 제1호〉.

① 월령이 3개월 이상인 맹견을 동반하고 외출할 때에는 농림축산식품부령으로 정하는 바에 따라 목줄 및 입마개 등 안전장치를 하거나 맹견의 탈출을 방지할 수 있는 적정한 이동장치를 할 것〈「동물보호법」 제21조 제1항 제2호〉.

② 미성년자(19세 미만의 사람)는 맹견사육허가를 받을 수 없다〈「동물보호법」 제19조 제1호〉.

③ 맹견의 소유자 등은 노인복지시설에 해당하는 장소에 맹견이 출입하지 아니하도록 하여야 한다〈「동물보호법」 제22조〉.

⑤ 시·도지사와 시장·군수·구청장은 맹견이 사람에게 신체적 피해를 주는 경우 농림축산식품부령으로 정하는 바에 따라 소유자등의 동의 없이 맹견에 대하여 격리조치 등 필요한 조치를 취할 수 있다〈「동물보호법」 제21조 제2항〉.

4 과목 | 동물보호법   난이도 | ●○○   정답 | ②

② 농림축산식품부령으로 정하는 동물 실험은 신고동물에서 제외된다.

🐱 동물보호법 제39조(신고 등)

누구든지 다음 어느 하나에 해당하는 동물을 발견한 때에는 관할 지방자치단체 또는 동물보호센터에 신고할 수 있다.

㉠ 제10조에서 금지한 학대를 받는 동물

㉡ 유실·유기동물

5   학대받은 동물을 소유자로부터 보호하기위해 법으로 지정된 격리 조치 기간으로 옳은 것은?

① 12시간
② 하루
③ 2일 이하
④ 3일 이상
⑤ 5일 이상

6   다음 동물보건사의 결격 사유로 옳은 것은?

① 정신건강의학과전문의가 수의사로서 직무를 수행할 수 있다고 인정했지만 정신질환이 있는 경우
② 마약에 중독되었으나 정신건강의학과전문의가 수의사로서 직무를 수행할 수 있다고 인정하는 경우
③ 「식품위생법」을 위반하여 실형을 선고받고 그 집행이 끝나지 아니한 경우
④ 「가축전염병예방법」을 위반한 후 집행이 면제된 사람
⑤ 향정신성 의약품(向精神性醫藥品) 중독되었으나 정신건강의학과전문의가 직무를 수행할 수 있다고 인정하는 경우

---

advice

5   과목 | 동물보호법   난이도 | ●○○   정답 | ⑤

「동물보호법 시행규칙」 제15조(보호조치 기간)에 따라 특별시장 · 광역시장 · 특별자치시장 · 도지사 및 특별자치도지사와 시장 · 군수 · 구청장은 소유자등에게 학대받은 동물을 보호할 때에는 수의사의 진단에 따라 기간을 정하여 보호조치 하되, 5일 이상 소유자등으로부터 격리조치를 해야 한다.

6   과목 | 수의사법   난이도 | ●●○   정답 | ③

수의사법 제5조(결격 사유)

㉠ 「정신건강증진 및 정신질환자 복지서비스 지원에 관한 법률」에 따른 정신질환자. 다만, 정신건강의학과전문의가 수의사로서 직무를 수행할 수 있다고 인정하는 사람은 그러하지 아니하다.

㉡ 피성년 후견인 또는 피한정후견인

㉢ 마약, 대마(大麻), 그 밖의 향정신성 의약품(向精神性醫藥品) 중독자. 다만, 정신건강의학과전문의가 수의사로서 직무를 수행할 수 있다고 인정하는 사람은 그러하지 아니하다.

㉣ 「수의사법」, 「가축전염병예방법」, 「축산물위생관리법」, 「동물보호법」, 「의료법」, 「약사법」, 「식품위생법」 또는 「마약류관리에 관한 법률」을 위반하여 금고 이상의 실형을 선고받고 그 집행이 끝나지 아니하거나 면제되지 아니한 사람

7 동물보건사 면허를 취소할 수 있는 경우로 옳은 것은?

① 면허증을 다른 사람에게 대여하였을 때

② 부정한 방법으로 증명서를 발급하였을 때

③ 서류를 위조하거나 변조하여 진료비를 청구하였을 때

④ 학위 수여 사실을 거짓으로 공표하였을 때

⑤ 거짓으로 검안서를 발급하였을 때

---

7 과목 | 수의사법   난이도 | ●●○   정답 | ①

수의사법 제32조(면허의 취소 및 면허효력의 정지)

㉠ 면허를 취소하여야 하는 경우
- 정신질환자(다만, 정신건강의학과전문의가 수의사로서 직무를 수행할 수 있다고 인정하는 사람은 예외)
- 피성년후견인 또는 피한정후견인
- 마약, 대마, 그 밖의 향정신성의약품 중독자(다만, 정신건강의학과전문의가 수의사로서 직무를 수행할 수 있다고 인정하는 사람은 예외)
- 「수의사법」, 「가축전염병예방법」, 「축산물위생관리법」, 「동물보호법」, 「의료법」, 「약사법」, 「식품위생법」 또는 「마약류관리에 관한 법률」을 위반하여 금고 이상의 실형을 선고받고 그 집행이 끝나지(집행이 끝난 것으로 보는 경우 포함) 아니하거나 면제되지 아니한 사람

㉡ 면허를 취소할 수 있는 경우
- 면허효력 정지기간에 수의업무를 하거나 농림축산식품부령으로 정하는 기간에 3회 이상 면허효력 정지처분을 받았을 때
- 면허증을 다른 사람에게 대여하였을 때

㉢ 면허 효력을 정지하는 경우
- 거짓이나 그 밖의 부정한 방법으로 진단서, 검안서, 증명서 또는 처방전을 발급하였을 때
- 관련 서류를 위조하거나 변조하는 등 부정한 방법으로 진료비를 청구하였을 때
- 정당한 사유 없이 관계기관의 지도와 명령을 위반하였을 때
- 임상수의학적(臨床獸醫學的)으로 인정되지 아니하는 진료행위를 하였을 때
- 학위 수여 사실을 거짓으로 공표하였을 때
- 과잉진료행위나 그 밖에 동물병원 운영과 관련된 행위로서 대통령령으로 정하는 행위를 하였을 때

8 수의사법에 따라 진료부에 기록할 사항으로 옳지 않은 것은?

① 동물의 연령

② 동물 소유자의 주소

③ 동물의 병명

④ 동물의 등록번호

⑤ 소유자의 병원 내 구입 물품

9 동물보건사가 할 수 없는 업무는?

① 동물의 활력징후를 측정한다.

② 동물 상태에 따라 투약을 지시한다.

③ 동물의 상태를 육안으로 확인한다.

④ 처방에 따라 약물을 도포한다.

⑤ 수의사의 지도 아래 마취를 보조한다.

---

advice

8 과목 | 수의사법   난이도 | ●●○   정답 | ⑤

수의사법 시행규칙 제13조(진료부 기재사항) 제1호

㉠ 동물의 품종·성별·특징 및 연령

㉡ 진료 연월일

㉢ 동물소유자 등의 성명과 주소

㉣ 병명과 주요 증상

㉤ 치료 방법(처방과 처치)

㉥ 사용한 마약 또는 향정신성 의약품의 품명과 수량

㉦ 동물 등록 번호

9 과목 | 수의사법   난이도 | ●○○   정답 | ②

수의사법 시행규칙 제14조의7(동물보건사의 업무 범위와 한계)

㉠ 동물의 간호 업무 : 동물에 대한 관찰, 체온·심박수 등 기초 검진 자료의 수집, 간호판단 및 요양을 위한 간호

㉡ 동물의 진료 보조 업무 : 약물 도포, 경구 투여, 마취·수술의 보조 등 수의사의 지도 아래 수행하는 진료의 보조

10 맹견 소유자가 가입해야 하는 보험 조건이 아닌 것은?

① 피해자가 사망하면 보상할 수 있는 보험

② 타인의 동물을 상해를 입히는 경우 사고 1건당 보상할 수 있는 보험

③ 피해자의 정신적 피해를 보상할 수 있는 보험

④ 신체의 장애가 생긴 경우 후유장애등급에 따라 보상할 수 있는 보험

⑤ 피해자가 부상을 입으면 상해등급에 따라 보상할 수 있는 보험

11 동물보호센터에 대한 설명으로 옳지 않은 것은?

① 시·도지사와 시장·군수·구청장은 동물의 구조·보호 조치 등을 위하여 동물보호센터를 설치·운영할 수 있다.

② 시·도지사와 시장·군수·구청장은 동물보호센터를 직접 설치·운영하도록 노력하여야 한다.

③ 시·도지사 또는 시장·군수·구청장은 기준에 맞는 기관이나 단체를 동물보호센터로 지정하여 동물의 구조·보호 조치를 하게 할 수 있다.

④ 동물보호센터 지정이 취소되면 다시 지정받을 수 없다.

⑤ 거짓이나 그 밖의 부정한 방법으로 동물보호센터를 지정 받은 경우 시·도지사는 지정을 취소하여야 한다.

---

10 과목 | 동물보호법   난이도 | ●○○   정답 | ③

🐾 동물보호법 시행령 제13조(책임보험의 가입) 제3항

㉠ 사망의 경우에는 피해자 1명당 8천만 원

㉡ 부상의 경우에는 피해자 1명당 상해등급에 따른 금액

㉢ 부상에 대한 치료를 마친 후 더 이상의 치료효과를 기대할 수 없고 그 증상이 고정된 상태에서 그 부상이 원인이 되어 신체의 장애가 생긴 경우에는 피해자 1명당 후유장애등급에 따른 금액

㉣ 다른 사람의 동물이 상해를 입거나 죽은 경우에는 사고 1건당 200만 원

11 과목 | 동물보호법   난이도 | ●●○   정답 | ④

④ 시·도지사 또는 시장·군수·구청장은 지정이 취소된 기관이나 단체 등을 지정이 취소된 날부터 1년 이내에는 다시 동물보호센터로 지정하여서는 아니 된다. 다만, 동물학대 등의 금지규정에 따라 지정이 취소된 기관이나 단체는 지정이 취소된 날부터 5년 이내에는 다시 동물보호센터로 지정하여서는 아니 된다〈「동물보호법」제36조 제5항〉.

①「동물보호법」제35조 제1항 ②「동물보호법」제35조 제2항 ③「동물보호법」제36조 제1항 ⑤「동물보호법」제36조 제4항

12 동물의 학대 방지 등 동물보호를 위한 지도·계몽 등을 위하여 위촉할 수 있는 것으로 적절한 것은?

① 명예동물보호관   ② 동물 실험 윤리 위원회

③ 동물보호센터 운영위원회   ④ 수의사

⑤ 동물보건사

13 농림축산식품부장관이 정기적으로 공표해야 하는 정보와 자료로 옳지 않은 것은?

① 동물을 입양하는 소유자에 관한 사항   ② 등록 대상 동물의 등록에 관한 사항

③ 동물보호센터의 보호에 관한 사항   ④ 동물 복지 축산 농장 인증현황에 관한 사항

⑤ 보호시설의 운영실태에 관한 사항

14 동물보건사 자격증을 취소하기 위해서 청문을 실시해야 하는 경우는?

① 면허증을 다른 사람에게 대여하였을 때   ② 관련 서류를 위조하거나 변조하였을 때

③ 인정되지 아니하는 진료행위를 하였을 때   ④ 학위 수여 사실을 거짓으로 공표하였을 때

⑤ 피성년후견인 또는 피한정후견인

---

advice

12 과목 | 동물보호법　난이도 | ●●○　정답 | ①

농림축산식품부장관, 시·도지사 및 시장·군수·구청장은 동물의 학대 방지 등 동물보호를 위한 지도·계몽 등을 위하여 명예동물보호관을 위촉할 수 있다〈「동물보호법」 제90조 제1항〉.

13 과목 | 동물보호법　난이도 | ●●○　정답 | ①

🐱Ⅲ **동물보호법 제94조(실태조사 및 정보의 공개) 제1항**

㉠ 동물복지종합계획 수립을 위한 동물의 보호·복지 실태에 관한 사항

㉡ 봉사동물 중 국가소유 봉사동물의 마릿수 및 해당 봉사동물의 관리 등에 관한 사항

㉢ 등록대상동물의 등록에 관한 사항

㉣ 동물보호센터와 유실·유기동물 등의 치료·보호 등에 관한 사항

㉤ 보호시설의 운영실태에 관한 사항

㉥ 윤리위원회의 운영 및 동물실험 실태, 지도·감독 등에 관한 사항

㉦ 동물복지축산농장 인증현황 등에 관한 사항

㉧ 영업의 허가 및 등록과 운영실태에 관한 사항

㉨ 영업자에 대한 정기점검에 관한 사항

㉩ 그 밖에 동물의 보호·복지 실태와 관련된 사항

14 과목 | 수의사법　난이도 | ●●●　정답 | ⑤

⑤ 수의사법 제5조(결격 사유)에 해당하는 자는 면허 취소를 할 때 청문을 실시해야 한다〈「동물보호법」 제36조〉.

15 동물보건사 자격증에 대한 설명으로 옳은 것은?

① 자격증을 다른 사람에게 빌려주는 것은 가능하다.
② 농림축산식품부장관이 자격증을 발급한다.
③ 동물보건사 경력이 있다면 자격증을 알선 받아서 사용이 가능하다.
④ 교육기관에서 면허대장을 등록한다.
⑤ 부정행위로 합격이 무효가 되면 시험 응시가 불가하다.

16 동물보건사 자격증의 취소에 해당하는 사항으로 옳지 않은 것은?

① 동물보호법을 위반하여 실형을 선고받은 자
② 3회 이상 면허효력 정지처분을 받았을 때
③ 부정한 방법으로 진단서, 검안서, 증명서 또는 처방전을 발급하였을 때
④ 면허증을 다른 사람에게 대여하였을 때
⑤ 「마약류관리에 관한 법률」을 위반하여 금고 이상의 실형을 선고받았을 때

 advice

15 과목 | 수의사법   난이도 | ● ● ○   정답 | ②

　　수의사법 제6조(면허의 등록) 제1항 및 제2항
　　㉠ 농림축산식품부장관은 면허를 내줄 때에는 면허에 관한 사항을 면허대장에 등록하고 그 면허증을 발급하여야 한다.
　　㉡ ㉠에 따른 면허증은 다른 사람에게 빌려주거나 빌려서는 아니 되며, 이를 알선하여서도 아니 된다.

　　수의사법 제9조의2(수험자의 부정행위)
　　㉠ 부정한 방법으로 수의사 국가시험에 응시한 사람 또는 수의사 국가시험에서 부정행위를 한 사람에 대하여는 그 시험을 정지시키거나 그 합격을 무효로 한다.
　　㉡ ㉠에 따라 시험이 정지되거나 합격이 무효가 된 사람은 그 후 두 번까지는 수의사 국가시험에 응시할 수 없다.

16 과목 | 수의사법   난이도 | ● ○ ○   정답 | ③

　　③ 「수의사법」 제32조(면허의 취소 및 면허효력의 정지)에 따라 면허효력이 정지되는 경우이다.

17 등록 사항을 변경 신고를 하는 경우에 해당하지 않는 것은?

① 소유자 주소가 변경된 경우
② 무선식별장치를 잃어버린 경우
③ 소유자가 변경된 경우
④ 소유자가 동물을 새로 입양한 경우
⑤ 등록동물이 죽은 경우

18 동물사육시설이 갖춰야 하는 요건으로 옳은 것은?

① 깨끗한 환경을 위해 사육 공간의 바닥은 뚫려있는 망을 사용할 것
② 동물의 코부터 꼬리까지의 길이와 딱 맞는 크기의 공간에서 사육할 것
③ 구조물로 인한 안전사고가 발생할 위험이 없는 곳에서 사육할 것
④ 안전을 위해 뒷발로 일어섰을 때 머리가 닿는 높이에서 사육할 것
⑤ 목줄의 길이는 짧게 제한하여 사육할 것

---

17 과목 | 동물보호법   난이도 | ●○○   정답 | ④

　🐱ㅠ️ 동물보호법 시행령 제11조(등록사항의 변경신고 등)
　㉠ 소유자가 변경된 경우
　㉡ 소유자의 성명(법인인 경우에는 법인명을 말한다)이 변경된 경우
　㉢ 소유자의 주민등록번호(외국인의 경우에는 외국인등록번호를 말하고, 법인인 경우에는 법인등록번호를 말한다)가 변경된 경우
　㉣ 소유자의 주소(법인인 경우에는 주된 사무소의 소재지를 말한다)가 변경된 경우
　㉤ 소유자의 전화번호(법인인 경우에는 주된 사무소의 전화번호를 말한다)가 변경된 경우
　㉥ 등록된 등록대상동물의 분실신고를 한 후 그 동물을 다시 찾은 경우
　㉦ 등록동물을 더 이상 국내에서 기르지 않게 된 경우
　㉧ 등록동물이 죽은 경우
　㉨ 무선식별장치를 잃어버리거나 헐어 못 쓰게 된 경우

18 과목 | 동물보호법   난이도 | ●●○   정답 | ③

　① 사육공간의 바닥은 망 등 동물의 발이 빠질 수 있는 재질로 하지 않을 것〈「동물보호법 시행규칙」 별표2 제1호〉
　② 가로 및 세로는 각각 사육하는 동물의 몸길이(동물의 코부터 꼬리까지의 길이를 말한다. 이하 같다)의 2.5배 및 2배 이상일 것. 이 경우 하나의 사육공간에서 사육하는 동물이 2마리 이상일 경우에는 마리당 해당 기준을 충족해야 한다〈「동물보호법 시행규칙」 별표2 제1호〉.
　④ 높이는 동물이 뒷발로 일어섰을 때 머리가 닿지 않는 높이 이상일 것〈「동물보호법 시행규칙」 별표2 제1호〉
　⑤ 동물을 줄로 묶어서 사육하는 경우 그 줄의 길이는 2m 이상(해당 동물의 안전이나 사람 또는 다른 동물에 대한 위해를 방지하기 위해 불가피한 경우에는 제외한다)으로 하되, 제공되는 동물의 사육공간을 제한하지 않을 것〈「동물보호법 시행규칙」 별표2 제1호〉

19 다음 중 동물보호센터 격리실의 시설조건이 아닌 것은?

① 동물을 위생적으로 건강하게 관리하기 위해 온도 및 습도 조절이 가능해야 한다.

② 독립된 건물이거나, 다른 용도로 사용되는 시설과 분리되어야 한다.

③ 전염성 질병에 걸린 동물은 질병이 다른 동물에게 전염되지 않도록 별도로 구획되어야 하며, 출입 시 소독 관리를 철저히 해야 한다.

④ 외부환경에 노출되어서는 안 되고, 온도 및 습도 조절이 가능하며, 채광과 환기가 충분히 이루어질 수 있어야 한다.

⑤ 보호 중인 동물의 상태를 외부에서 수시로 관찰할 수 있는 구조여야 한다.

20 다음 〈보기〉는 동물의 사육 · 관리 방법을 설명한 것이다. 해당하는 동물은?

──────── 보기 ────────

분기마다 1회 이상 구충(驅蟲)을 하되, 구충제의 효능 지속기간이 있는 경우에는 구충제의 효능 지속
기간이 끝나기 전에 주기적으로 구충을 해야 한다.

──────────────────────

① 육계   ② 산란계
③ 개   ④ 돼지
⑤ 소

advice

19 과목 | 동물보호법   난이도 | ●○○   정답 | ①

① 동물보호센터의 보호실이 갖추어야 할 시설조건이다〈「동물보호법 시행규칙」 별표4 제2호〉.

🐱🐶 동물보호법 시행규칙 별표4(동물보호센터의 보호실이 갖추어야 할 시설조건) 제2호
㉠ 동물을 위생적으로 건강하게 관리하기 위해 온도 및 습도 조절이 가능해야 한다.
㉡ 채광과 환기가 충분히 이루어질 수 있도록 해야 한다.
㉢ 보호실이 외부에 노출된 경우, 직사광선, 비바람 등을 피할 수 있는 시설을 갖추어야 한다.

20 과목 | 동물보호법   난이도 | ●○○   정답 | ③

③ 개는 분기마다 1회 이상 구충(驅蟲)을 하되, 구충제의 효능 지속기간이 있는 경우에는 구충제의 효능 지속기간이 끝나기 전에 주기적으로 구충을 해야 한다〈「동물보호법 시행규칙」 별표1 제2호〉.

⏱ 시험 유의사항

1. 응시자는 시험 시행 전까지 고사장 위치 및 교통편을 확인해야 합니다.
2. 시간 관리의 책임은 응시자에게 있습니다.
3. 응시자는 감독위원의 지시에 따라야 합니다.
4. 기타 시험 일정, 운영 등에 관한 사항은 홈페이지의 공지사항을 확인하시기 바라며, 미확인으로 인한 불이익은 응시자의 책임입니다.
5. OMR카드 작성 시에는 반드시 시험문제지의 문제번호와 동일한 번호에 작성해야 합니다.
6. 시험 도중 포기하거나 답안지를 제출하지 않은 응시자는 시험 무효 처리됩니다.
7. 채점은 전산 자동 판독 결과에 따르므로 유의사항을 지키지 않거나(지정 필기구 미사용) 응시자의 부주의(인적사항 미기재, 답안지 기재·마킹 착오, 불완전 마킹·수정, 예비 마킹, 형별 마킹 착오 등)로 판독불능, 중복판독 등 불이익이 발생할 경우 응시자 책임으로 이의제기를 하더라도 받아들여지지 않습니다.
8. 코로나19 관련 응시자는 질병관리청 코로나19 시험 방역관리 안내에 따릅니다.

⏱ 수험자 유의사항

1. 응시자는 응시표, 답안지, 시험 시행 공고 등에서 정한 유의사항을 숙지하여야 하며 이를 준수하지 않아 발생하는 불이익은 응시자 본인의 책임으로 합니다.
2. 응시원서의 기재 내용이 사실과 다르거나 기재 사항의 착오 또는 누락으로 인한 불이익은 응시자 본인의 책임으로 합니다.
3. 1교시 시험에 응시하지 않은 자는 그 다음 시험에 응시할 수 없습니다.
4. OMR 답안지의 답란을 잘못 표기하였을 경우에는 OMR 답안지를 교체하여 작성하거나 수정테이프를 사용하여 답란을 수정할 수 있습니다.
5. 시험시간 중 휴대전화기, 디지털카메라, 스마트워치, 전자사전, 카메라 펜 등 모든 전자기기를 휴대하거나 사용할 수 없으며, 발견될 경우에는 부정행위로 처리될 수 있습니다.
6. 화장실 사용은 시험 중 2회에 한해 가능하며, 사용 가능 시간은 시험 시작 20분 후부터 시험종료 10분 전까지입니다.
7. 시험시간 관리의 책임은 전적으로 응시자 본인에게 있으며, 개인용 시계를 직접 준비해야 합니다.
   ※ 단, 계산기능이 있는 다기능 시계 또는 휴대전화 등 전자기기를 시계 용도로 사용할 수 없음
8. 타 응시자에게 방해되는 행위 등은 자제하여 주시기 바랍니다. 시험장 내에서는 흡연을 할 수 없으며, 시설물을 훼손하지 않도록 주의하여야 합니다.
9. 시험종료 후 감독관의 지시가 있을 때까지 퇴실할 수 없으며, 배부된 모든 답안지와 문제지를 반드시 제출하여야 합니다.

생년월일	
성 명	

실력평가 모의고사
- 제3회 -

풀이 시작 / 종료시간

___시 ___분 ~ ___시 ___분(총 200문항/200분)

⏱ 구분	⏱ 시험시간
• 1교시 : 기초동물보건학 | 예방동물보건학 • 2교시 : 임상동물보건학 | 동물 보건·윤리 및 복지 관련 법규	• 1교시 : 120분 • 2교시 : 80분

⏱ 시험과목	⏱ 문항수(문항당 1점)
• 기초동물보건학 : 동물해부생리학, 동물질병학, 동물공중보건학, 반려동물학, 동물보건영양학, 동물보건행동학 • 예방동물보건학 : 동물보건응급간호학, 동물병원실무, 의약품관리학, 동물보건영상학 • 임상동물보건학 : 동물보건내과학, 동물보건외과학, 동물보건임상병리학 • 동물 보건 · 윤리 및 복지 관련 법규 : 수의사법, 동물보호법	| 기초동물보건학(60문항) | 예방동물보건학(60문항) | 임상동물보건학(60문항) | 동물 보건·윤리 및 복지 관련 법규(20문항)

제1과목	기초 동물보건학 (60문항)

1 수인성 질병이 아닌 것은?

① 장티푸스

② 규폐증

③ 세균성 이질

④ 간디스토마

⑤ 주혈 흡충증

2 세균성 인수공통감염병에 해당하는 것은?

① 대장균 O157

② 바베시아

③ 라슈마니아

④ 톡소카라

⑤ 톡소플라즈마

advice

1 과목 | 동물공중보건학　난이도 | ●●○　정답 | ②

　② 분진에 의해서 발생한다.

　①③ 수인성 질병에 해당한다.

　④⑤ 수인성 기생충 질환에 해당한다.

2 과목 | 동물공중보건학　난이도 | ●●●　정답 | ①

　① 대장균은 그람 음성균이다. 그중 대장균 O157은 인간에서 설사, 출혈성 대장염(및 혈청용 요령 증후군(HUS))을 유발하며 물과 식품으로 매개되는 인수공통세균이다.

　②③④⑤ 바베시아, 라슈마니아, 톡소카라, 톡소플라즈마는 모두 기생충이다.

3 대한민국 농림축산식품부 동물검역증명서에 작성되는 목록이 아닌 것은?

① 예방접종 연월일

② 동물의 성별

③ 동물의 털색

④ 보호자의 주민등록번호

⑤ 선박 또는 항공기명

4 원 헬스 콘셉트로 항생제 내성을 줄이기 위해서 동물병원 직원들과 보호자에게 주의시켜야 하는 사실이 아닌 것은?

① 수의사와 상의하지 않고 항생제를 복용하지 않는다.

② 인터넷이나 해외에서 처방전 없이 항생제를 구입하지 않는다.

③ 수의사와 상의하지 않고 독립적으로 약물을 중단하지 않는다.

④ 남은 항생제를 보관하고 다음 기회에 다시 복용한다.

⑤ 규정된 섭취 시간과 복용량을 준수한다.

🐶 advice

3 과목 | 동물공중보건학   난이도 | ●●●   정답 | ④

「가축전염병예방법 시행규칙」에 따라 대한민국 농림축산식품부 동물검역증명서에 들어가는 목록은 종류 및 품종, 두수, 성별 및 연령, 털색, 보내는 사람의 성명 및 주소, 받는 사람의 성명 및 주소, 선박 또는 항공기명, 생산지, 수출국 또는 수입국, 선적지 및 선적 연월일, 도착항 및 도착 연월일, 예방약의 종류 및 예방접종 연월일, 비고가 들어간다.

4 과목 | 동물공중보건학   난이도 | ●●●   정답 | ④

④ 모든 항생제의 사용은 내성 발달을 촉진하기 때문에 올바른 항생제의 사용이 기본이 된다. 남은 항생제는 폐기하도록 한다.

🐱 **원 헬스 콘셉트**

인간, 동물 및 환경의 건강은 밀접하게 연결되어 있다는 것이 원 헬스 콘셉트이다. 인간의 질병 중 알려진 병원체의 반 이상은 소위 인수공통 병원체로, 박테리아, 곰팡이, 바이러스 및 기생충은 인간과 동물 사이에서 전염된다.

5   포충증에 대한 설명으로 옳지 않은 것은?

① 감염 원인은 에치노코쿠스 속의 촌충이다.

② 촌충처럼 중간 숙주와 최종 숙주가 연계된 생활사를 보인다.

③ 코요테와 여우의 기생충이다.

④ 개는 위장관에 국한되어 감염되고 가벼운 증상이거나 무증상이다.

⑤ 단방조충의 충란은 다른 촌충의 충란과 형태학적으로 구분이 가능하다.

6   동물의 감염성 질환 전파를 막기 위한 방법이 아닌 것은?

① 병원소를 가진 동물을 제거한다.

② 약물을 통해 전염력을 약화시킨다.

③ 동물을 감염 위험이 적은 곳으로 이동시킨다.

④ 전염 우려가 있는 동물을 격리한다.

⑤ 감염병이 예방되지 않은 동물을 관리한다.

 advice

5   과목 | 동물공중보건학   난이도 | ●●●   정답 | ⑤

⑤ 조충의 충란은 현미경 검사에서 검출이 가능하나 다른 촌충의 충란과 형태학적으로 구분할 수 없다. 포충증을 확실하게 진
단하려면 특수 검사(PCR)가 필요하다.

🐱TIP 단방조충

㉠ 코요테와 여우(종숙주)의 기생충이지만 설치류(중간 숙주) 내에서 수명 주기의 일부를 공유한다.

㉡ 개는 감염된 중간 숙주를 먹음으로서 감염된다. 감염된 개는 무증상이다. 감염은 위장관에 국한되어 개에게 큰 영향을 미치
지 못한다.

㉢ 인수공통감염 기생충으로 인간과 동물 사이에서 감염된다. 인간은 감염된 동물의 대변에서 나온 충란을 섭취하여 감염된다.

㉣ 인간의 폐와 간에 큰 낭종을 생성한다. 생성된 낭종은 장기의 기능을 방해할 정도로 커진다. 수술과 치료에도 불구하고 종
종 치명적이다.

6   과목 | 동물공중보건학   난이도 | ●●○   정답 | ③

③ 감염 위험이 있는 동물은 일정 기간 동안 검역을 실시하여 감염병이 전파되는 것을 방지해야 하므로 이동을 제한한다.

7   WHO에 대한 설명으로 틀린 것은?

① 모든 사람들이 가능한 최상의 건강수준에 도달하는 데 목적을 두고 있다.

② 동물에게서 발병한 질병에는 예방과 관리 업무지원은 하지 않는다.

③ 건강이란 단순히 질병이 없는 상태가 아니라 육체적 · 정신적 · 사회적으로 완전히 안정된 상태로 정의한다.

④ 1948년 4월 7일 발족하였다.

⑤ 우리나라는 1949년 8월 17일에 가입하였다.

8   전염성 유행에 영향을 주는 역학 현상이 아닌 것은?

① 기후대
② 국한된 지역
③ 투약 약물
④ 계절
⑤ 동물의 종류

 advice

7   과목 | 동물공중보건학   난이도 | ●○○   정답 | ②

② 전염병 유행단계를 정리할 때 동물 한정 감염, 인수공통감염, 인체감염 등으로 정리하여 동물에게서 발병한 감염병도 예방 및 관리를 업무지원을 한다.

8   과목 | 동물공중보건학   난이도 | ●●○   정답 | ③

③ 전염병에 유행을 주는 요인 요인은 생물학적, 지리적, 시간적, 사회적 요인이 있다. 이는 역학 4대 현상이다. 투약하는 약물은 역학 현상에 포함되지 않는다.
①② 지리적 요인
④ 시간적 요인
⑤ 생물학적 요인

9   유해첨가물 포름알데히드의 특징은?

① 수용성 무색기체로 아포균에 대한 살균 유효량이 0.1%이다.
② 염기성 타르이며 황색색소로 과자, 카레에 오용되기도 한다.
③ 설탕보다 강력한 단맛을 가지고 있다.
④ 햄이나 베이컨에 사용되는 보존제이다.
⑤ 어류의 내장에 축적되는 방사능 물질이다.

10   소독약의 구비 조건에 대한 설명으로 옳지 않은 것은?

① 동물에게 독성이 있더라도 소독효과가 강해야 한다.
② 부식성이 없어야 한다.
③ 냄새를 제거하는 효과가 있어야 한다.
④ 화학적으로 안전해야 한다.
⑤ 사용이 간편하고 저렴한 것이 좋다.

advice

9   과목 | 동물공중보건학   난이도 | ●●○   정답 | ①

① 포름알데히드는 수용성 무색기체로 아포균에 대한 살균 유효량은 0.1%이다. 0.02% 양으로 세균의 발육을 저해하기도 한다.
두부 방부제로 사용되어 문제가 발생하기도 했던 독성물질이다. 주로 간장에 사용되는 불허용 보존제에 해당한다.

10   과목 | 동물공중보건학   난이도 | ●●○   정답 | ①

소독약 구비조건은 소독력은 강하지만 독성은 동물에게 해를 주지 않아야 한다. 또한 화학적으로 안전하고 부식성이 없어야하
고 지방이나 냄새 제거력이 탁월해야 한다. 사용을 위해 저렴한 것이 좋고 간편해야 한다.

11 닭이 합성이 불가한 필수아미노산은?

① 알라닌

② 아르기닌

③ 글루탐산

④ 하이드록시프롤린

⑤ 세린

12 동물 영양소에 대한 설명 중 옳지 않은 것은?

① 개는 육식동물이나 영양학적으로 잡식성으로 식물을 기반으로 하는 식단에 무리가 없다.

② 고양이는 영양학적으로 육식동물이므로 건강을 위해 동물성 단백질을 필요로 한다.

③ 고양이는 필수아미노산 타우린이 추가적으로 필요하다.

④ 개에게 필요한 필수지방산은 리놀레산이다.

⑤ 개와 고양이는 인간과는 달리 비타민 C를 간에서 합성하고 자외선 노출로 비타민 D를 만든다.

---

advice

11 과목 | 동물보건영양학   난이도 | ●●●   정답 | ②

② 닭에게서 합성이 되지 않는 필수아미노산에는 아르기닌, 라이신, 히스티딘, 류신, 아이소류신, 발린, 메치오닌, 트레오닌, 트립토판, 페닐알라닌이 있다.

①③④⑤ 단순 기질로 닭에게 쉽게 합성되는 비필수아미노산에 해당한다.

12 과목 | 동물보건영양학   난이도 | ●●○   정답 | ⑤

개와 고양이는 자외선 노출로 비타민 D를 생산 할 수 없다.

13 개의 영양학에 대한 설명으로 옳지 않은 것은?

① 탄수화물인 쌀은 소화율이 높다.

② 근육과 면역계통에 주요한 구성성분인 비타민을 많이 섭취해야 한다.

③ 체중의 5 ~ 10%의 양의 물을 섭취해야 한다.

④ 지방은 지용성 비타민의 흡수를 도와준다.

⑤ 어린 강아지는 칼슘은 체중 kg당 500mg을 사료와 함께 급여하는 것이 좋다

14 좋은 생균제의 조건이 아닌 것은?

① 위산에 내성이 없어야 한다.

② 병원성이 포함되지 않아야 한다.

③ 장에 정착해서 생존할 수 있어야 한다.

④ 유해세균보다 우위에 있어야 한다.

⑤ 생산이 용이하여야 한다.

🐶 advice

13 과목 | 동물보건영양학   난이도 | ●●○   정답 | ②

② 근육과 면역계통의 주요 구성성분은 단백질이다.

14 과목 | 동물보건영양학   난이도 | ●○○   정답 | ①

① 위산, 소화효소, 담즙산에는 내성이 없어야 동물의 장내에 있는 미생물 균총 개선에 도움을 줄 수 있다. 장내 미생물 균총을 유리하게 만들어 설사예방, 성장촉진 등에 도움을 준다.

15 췌장염이 있는 개에게 하는 식이요법으로 적절하지 않은 것은?

① 고지방 식이를 제공한다.

② 구토가 심하다면 절수를 시킨다.

③ 소화가 잘되는 연식을 제공한다.

④ 저단백 식이를 제공한다.

⑤ 지방 함량이 낮은 사료를 제공한다.

16 임신과 출산 시기 암캐의 식단에 대한 설명으로 옳지 않은 것은?

① 임신 5주까지 에너지 필요량은 임신 전과 같다.

② 임신 5주가 지나면 음식의 급여량을 늘린다.

③ 음식의 급여량을 나누어 조금씩 자주 주는 것이 좋다.

④ 임신 기간 동안에는 칼슘 영양제를 따로 급여한다.

⑤ 강아지가 젖을 떼면 임신 이전의 몸 상태에 돌아갈 때까지 음식의 양을 천천히 줄인다.

 advice

15 과목 | 동물보건영양학　난이도 | ●●●　정답 | ①

① 췌장에 자극을 최소화 하여 췌장의 회복을 돕기 위한 식단을 제공하여야 한다. 저지방 식이를 제공하는 것이 중요하다.

②③④⑤ 급성 췌장염의 경우 췌장에 자극을 줄이기 위해서 금식과 절수를 하여 췌장에 휴식을 제공하여야 한다. 장기화 되는 금식은 면역억제, 패혈증 발생 우려가 있으므로 수의사와 상의 후에 적절하게 조절하여야 한다.

16 과목 | 동물보건영양학　난이도 | ●●○　정답 | ④

④ 출생 후 혈액으로 칼슘을 방출하는 대사 메커니즘을 방해할 수 있기 때문에 자간증(eclampsia)으로 이어질 수 있으므로 임신 중에 칼슘을 따로 첨가해서는 안 된다.

② 반려견의 에너지 필요량이 매주 10%씩 증가하는 것에 맞춰서 급여량을 늘린다.

③ 확대된 자궁은 내부 장기를 눌러 음식 섭취 및 소화에 문제가 생길 수 있다.

　🐱TIP　산후 자간증(저칼슘혈증)

작은 품종의 개가 많은 새끼를 낳은 경우에 자주 나타난다. 임상 증상은 불안, 틱, 근육 경련, 뻣뻣함 등이 있다.

17 고양이가 식단을 통해 공급받아야 하는 필수 지방산은?

① 알파 – 리놀레산   ② 도코사헥사엔산

③ 엽산   ④ 아라키돈산

⑤ 에이코사펜타엔산

18 타우린에 대한 설명으로 틀린 것은?

① 타우린은 고양이의 필수 아미노산이다.

② 타우린 결핍은 타우린 망막증, 확장성 심근병증(DCM)의 원인이 된다.

③ 고품질 동물성 단백질을 함유한 고양이 사료는 건강한 고양이에게 필요한 타우린을 충족시킨다.

④ 개 사료는 고양이에 대한 일반적인 요구 사항을 충족하기에 충분한 타우린을 포함하지 않는다.

⑤ 과도한 타우린의 섭취는 고양이에게 타우린 중독을 일으킨다.

advice

17 과목 | 동물보건영양학   난이도 | ●●●   정답 | ④

① 알파 – 리놀렌산 : 식물에 함유된 산 오메가 – 3 지방산의 일종이다. 산 오메가-3 지방산에는 에이코사펜타엔산(EPA) 및 도코사헥사엔산(DHA) 등이 있다.

② 도코사헥사엔산 : 어린 포유류의 뇌와 신경계의 발달에 필수적인 천연 오메가 – 3 지방산이다.

🐱**Tip** 필수 지방산

㉠ 정의 : 체내에서 합성하지 못하고 식단을 통해 공급해야 하는 지방산이다.

㉡ 오메가 – 6 : 리놀레산(Linoleic Acid)과 아라키돈산(Arachidonic Acid)으로 나뉜다. 개는 리놀레산에서 아라키돈산을 생성할 수 있기 때문에 리놀레산이 함유된 식단이 필요하다. 고양이는 리놀레산을 아라키돈산으로 변환할 수 없기 때문에 이 두 지방산을 모두 제공할 수 있는 식단이 필요하다.

18 과목 | 동물보건영양학   난이도 | ●●○   정답 | ⑤

⑤ 타우린은 과잉 섭취에 대해 상대적으로 안전한 것으로 간주된다.

① 타우린은 단백질의 구성 요소인 아미노산의 일종으로 동물성 단백질에 함유되어 있다. 타우린은 고양이의 필수아미노산으로 정상적인 시력, 소화, 심장 근육 기능, 정상적인 임신 및 태아 발달 유지, 건강한 면역 체계 유지에 매우 중요하다.

② 타우린의 결핍은 망막증, 심장에 있는 근육 세포의 약화로 확장성 심근병증(DCM)의 원인이 된다. 임신을 한 고양이의 경우 작은 태아, 낮은 출생 무게, 또는 태아 이상 및 성장하는 새끼 고양이의 성장을 지연시킨다.

③ 고품질 동물성 단백질을 함유한 고양이 사료는 건강한 고양이가 필요한 타우린을 충족시킨다.

④ 개 사료는 고양이에 대한 일반적인 요구 사항을 충족하지 못한다.

19 동물의 발달 행동 단계에서 감각기관과 운동 기능이 급속하게 발달하며 스스로 배설을 할 수 있는 단계는?

① 신생아기   ② 사회화기
③ 이행기   ④ 유년기
⑤ 성숙기

20 반려견의 행동에 대한 설명으로 적절하지 않은 것은?

① 서열이 위인 상대에게 복종하는 것은 본능이다.
② 배뇨를 통해 세력을 확장하는 것은 영역 본능이다.
③ 귀소는 특별한 경우에만 나타나는 행동이다.
④ 낯선 것을 보면 경계하는 것이 본능적인 행동이다.
⑤ 원반을 물어오거나 움직이는 물체를 잡는 것은 사냥 본능이다.

21 어린 고양이에게서 나타나는 행동 발달에 대한 설명으로 적절하지 않은 것은?

① 뒤집혀지면 스스로 일어서지 못한다.   ② 목덜미를 잡고 들면 몸을 둥글게 만든다.
③ 밖으로 나가려고 벽을 타는 행동을 한다.   ④ 1개월령에 스스로 화장실을 찾아 배설을 한다.
⑤ 태어나면 체온 조절을 위해 새끼들끼리 뭉쳐있다.

---

advice

19 과목 | 동물보건행동학   난이도 | ●○○   정답 | ③

① 갓 태어난 새끼일 때이다. 후각을 이용해 젖꼭지로 이동한다.
② 자극에 호기심이 왕성해지고 사회화에 높은 감수성을 가지는 시기이다.
④ 사회화기를 지나 성 성숙 전까지 시기이다.
⑤ 발달이 끝난 동물의 단계로 성 성숙 이후의 단계이다.

발달 행동의 순서

신생아기 → 이행기 → 사회화기 → 유년기 → 성숙기 → 노령기

20 과목 | 동물보건행동학   난이도 | ●●○   정답 | ③

③ 특별한 방향 감각을 통해 귀소본능을 가진다.

21 과목 | 동물보건행동학   난이도 | ●●○   정답 | ①

① 태어나자마자 뒤집어지면 스스로 일어서는 행동을 할 수 있다.
② 굴곡 반사로 어미가 이동을 편하게 시키기 위해서 몸을 웅크리는 것이다.

22 고양이가 편안하고 기분이 좋을 때 하는 행동이 아닌 것은?

① 동공이 커지면서 동그란 형태가 된다.
② 퍼링(Puring) 소리를 낸다.
③ 몸의 근육이 이완되어 있다.
④ 몸을 비비는 행동을 한다.
⑤ 얼굴의 표정이 이완되어 있다.

23 간의 기능이 아닌 것은?

① 체내로 흡수된 화학물질 및 체내에서 생성된 노폐물의 해독 작용
② 탄수화물, 단백질, 지방의 대사 작용
③ 산소의 운반과 교환
④ 담즙 생산과 분비
⑤ 혈액 응고인자 생산

---

advice

22 과목 | 동물보건행동학   난이도 | ●●○   정답 | ①

① 겁을 먹었을 때 나타나는 행동이다.

🐱 퍼링(Puring) 소리

고양이가 편하다고 생각하는 장소에서 골골 소리를 내는 것이다.

23 과목 | 해부생리학   난이도 | ●○○   정답 | ③

산소의 운반과 교환은 폐와 순환계의 역할이다. 그 외의 간의 기능은 에너지원 및 비타민 저장(글리코겐, 지방, 철, 비타민), 훼손된 적혈구 제거와 면역기능이 있다.

24 다음 〈보기〉의 그림은 눈의 구조를 나타낸 것이다. 다음 중 ㉠에 해당하는 구조의 명칭과 설명으로 바른 것은?

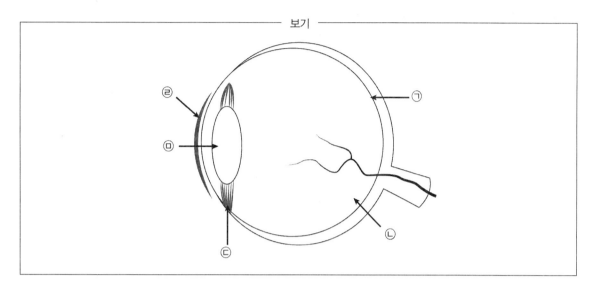

① 각막 : 안구의 전면에 있는 투명한 막이다.

② 섬모체 : 초점을 조절하고 안방수를 생산한다.

③ 망막 : 물체의 상이 맺히는 곳이다.

④ 수정체 : 렌즈와 같이 빛을 굴절시켜 망막에 상을 맺히게 한다.

⑤ 유리체 : 눈 속을 채우고 있는 투명한 물질이다.

24 과목 | 해부생리학   난이도 | ●●○   정답 | ③

  ㉠ 망막, ㉡ 유리체, ㉢ 섬모체, ㉣ 각막, ㉤ 수정체이다.

25 심장 구조에 대한 설명으로 틀린 것은?

① 심장은 심내막, 심근, 심외막의 3개의 층으로 이루어져있다.

② 심장 내부는 2개의 실과 2개의 방, 4개의 판막으로 이루어져있다.

③ 심실벽은 심방벽보다 더 얇다.

④ 좌심실은 우심실 벽보다 더 두껍다.

⑤ 이첨판막은 좌심실과 좌심방 사이에 있는 심장 판막으로 혈액 역류를 방지한다.

26 심장 주기 중 확장기는 무엇을 의미하는가?

① 분당 심장 박동의 수

② 심장의 수축 후 휴식 기간

③ 심장의 강력한 펌핑 동작

④ 심장의 이완 후 수축 기간

⑤ 심장이 수축하고 이완되는 기간

---

 advice

25 과목 | 해부생리학   난이도 | ●●○   정답 | ③

심장의 심실벽은 전신 및 폐로 혈액을 공급해야 하기 때문에 심방벽보다 두껍고, 좌심실은 펌프와 같이 수축해서 혈액을 전신에 공급해야 하기 때문에 좌심실벽이 우심실벽보다 더 두껍다.

🐱 **혈액순환의 순서**

우심방 → 우심실 → 폐동맥 → 폐 → 폐정맥 → 좌심방 → 좌심실 → 대동맥 → 전신 → 대정맥

26 과목 | 해부생리학   난이도 | ●○○   정답 | ②

심장은 수축과 이완을 반복하며 신체의 각 기관으로 혈액을 공급한다.

🐱 **심장 주기 단계**

㉠ 1단계(확장기) : 심방 및 심실 확장(심장은 혈액으로 채워진다).

㉡ 2단계(수축기) : 심방 수축(심방이 수축되고 혈액은 심실로 들어간다) 이후에 심실 수축(심실은 수축되고 혈액은 대동맥을 통해 온몸으로, 폐동맥을 통해 폐로 공급된다)이 나타난다.

27 다음 〈보기〉는 심장 절개 내부 구조도이다. 다음 중 ㉠에 해당하는 부분의 명칭은 무엇인가?

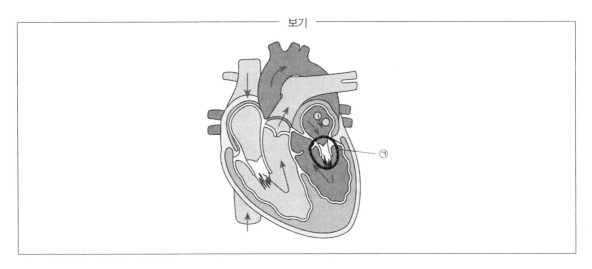

① 동맥인대   ② 이첨판
③ 삼첨판   ④ 빗살근육
⑤ 분계능선

② 이첨판은 좌심방과 좌심실 사이에 존재한다. 이완기에서 열리고 수축기 동안 닫히면서 심실에서 심방으로 혈액이 역류하는
것을 방지한다.
③ 삼첨판은 우심방과 우심실 사이에 존재하며, 혈액이 우심방으로 역류하는 것을 방지한다.

28 근육에 대한 설명으로 틀린 것은?

① 근육은 골격근, 심장근, 내장근으로 나뉜다.
② 근육의 수축에 필요한 무기질은 마그네슘이다.
③ 골격근은 수의근이다.
④ 골격근과 심장근은 가로무늬근이며 내장근은 민무늬근이다.
⑤ 미오글로빈의 함유량에 따라 적색근과 백색근으로 구분된다.

29 혈구의 구성성분과 그 기능이 올바르게 연결된 것은?

① 적혈구 : 혈액 응고   ② 백혈구 : 산소 운반
③ 혈소판 : 혈액 응고   ④ 알부민 : 식균 작용
⑤ 글로불린 : 영양소 운반

advice

28 과목 | 해부생리학   난이도 | ●●○   정답 | ②

② 근육 수축에 필요한 무기질은 칼슘이다.

🐱 **근육**

㉠ **근육** : 가로무늬가 있는 골격근과 심장근, 가로무늬가 없는 민무늬근인 내장근으로 구분된다.
㉡ **골격근** : 대뇌의 지배를 받아 의식적인 수축과 이완이 가능하고(수의근) 심장근과 내장근은 자율신경계의 지배를 받아 무의식적으로 조절된다(불수의근).
㉢ **심장근** : 골격근과 같이 줄무늬가 있으면서도 내장근과 같이 비자발적으로 수축하는 특성을 가지고 있다. 포유류와 조류에서는 두 가지 유형의 골격근 섬유인 적색근과 백색근이 있다.
㉣ **적색근(지근)** : 비교적 가늘고 색이 붉고 수축 속도가 더 느리다. 적색근은 미오글로빈이라는 붉은 색소와 미토콘드리아를 많이 함유하고 있고 피로도 없이 장기간 수축을 계속할 수 있다.
㉤ **백색근(속근)** : 더 두껍고 색이 더 밝으며 미토콘드리아가와 미오글로빈이 적고 수축 속도는 더 빠르다. 백색근은 주로 혐기성 에너지 생산에 의존하기 때문에 격렬한 작업 중에 상당한 양의 젖산이 축적되고 곧 피로해진다.
㉥ **근육 수축** : 단백질 복합체인 트로포닌에 결합하는 칼슘 이온에 의해 촉발되어 액틴의 활성 결합 부위를 노출시킨다. 그런 다음 ATP는 미오신에 결합하여 미오신을 고에너지 상태로 이동시키고 액틴 활성 부위에서 미오신 머리를 방출함으로 수축된다.

29 과목 | 해부생리학   난이도 | ●○○   정답 | ③

① 적혈구는 적혈구 내에 헤모글로빈에 의해 산소를 운반한다.
② 백혈구는 외부에서 침입한 이물질이나 세균으로부터 우리 몸을 보호하는 역할을 하며, 주로 식균작용을 통해 보호활동을 수행한다.
③ 혈소판은 혈관이 손상되면 섬유소를 묶어서 그물같은 응혈을 만들어서 혈액 응고를 촉진한다.
④⑤ 알부민과 글로불린은 혈구의 구성성분은 아니고 혈장에 해당한다. 혈구에는 적혈구, 백혈구, 혈소판이 있다.

30 신장에서 방광으로 소변을 운반하는 관은?

① 요관 ② 요도

③ 나팔관 ④ 헨레고리관

⑤ 토리쪽세관

31 고환에 존재하는 라이디히 세포에서 생산하는 호르몬은?

① 테스토스테론 ② 프로게스테론

③ 에스트로겐 ④ 코르티코이드

⑤ 미네랄로코티코이드

32 신체에서 가장 큰 림프기관은 무엇인가?

① 비장 ② 지방조직

③ 림프절 ④ 흉선

⑤ 림프구

30 과목 | 해부생리학   난이도 | ●○○   정답 | ①

① 소변은 신장에서 만들어져 요관을 통해 방광으로 운반되고 방광에서 수집된 소변은 요도를 통해서 분비된다.

③ 나팔관은 난관이라도 부른다. 난소에서 자궁각까지 연결되어 있는 관으로 난소에서 생성된 난자가 나팔관을 통해 자궁으로 이동되는 관이다.

31 과목 | 해부생리학   난이도 | ●●○   정답 | ①

라이디히 세포는 정세관 근처의 고환에서 테스토스테론을 분비하고 정자는 테스토스테론의 영향으로 간질세포에서 생성된다. 세르톨리 세포는 정소액을 분비하여 정자에 영양을 공급하는 역할을 한다.

32 과목 | 해부생리학   난이도 | ●○○   정답 | ①

① 면역 체계를 구성하는 기관은 비장, 골수, 흉선, 림프절이다.

비장

㉠ 정의 : 신체에서 가장 큰 림프기간이다.

㉡ 기능 : 면역 체계에 속하는 기관으로 림프구를 성숙시키고 저장하며, 수명이 다한 적혈구와 혈소판을 제거한다.

33 고양이와 개에게서 골수의 흡인 또는 생검을 하기 위해 샘플을 채취하는 위치로 적절한 것은?

① 대퇴부 상단, 상완골 하단, 척골
② 장골능선, 대퇴부 상단, 상완골 상단
③ 장골능선, 대퇴부 하단, 견갑극
④ 대퇴부 상단, 대퇴부 하단, 상환골 상단
⑤ 대퇴부 하단, 상완골 상단, 척골

34 다음 중 호르몬이 분비하는 기관을 바르게 연결한 것은?

① 갑상샘 : 갑상샘자극호르몬
② 부신피질 : 부신피질자극호르몬
③ 부신수질 : 성호르몬
④ 뇌하수체 전엽 : 옥시토신
⑤ 뇌하수체 후엽 : 항이뇨호르몬

35 임신이나 출산을 한 고양이에 대한 설명으로 옳지 않은 것은?

① 임신 후 45일 정도가 되면 태동이 있다.
② 평소보다 많은 에너지가 필요하여 사료 급여량을 늘리는 것이 좋다.
③ 보호자 곁에서 떨어지지 않고 붙어있는 것은 출산을 곧 한다는 증상이다.
④ 몸조리를 위해 고기를 많이 급여한다.
⑤ 분만을 할 때 1단계는 뿌연 색의 양수가 터진다.

---

33 과목 | 해부생리학　난이도 | ●●●　정답 | ②

많은 뼈에는 골수가 포함되어 있지만 고양이와 개에게 주로 채취하는 세 가지 위치는 장골 능선(엉덩이 뼈), 대퇴부 상단(허벅지 뼈의 상단), 상완골 상단(어깨 아래 팔뚝)이다. 특히 어깨 아래 팔뚝인 상완골 상단은 어린 동물과 고양이와 소형견에게 사용된다.

34 과목 | 해부생리학　난이도 | ●○○　정답 | ⑤

①② 뇌하수체 전엽에서 분비한다.
③ 성호르몬은 부신피질에서 분비한다.
④ 옥시토신은 뇌하수체 후엽에서 분비한다.

35 과목 | 동물생리학　난이도 | ●○○　정답 | ④

④ 고기를 많이 급여하면 산후 마비 증상이 나타날 수 있다.

36 고양이 중성화 수술에 대한 설명으로 옳지 않은 것은?

① 수컷은 중성화를 하면 스프레이 증상이 사라진다.
② 암컷은 난소와 자궁을 제거한다.
③ 연령 상관없이 중성화를 해도 기대 효과를 얻을 수 있다.
④ 암컷의 중성화는 자궁축농증, 자궁암 등을 예방할 수 있다.
⑤ 생후 6개월령이 되면 중성화가 가능하다.

37 다음 〈보기〉에서 설명하는 강아지의 품종으로 옳은 것은?

─── 보기 ───

• 기원 : 러시아나 독일로 추정
• 체중 : 스탠다드 약 22kg, 미니어처, 토이
• 특징 : 귀가 뺨으로 늘어져 있고 털은 꼬불거린다. 털의 색은 검정색, 흰색, 갈색, 회색 등이 있다.

① 토이 맨체스터 테리어
② 라사압소
③ 푸들
④ 시바견
⑤ 알래스칸 맬러뮤트

🐶 advice

36 과목 | 동물생리학   난이도 | ●○○   정답 | ③
③ 늦은 연령에 중성화 수술을 하면 이미 성 성숙이 진행되어 기대 효과를 얻지 못할 수 있다.

37 과목 | 반려동물학   난이도 | ●○○   정답 | ③
③ 〈보기〉는 푸들 품종에 대한 설명이다.

38 단두종에 대한 설명으로 틀린 것은?

① 닥스훈트가 해당된다.

② 덥거나 습한 날씨나 스트레스 상황에서 운동을 제한한다.

③ 건강한 체중을 유지한다.

④ 목줄보다는 하네스를 착용한다.

⑤ 심각한 경우에 외과적인 교정이 필요하다.

39 반려동물의 치아 관리에 대해 바르게 설명한 것은?

① 개와 고양이는 치과 치료가 많이 필요하지 않다.

② 음식을 먹을 수 있으면 치아 건강에는 이상이 없다고 볼 수 있다.

③ 반려동물의 치아는 일생 한 번만 스케일링해도 된다.

④ 치과 진료할 때 필요한 마취는 특히 노령의 동물에게 위험하므로 권장하지 않는다.

⑤ 건사료는 치아 건강에 도움이 되지만 더욱 적극적인 예방이 필요하다.

---

advice

38 과목 | 반려동물학   난이도 | ●○○   정답 | ①

① 단두종의 품종에 닥스훈트는 포함되지 않는다.

②④ 건강한 체중으로 유지하고 덥거나 습한 날씨에 스트레스가 많은 상황에는 운동을 제한하며 산책 시 목줄보다는 하네스를 착용 하도록 하는 것이다.

⑤ 심각한 경우에는 외과적 수술로 교정이 가능하고 그 예후도 좋다. 그 외 일상생활에서 보호자는 반려견을 위한 호흡, 심장 및 순환계에 무리를 주지 않는 조치들을 취할 수 있다.

🐱 단두종

해부학적 이상으로 인해 잦은 호흡부전을 보이고 특별한 고려가 필요하다. 단두종 증후군은 유전적이며 방지할 수 없지만, 올바른 관리와 치료로 건강한 삶을 살 수 있다.

39 과목 | 반려동물학   난이도 | ●○○   정답 | ⑤

⑤ 단단한 사료는 반려동물의 치아를 건강하게 유지하는 데 장점은 극히 일부에 불과하다. 시장에 있는 몇몇 제품은 치석을 억제하는 것을 돕지만 치아 위생의 일부일 뿐이다. 적극적인 예방인 양치질이 필요하다.

④ 노령의 동물에게는 수술 전 혈액검사, 신체검사, 수액 치료 및 마취 모니터링을 통해서 위험이 없게 수행될 수 있다.

🐱 반려동물의 치아 건강

반려동물의 수명은 영양학적으로 균형 잡힌 사료와 수의학의 발전 덕분에 연장되고 있다. 하지만 평생 적절한 치과 진료를 받지 못한다면 노령의 반려동물들은 썩어가는 치아 때문에 고통스럽게 살아가게 되고 그들의 삶의 질은 떨어진다. 반려동물은 매일 구강 위생과 정기적인 치과 검진이 필요하며 경우에 따라서는 치과 치료가 필요하다. 치아 건강을 위한 관리방법은 평생 필요한 것이며 어린 나이에 매일 구강 위생 루틴을 시작하는 것을 권장한다.

40 개의 위생 관리에 대한 설명으로 옳은 것은?

① 눈 주변에 털은 자르지 않는다.

② 귀에 털이 많으면 자주 통풍을 해주는 것이 좋다.

③ 발톱은 발가락과 가깝게 바짝 자른다.

④ 양치는 한 달에 한 번 한다.

⑤ 빗질은 겉 털만 부드럽게 빗는다.

41 고양이의 위생 관리에 대한 설명으로 옳은 것은?

① 화장실을 빠르게 적응시키기 위해서 항상 소독청소를 한다.

② 화장실의 위치는 사람들이 자주 지나다니는 곳에 배치한다.

③ 화장실 위치를 주기적으로 바꿔준다.

④ 털이 긴 고양이는 일주일에 세 번 이상 목욕을 시킨다.

⑤ 건강한 발을 위해 발톱이 많이 자라면 잘라준다.

🐶 **advice**

40 과목 | 반려동물학　난이도 | ●○○　정답 | ②

① 눈 주변에 털은 묶어주거나 잘라서 눈을 찌르지 않게 한다.

③ 발톱에 혈관이 있으므로 혈관을 자르지 않도록 유의해야 한다.

④ 양치는 일주일에 2 ~ 3번은 해서 청결을 유지한다.

⑤ 겉털은 물론이고 속털까지 꼼꼼하게 빗어준다.

41 과목 | 반려동물학　난이도 | ●○○　정답 | ⑤

① 자신의 냄새가 나지 않는 곳에서 배변을 하지 않을 수 있다.

② 화장실은 조용한 장소에 마련한다.

③ 자주 화장실의 위치를 바꾸면 스트레스를 받아 배설을 안 할 수 있다.

④ 직접 그루밍으로 관리를 하기 때문에 한 달에 1 ~ 2번만 해도 된다.

42 고양이에게 약물 치료를 할 때 주의해야 하는 사항으로 옳지 않은 것은?

① 알약을 먹일 때는 한손으로 고양이의 머리를 제쳐 입을 열고 다른 한손으로 할 수 있는 최대한 깊이 고양이의 목구멍에 알약을 넣고 신속히 손을 뺀다.

② 필건을 사용하면 초보자도 쉽게 투약이 가능하다.

③ 물약은 알약이나 캡슐에 비해 실수로 기관지에 들어갈 가능성이 더 높다.

④ 약을 음식과 섞어 주는 것은 알약이나 물약을 먹이는 것보다 더 효과적이다.

⑤ 경피 젤이 사용될 경우 보호자는 꼭 장갑을 착용한다.

43 토끼 사육에 대한 설명으로 옳지 않은 것은?

① 스트레스를 받을 수 있으니 사육장에서 꺼내지 않는다.

② 먹이를 급여할 때 야채 종류는 10가지 이상 준비하는 것이 좋다.

③ 옥수수나 호박은 비만이나 중독의 위험이 있다.

④ 외부기생충은 약물로 목욕하거나 주사치료를 받는다.

⑤ 수컷 토끼는 중성화로 공격성이 완화된다.

42 과목 | 반려동물학   난이도 | ●○○   정답 | ④

④ 대부분의 고양이 약물은 맛이 없어서 사료와 섞여 먹일 경우 사료를 먹지 않는 부작용이 생길 수 있고, 고양이가 음식의 일부를 먹는다하더라도 적절한 복용량을 섭취했는지는 확신하기 어렵기 때문에 권장되지는 않는다.

③ 물약은 알약이나 캡슐에 비해 실수로 기관지에 들어갈 가능성이 더 높기 때문에 고양이가 액체를 기관에 흡입하지 않도록 고양이의 머리를 뒤로 젖히지 않도록 한다.

⑤ 경피 젤은 알약을 먹이기 힘든 고양이에 좋은 옵션이 될 수 있다. 보호자의 피부를 통해 약물이 흡수될 수 있기 때문에 꼭 장갑을 착용한다.

43 과목 | 반려동물학   난이도 | ●○○   정답 | ①

① 매주 1회 가량 바깥에 꺼내거나 산책을 하면 운동량이 늘어나 도움이 된다.

44 넥 칼라(엘리자베스 칼라)에 대한 설명으로 옳지 않은 것은?

① 플라스틱 또는 패브릭 소재로 만든 원뿔모양으로 동물의 목에 착용한다.
② 동물이 스스로 유발하는 부상이나 상처로부터 보호가 목적이다.
③ 처음에는 적극적으로 제거하려고 하지만 대부분 신속하게 익숙해진다.
④ 상처가 완전히 치유 될 때까지 착용한다.
⑤ 착용할 때는 칼라와 동물의 목 사이를 타이트하게 조절한다.

45 노령동물의 운동에 대한 설명으로 옳은 것은?

① 운동은 안전하지 않으므로 움직이는 것을 엄격히 제한한다.
② 동물의 개별적인 필요에 따라 이행될 때 유익하다.
③ 수의사 또는 물리치료사의 감시하에 수행한다.
④ 운동은 뇌의 노화를 촉진시킨다.
⑤ 격렬한 운동의 시간을 자주 가진다.

advice

44 과목 | 반려동물학   난이도 | ●○○   정답 | ⑤

⑤ 넥 칼라를 교체하고자 벗기면 동물에게 재배치하는 것이 어려울 수 있어 보호자가 임의로 제거하는 것은 권장되지 않는다. 상황에 따라 수의사의 조언을 구하고 동물을 제어할 수 있는 시간 동안 넥 칼라를 제거한다. 교체할 때는 항상 칼라와 동물의 목 사이에 두 손가락이 들어갈 수 있는 공간을 확보한다.

45 과목 | 반려동물학   난이도 | ●○○   정답 | ②

② 운동량은 동물의 필요에 따라 다르며 꾸준하게 이루어져야 한다.
① 노령동물은 규칙적인 운동으로 근육의 감퇴를 최소화하고 노화로 인한 관절의 퇴화를 근육으로 보완하는 것이 중요하다.
③ 동물의 운동량은 수의사나 물리치료사와 상담 후에 매일 꾸준히 수행하도록 한다.
④ 적당한 운동은 뇌의 노화를 늦추고 보호자와 유대관계, 사회적 유대관계에 긍정적인 영향을 미치고 삶의 질을 높인다.

46 출산 후 어미고양이 관리방법으로 틀린 것은?

① 끈적끈적하고 노란색의 모유는 건강한 상태이다.

② 출산 후에는 일주인 동안 체온 상승을 확인한다.

③ 생식기에서 분비되는 붉거나 짙은 녹색은 정상이다.

④ 질 분비물에 고름이나 피가 3주 이상 지속적으로 보인다면 내원한다.

⑤ 임신 전보다 2~3배 이상의 칼로리를 제공한다.

47 세균(bacteria)에 대한 설명으로 옳지 않은 것은?

① 세균은 그람 염색(GRAM staning)으로 붉은색으로 염색된 세균을 그람 양성균, 푸른색으로 염색된 세균을 그람 음성균이라 한다.

② 결핵균은 그람 염색이 되지 않는 항산성균(acid fast)이다.

③ 세균은 그 형태에 따라 구균(둥근모양), 간균(막대모양), 나선균(나선모양)으로 나뉜다.

④ 세균은 다양한 배지에서 배양이 가능하다.

⑤ 세균 감염에 의한 질병은 항생제로 치료하며 항생제 감수성 검사를 통해 적절한 항생제를 선택할 수 있다.

---

advice

46 과목 | 반려동물학   난이도 | ●●○   정답 | ①

② 태반이 자궁에 남아있거나 자궁·유방에 감염으로 체온이 상승할 수 있기 때문이다.

③ 오로가 나오는 것으로 정상이다.

⑤ 높은 칼로리의 음식을 섭취하여야 충분한 모유를 생산할 수 있다.

47 과목 | 동물질병학   난이도 | ●●●   정답 | ①

① 그람 염색은 세포벽의 특성에 따라 붉은색, 또는 푸른색으로 염색되며 그람 음성균과 그람 양성균으로 나뉜다.

② 세포벽의 특성상 그람 염색이 되지 않는 대표적인 균의 예가 결핵균이다.

③④ 눈에 보이지 않는 세균을 가시화하여 동정하는 전형적인 방법 중 하나는 세균 배양법이며, 세균은 배지에 성장한 세균의 형태학적 특징들(모양, 크기, 색깔 등)로 세분화할 수 있다.

⑤ 올바른 세균의 진단과 항생제 감수성 검사를 통한 적합한 항생제의 선택 및 사용은 항생제 내성을 줄일 수 있는 방법이다.

48 충체 잠복기는 기생충 감염 이후 언제까지의 기간을 의미하는가?

① 숙주에게서 감염으로 인한 첫 증상이 관찰될 때까지 기간이다.

② 기생충이 다음 숙주로 이동하기까지의 기간이다.

③ 기생충이 숙주 속에서 수명을 다 할 때까지의 기간이다.

④ 기생충의 성충이 유성생식 이후 처음으로 충란이나 포낭을 생산하는 기간이다.

⑤ 기생충이 처음으로 증식과 분열을 하기까지의 기간이다.

49 벼룩 알레르기 피부병에 대한 설명으로 옳지 않은 것은?

① 개의 일반적인 임상 증상은 가려움증, 엉덩이와 등 쪽의 탈모이다.

② 2차 세균성 피부병을 자주 동반한다.

③ 고양이에게서는 호산성 과립증, 호산성 플라크를 볼 수 있다.

④ 진단은 벼룩과 벼룩의 분비물로 가능하지만 과도한 그루밍으로 매번 찾기는 어렵다.

⑤ 실내 고양이는 발병되지 않는다.

🐶 advice

48 과목 | 동물질병학   난이도 | ●●○   정답 | ④

기생충의 충체 잠복기는 진단의학에서 중요한 개념이다. 심장사상충의 충체 잠복기는 6 ~ 7개월로 너무 이른 검사는 가음성의 결과를 초래할 수 있다. 병원체의 감염으로부터 동물에게서 첫 증상이 관찰되기까지는 잠복기라 한다.

49 과목 | 동물질병학   난이도 | ●●○   정답 | ⑤

⑤ 실내 고양이 또한 벼룩에 감염될 수 있다. 벼룩의 매개체는 종숙주인 쥐인 살아있는 매개체뿐만 아니라 비생물체인 물건, 옷, 신발 등을 통해서도 감염될 수 있다.

50 반려동물이 약물 섭취 후 나타난 중독증상에 대한 설명으로 틀린 것은?

① 호흡곤란이 나타난 경우에는 서둘러서 과산화수소수를 먹여 구토를 유발한다.

② 발작이 나타난다면 떨림이 줄어들 때까지 자극을 주지 않는다.

③ 에틸렌글라이콜을 투여한 경우 응급치료로 활성탄을 투여한다.

④ 항응고제를 복용한 경우 해독제는 비타민 K이다.

⑤ 석유를 먹은 경우 구토를 유발하지 말고 위세척을 진행하여야 한다.

51 소량만 섭취해도 위험하며 반려동물의 중독사고와 관련된 약물이 아닌 것은?

① 이부프로펜

② 아세트아미노펜

③ 히드로코르티손

④ 암페타민

⑤ 벤라팍신

advice

50 과목 | 동물질병학   난이도 | ●●○   정답 | ①

① 호흡곤란, 의식혼미 증상이 있거나 강산, 강알칼리, 세제, 날카로운 물체 등을 섭취한 경우에는 억지로 구토를 유발해서는 안된다.

② 발작이 있을 때 자극을 하면 오히려 증상이 더욱 악화되기도 한다. 발작이 잦아들면 내원을 한다.

③ 에틸렌글라이콜(부동액)을 소량으로 섭취한 경우 응급치료로 활성탄을 투여하고 동물병원에 내원한다.

51 과목 | 동물질병학   난이도 | ●●○   정답 | ③

③ 항염증성 부신피질호르몬제로 아나필락시스 증상이 발생하면 투여하는 약물로 중독사고와는 관련이 없다.

① 비스테로이드성 소염제로 섭취하면 위험하다.

② 진통제로 섭취하면 간 손상이 될 수 있다.

④ 소량의 섭취로도 위험해질 수 있다.

⑤ 사람이 복용하는 항우울제로 섭취하면 불안이 상승하고 발작이 나타날 수 있다.

52 렙토스피라증에 대한 설명으로 옳지 않은 것은?

① 렙토스피라(leptospira)는 나선형으로 꼬인 박테리아에 의해 발생하는 전염병이다.

② 인간에게는 감염되지 않으며 개과 동물에게서만 감염이 나타난다.

③ 감염된 동물은 소변으로 박테리아를 배설하고 오염된 토양과 물이 감염의 일반적인 근원이다.

④ 렙토스피라는 피부나 점액막을 관통해서 혈류와 조직에서 급속히 번식해 혈관염을 유발한다.

⑤ 250개 이상의 혈청군이 존재하므로 혈청학에 근거한 현미경 응집검사(MAT)로 진단한다.

53 당뇨병에 대한 설명으로 옳지 않은 것은?

① 인슐린 결핍은 당뇨병의 원인이다.

② Typ – 1 당뇨병은 인슐린 결핍, Typ – 2 당뇨병은 신체의 모든 세포를 공급하기에 충분하지 않거나 인슐린의 작용을 방해 하는 다른 원인이 존재한다.

③ 대부분의 개는 Typ – 2 당뇨병을 앓고 있다.

④ 당뇨병의 주증상은 다뇨, 다식, 다갈이 있다.

⑤ 진단 검사는 혈당, Fructosamine(프룩토사민), 소변 내 포도당 등이 있다.

advice

52 과목 | 동물질병학   난이도 | ●●○   정답 | ②

② 렙토스피라는 개, 돼지, 가축, 여우 등 여러 동물에게 감염이 가능하다. 특히 고슴도치와 쥐와 같은 작은 설치류는 중요한 호스트 중 하나이다. 설치류에 대한 노출이 높을수록 감염의 가능성이 높기 때문에 야생 동물에 대한 노출을 최소화하는 것이 감염을 예방하는 데 도움이 된다. 질병의 계절성은 현지 기후 조건, 특히 강우량에 영향을 많이 받고, 1년 동안 강우량이 있는 지역에서는 계속 질병이 발생할 수 있다. 렙토스피라증은 인간에게 뇌막염을 일으킬 수 있는 인수공통감염병으로 동물을 치료 할 때 보건예방에 주의한다.

53 과목 | 동물질병학   난이도 | ●●●   정답 | ③

당뇨병

㉠ 개와 고양이의 내분비 질환 중 하나로 췌장의 베타 세포에서 생성되는 인슐린의 분비 감소 또는 인슐린 작용의 감소(인슐린 저항)로 인해 발생한다.

㉡ 당뇨병 고양이의 대략 30%는 Typ – 1 당뇨병이고 대략 70%는 Typ – 2 당뇨병이다.

㉢ 대부분의 개는 Typ – 1 당뇨병을 앓는다.

㉣ 인슐린 부족으로 세포들은 에너지를 얻지 못하고 혈액 속에 남아도는 당은 소변으로 배설되면서 물을 끌고 나간다.

㉤ 진단은 혈당의 수치가 상승하고 소변에서 포도당이 나타나면 확인된다.

㉥ 장기 혈당 값에 해당하는 혈액 Fructosamine(프룩토사민)이 상승한다.

54 반려동물이 살모사에게 물린 경우 나타나는 특징 및 응급처치는?

① 별다른 증상이 나타나지 않는다.

② 얼음을 직접 적용하여 혈액순환을 늦춘다.

③ 침 흘림, 불안상승이 나타난다.

④ 상처 부위를 물로 닦아낸다.

⑤ 상처 부위를 손가락이 들어가지 않도록 꽉 묶는다.

55 개가 출산 이후에 겪는 합병증이 아닌 것은?

① 저칼슘증　　　　　　　　　② 저혈당증

③ 자궁염　　　　　　　　　　④ 유방염

⑤ 신장염

56 개의 혈우병에 대한 설명으로 옳지 않은 것은?

① 혈우병 A는 가장 자주 발생하는 선천성 혈액 응고장애이다.

② 혈우병 A는 혈액 응고인자 VIII(8)의 결핍을 일으키는 특정 유전자의 돌연변이의 결과이다.

③ 혈우병 B는 응고인자 IX(9)의 결핍에 의해 발생한다.

④ 개의 혈우병 A와 혈우병 B에서는 흉부, 복부, 근육 등 자발적인 출혈이 발생한다.

⑤ aPTT(활성화부분트롬보플라스틴 시간) 검사로 혈우병 A와 B의 구분 진단이 가능하다.

---

54 과목 | 동물질병학　난이도 | ●●○　정답 | ③

② 피부손상을 야기할 수 있으므로 하지 않는다.

④ 흡수를 더 빠르게 할 수 있으므로 닦아내지 않는다.

⑤ 상처부위와 심장 사이를 손가락이 하나 들어가도록 묶어준다.

55 과목 | 동물질병학　난이도 | ●○○　정답 | ⑤

① 저칼슘증은 칼슘 부족으로 인한 경련이 증상으로 출생 전과 직후 모유를 생산하기 시작하는 시기에 자주 발생한다.

② 출산 중에 과로로 나타나기도 한다.

56 과목 | 동물질병학　난이도 | ●●●　정답 | ⑤

aPTT(활성화부분트롬보플라스틴 시간) 검사는 응고장애를 진단하기 위한 검사이다. 각종 혈우병을 유발하는 특정 응고인자의 구별은 불가능하다. 특정 응고인자의 장애는 응고인자 VIII 및 응고인자 IX 활동성을 측정하여 이루어진다.

57 개 파보바이러스에 대한 설명으로 옳지 않은 것은?

① 주요 증상은 회백색 설사이다.
② 고양이 범백혈구감소증(Feline panleukopenia)에서 유래되어 고양이를 감염시킬 수 있다.
③ 일차 감염 경로는 대변을 통한 감염이며 자궁 감염을 통해 새끼에게도 발생할 수 있다.
④ 면역력이 없는 12주 미만의 새끼에서 징후가 심각하다.
⑤ 항체를 가진 개라도 발병하고 예후가 좋지 않다.

58 고양이 전염성 복막염(FIP)에 대한 설명으로 옳지 않은 것은?

① 다묘 가정에서 생활하는 고양이가 노출위험이 크다.
② 고양이 코로나바이러스(FCoV)의 돌연변이가 생기면서 발병한다.
③ 설사, 발열 증상이 나타난다.
④ 고양이 코로나바이러스 감염된 고양이의 약 5 ~ 10%만이 고양이 전염성 복막염으로 발전한다.
⑤ 감염된 고양이는 배변에는 바이러스가 검출되지 않는다.

57 과목ㅣ동물질병학 난이도ㅣ●●○ 정답ㅣ⑤

　⑤ 개 파보바이러스는 어떤 개라도 감염 될 수 있다. 질병의 중증도는 바이러스의 독성, 노출된 바이러스의 양, 동물의 나이, 품종 및 면역성에 따라 다르지만 모계 또는 백신으로 생긴 항체를 가진 개는 발병이 되지 않거나 임상 징후가 가볍다.

58 과목ㅣ동물질병학 난이도ㅣ●●● 정답ㅣ⑤

　⑤ 전염성 복막염(FIP)에 감염된 고양이는 배변으로 바이러스를 배출한다. 어미에서 새끼로 감염이 이루어지기도 한다.
　① 다묘 가정에서 생활하는 고양이는 바이러스에 노출될 위험이 증가하고 이것은 바이러스 변이의 가능성도 높인다.
　② 스트레스가 면역억제로 이어질 수 있기 때문에 복막염의 발병률이 높아질 수 있다. 수반되는 고양이 백혈병 바이러스, 고양이 면역결핍바이러스 감염은 면역 억제로 인한 복막염 발병을 촉진할 수 있다.
　③ 위장염(설사, 발열)을 일으킨다. 원칙적으로 모든 연령대의 고양이가 발병이 가능하나 걸리기 쉬운 나이는 어린 고양이(6 ~ 24 개월) 및 나이든 고양이(14 ~ 15세)이다.

59 토끼 출혈병(RHD)에 대한 설명으로 옳지 않은 것은?

    ① 전염성이 매우 강한 질병이다.

    ② 백신 접종을 하지 않는 경우 높은 확률로 폐사한다.

    ③ 주된 원인이 되는 바이러스는 칼리시바이러스이다.

    ④ 잠복기는 25 ~ 30일 정도이다.

    ⑤ 고열, 경련 증상을 보인다.

60 질병에 대한 설명으로 옳은 것은?

    ① 렙토스피라증은 사람에게는 감염되지 않는 질병이다.

    ② 개 허피스바이러스는 호흡기 증상만 나타난다.

    ③ 심장사상충 치료제제는 이미트사이드이다.

    ④ 개 라임병의 유일한 증상은 유산이다.

    ⑤ 켄넬코프는 단독 사육을 하는 개에게서 빈번하게 발생한다.

---

advice

59 과목 | 동물질병학　난이도 | ●○○　정답 | ④

    ④ 잠복기는 1 ~ 3일 정도이다.

60 과목 | 동물질병학　난이도 | ●●○　정답 | ③

    ① 렙토스피라증은 인수공통감염병이다.
    ② 개 허피스바이러스는 전신 장기에 수포가 생긴다.
    ④ 개 라임병은 발열, 식욕부진, 보행 장애 등의 증상이 나타난다.
    ⑤ 켄넬코프는 급성 호흡기 질환으로 불결한 환경에서 집단생활을 하는 개들에게서 자주 발생한다.

1 간호과정에 대한 설명으로 옳은 것은?

① 사정, 진단, 계획, 수행의 독립적 과정이다.

② 계획, 수행 2단계로 이루어져 있다.

③ 같은 진단을 받은 동물에게 동일하게 이루어진다.

④ 우선순위와 상관없이 가장 먼저 보이는 문제를 해결한다.

⑤ 동물의 실제적 · 잠재적 문제 반응에 대한 임상적 판단이다.

2 동물보건사가 "동물은 1개월 안에 정상 혈액 범위를 유지할 것이다."라고 하였다. 간호 과정 중 속하는 단계는?

① 사정

② 진단

③ 계획

④ 수행

⑤ 평가

🐶 **advice**

1 과목 | 동물병원실무　난이도 | ●●○　정답 | ⑤

① 간호과정의 각 단계는 순환 과정으로 연속적이고 상호연관이 있다.

② 사정, 진단, 계획, 수행, 평가의 5단계로 이루어져 있다.

③ 진단명이 같더라도 개별적인 간호가 이루어 져야 한다.

④ 우선순위를 중심으로 문제를 해결한다.

2 과목 | 동물병원실무　난이도 | ●●○　정답 | ③

③ 동물을 사정한 내용을 바탕으로 간호 우선순위를 정하고 그에 맞는 간호 목표를 설정하였다.

3 수의 의무기록 작성 목적으로 옳은 것은?

① 투약   ② 간호처치

③ 자원증대   ④ 보험청구

⑤ 임상연구자료

4 투약 지도가 필요한 동물 의약품을 판매할 때 설명해야 하는 사항이 아닌 것은?

① 약품의 제조사   ② 약품의 사용대상

③ 약품의 용법·용량   ④ 약품의 효능

⑤ 약품의 명칭

5 체온, 맥박수, 호흡수를 의미하는 수의 약어로 옳은 것은?

① TPR   ② DOA

③ FS   ④ ID

⑤ SR

---

advice

3 과목 | 동물병원실무   난이도 | ●○○   정답 | ⑤

수의 의무기록

㉠ 투약, 처치, 검사결과, 수술, 경과, 식이, 간호기록 등 모든 의료정보를 포함한다.

㉡ 사전에 동의하면 임상연구자료나 교육자료로 활용된다.

㉢ 법적 자료로 활용될 수 있다.

4 과목 | 동물병원실무   난이도 | ●○○   정답 | ①

투약 지도를 할 때 동물용 의약품의 명칭·성질·상태, 사용 대상, 용법·용량, 효능·효과, 부작용 및 금기사항, 휴약(休藥)기간, 저장 방법 및 유효기간을 설명해야 한다.

5 과목 | 동물병원실무   난이도 | ●○○   정답 | ①

① TPR : temperature, pulse, respiration 체온, 맥박수, 호흡을 의미한다.

② DOA : dead on arrival 도착 시 사망을 의미한다.

③ FS : female spayed 중성화된 암컷을 의미한다.

④ ID : intradermal 피내를 의미한다.

⑤ SR : suture removal 봉합사 제거를 의미한다.

6 치아가 부실한 노령 동물이나 잇몸에 염증으로 식사를 거부하는 동물에게 주식으로 제공하는 사료는?

① 건조사료   ② 통조림사료

③ 동결건조사료   ④ 반건조사료

⑤ 냉동사료

7 반려동물과 함께 해외로 출국할 때 검역 신청시 반드시 제출하는 서류로 옳지 않은 것은?

① 검역신청서

② 혈청학적 검사 결과

③ 동물의 건강을 증명하는 서류

④ 가축전염병 발생이 없다는 사실을 증명한 시 · 도 가축방역기관의 사실 증명서

⑤ 광견병 예방 접종 증명서

8 동물 등록 신청서를 작성할 때 반드시 작성해야 하는 사항이 아닌 것은?

① 신청인 이름   ② 동물 등록 번호

③ 동물의 출생일   ④ 신청자 집 주소

⑤ 동물병원 정보

---

 advice

6 과목 | 동물병원실무   난이도 | ●●○   정답 | ④

④ 부드러워서 동물에게 치주질환이 있는 동물에게 기호성이 높다.

① 치아가 튼튼한 동물에게 적합하다.

② 노령견이거나 잇몸이 약할 경우 제공하지만 주식이 아닌 간식, 특식 등으로 제공한다.

③ 식욕부진, 기력이 없고 반건조사료를 먹지 않거나, 사료첨가물에 알레르기가 있거나, 건조사료를 먹지 않는 동물에게 급여한다.

⑤ 사료첨가물에 알레르기가 있거나 건조사를 피하는 동물에게 제공한다.

7 과목 | 동물병원실무   난이도 | ●○○   정답 | ②

② 검역장에서 정밀검사를 실시할 때 미생물학적검사, 병리학적검사, 혈청학적검사를 시행하므로 제출하지 않아도 된다.

8 과목 | 동물병원실무   난이도 | ●○○   정답 | ⑤

⑤ 동물병원 정보는 작성하지 않아도 된다.

9 청소에 대한 설명으로 옳지 않은 것은?

① 수술실은 락스가 묻은 대걸레로 바닥을 닦는다.

② 동물의 배변으로 오염이 입원실은 소독약을 묻힌 물걸레로 청소한다.

③ 오염물이 묻은 패드는 비닐봉투에 넣고 지정된 쓰레기통에 버린다.

④ 수술실은 가장 높은 수준으로 멸균의 청결을 유지한다.

⑤ 접수실은 전염위험이 높으므로 전용 옷을 착용하고 청소를 한다.

10 높은 수준의 세균과 미생물을 제거하기 위한 환경 소독을 위해 사용하는 소독제 종류로 옳은 것은?

① 단백분해 효소제   ② 3% 과산화수소

③ 2% 글루타알데하이드   ④ 세정제

⑤ 2% 포비돈 요오드

11 전통적인 마케팅 믹스 4가지 요소에 포함되지 않는 것은?

① 제품(Product)   ② 생산성(Productivity)

③ 가격(Price)   ④ 촉진(Promotion)

⑤ 유통전략(Place)

---

advice

9 과목 | 동물병원실무   난이도 | ●○○   정답 | ⑤

⑤ 접수실은 외부 오염 위험이 있으나 전용 옷을 착용하고 청소를 하지 않는다. 바닥 청소, 소독, 쓰레기통 비우기 등의 청소로 관리한다.

10 과목 | 동물병원실무   난이도 | ●●○   정답 | ③

소독제의 특성

㉠ 피부소독 : 70% 알코올, 3% 과산화수소, 2% 포비돈요오드, 0.1% 클로르헥시딘

㉡ 세척 : 세정제, 단백분해 효소제

㉢ 높은 수준 환경 소독 : 1000ppm 차아염소산나트륨, 2% 글루타알데하이드, 3 ~ 8% 포름알데하이드, 가스멸균 7.5% 과산화수소, 0.2% 과초산

11 과목 | 동물병원실무   난이도 | ●●○   정답 | ②

제품(Product), 가격(Price), 촉진(Promotion), 유통전략(Place)이 전통적인 마케팅 믹스 4가지 요소이다.

12 보호자 면담 시 효과적 의사소통 방법으로 옳은 것은?

① 개방형 질문을 사용한다. ② 면담 시간은 길수록 좋다.

③ 의견을 제공하며 안심시킨다. ④ 침묵과 신체적 접촉 사용을 하지 않는다.

⑤ 준비, 실행, 종결의 3단계로 이루어져 있다.

13 강하게 항의하는 보호자에게 대응하는 기법으로 옳지 않은 것은?

① 보호자에게 정중하게 사과하기

② 보호자와 협력하여 문제를 해결하기

③ 병원 입장에서 정당화할 수 있는 논리를 찾기

④ 보호자의 상황을 신중하게 듣기

⑤ 보호자에게 도움이 되는 대안을 찾기

14 항의가 들어온 상황에서 적절한 대처 방식이 아닌 것은?

① 많이 화가 난 보호자를 비어있는 진료실로 모시고 들어간다.

② 항의를 하는 보호자의 요구사항을 경청한다.

③ 같은 내용을 두 번 설명하지 않도록 한다.

④ 원장에게 보고하지 않고 직접 처리한다.

⑤ 처리 방법을 구체적으로 제시해주어 불만을 해결한다.

---

advice

12 과목 | 동물병원실무   난이도 | ●○○   정답 | ①

① 개방형 질문을 통해 동물의 상태를 표현할 수 있도록 한다.
② 동물의 상태를 고려하여 면담 시간을 설정한다.
③ 무조건 안심시키는 방법은 비효과적이다.
④ 침묵과 신체적 접촉을 적절하게 사용한다.
⑤ 준비, 소개, 실행, 종결의 4단계로 이루어져 있다.

13 과목 | 동물병원실무   난이도 | ●○○   정답 | ③

③ 병원의 입장만 내세우면 대응이 원활하게 이뤄지지 않는다.

14 과목 | 동물병원실무   난이도 | ●○○   정답 | ④

④ 항의가 들어온 경우 원장에게 보고한 다음에 지시에 따르도록 한다.

15 커뮤니케이션 기본 요소에 대한 설명으로 옳지 않은 것은?

① 전달자 : 전달의도가 커뮤니케이션의 시발점이 된다.

② 부호화 : 상징물이나 신호 등에는 전달자의 의도가 하나의 부호로 실리는데, 눈에 보이지 않으므로 심리적인 깊은 교감이 필요하다.

③ 메시지 : 전달자가 수신자에게 전하려는 내용으로 부호화의 결과이며 커뮤니케이션의 경로이다.

④ 환경 : 커뮤니케이션에 영향을 주지 않는다.

⑤ 해독 : 보호자가 전달한 메시지의 의미를 해독함으로 친밀한 생각으로 전환하는 것이다.

16 고객 만족 화법에 대한 예시로 적절하지 않은 것은?

① Yes/But화법 : 보호자분 입장이라면 그러실 수 있습니다만 이러한 경우에는…

② 경청화법 : 네, 그러셨군요.

③ 부메랑 화법 : 네. 보호자분 말씀이 맞습니다. 덕분에 저도 매우 수월했습니다.

④ 아론슨 화법 : 현재는 예약이 많아서 바로는 힘들지만 최대한 빠른 시간에 해결을 위해 노력하겠습니다.

⑤ 쿠션 화법 : 번거로우시겠지만, 이것을 작성해주십시오.

---

15 과목 | 동물병원실무   난이도 | ●●●   정답 | ④

④ 환경은 효율성에 영향을 준다.

16 과목 | 동물병원실무   난이도 | ●●○   정답 | ③

③ 부메랑 화법 : 부메랑을 던지면 다시 되돌아오는 특성을 응용한 것으로 보호자가 트집을 잡을 때 그 트집을 나의 장점으로 주장하며 다시 돌아오게 만드는 것을 의미한다.

17 용어의 뜻으로 적절하지 않은 것은?

① 동물 진단용 방사선 발생 장치 : 방사선을 이용하여 동물 질병을 진단하는 데에 사용하는 기기(器機)이다.

② 방사선 방어 시설 : 방사선의 피폭 방지를 위해 동물 진단용 방사선 발생 장치를 설치한 장소에 있는 방사선 차폐시설과 방사선 장해 방어용 기구이다.

③ 방사선 관계 종사자 : 동물 진단용 방사선 발생 장치를 설치한 곳을 주된 근무지로 하는 사람이다.

④ 방사선 구역 : 동물 진단용 방사선 발생 장치가 있는 모든 장소를 의미한다.

⑤ 안전 관리 : 동물 진단용 방사선 발생 장치, 동물 진단 영상 정보에 관한 설비의 관리와 방사선 관계 종사자에 대한 피폭관리이다.

18 방사선 촬영 테크닉에 대한 설명으로 옳지 않은 것은?

① 턱과 치아 : 동물은 금속 스프레더를 사용하여 주둥이를 크게 열고 옆으로 눕히고 머리는 45° 기울인다.

② 경추 : 두개골은 베개 위에 놓거나 척추와 직선을 이루기 위해 약간 높게 유지한다.

③ 어깨와 팔꿈치 : 동물을 옆으로 눕히고, 방사선 필드에 팔꿈치를 비스듬히 놓고 흉부를 45° 각도로 돌리면 어깨와 함께 촬영이 가능하다.

④ 복부 : 방사선 빔은 동물의 크기에 따라 10번째 흉추에서 꼬리 기저부까지 확장한다.

⑤ 흉부 : 동물이 옆으로 누운 자세에서 심장의 실루엣이 가려지는 것을 방지하기 위해 두 앞발을 평행하게 앞으로 당긴다.

advice

17 과목 | 동물보건영상학   난이도 | ●●○   정답 | ④

④ 동물 진단용 방사선 발생 장치의 안전관리에 관한 규칙에 따라 방사선 발생 장치를 설치한 장소 중 외부 방사선량이 주당(週當) 0.4mSv(40mrem) 이상인 곳이다. 벽, 방어 칸막이 등의 구획물로 구획되어진 곳을 의미한다.

18 과목 | 동물보건영상학   난이도 | ●●○   정답 | ①

① 엑스레이 촬영에서 금속 스프레더는 진단을 방해하므로 사용하지 않고, 나무 또는 고무로 만든 스프레더가 사용된다.

④ 복부 촬영 시 방사선 빔은 동물의 크기에 따라 10번째 흉추에서 꼬리 기저부까지 확장되어야 한다. 대형견의 경우 여러 번 노출이 필요할 수도 있다. 복부의 개별 장기(신장, 위, 간, 비장, 방과 및 장)은 각기 다른 밀도로 구별 가능하다.

19 방사선 검사와 비교해 CT의 장점이 아닌 것은?

① 방사선 사진보다 조직 대비 해상도가 높다.
② 방사선 사진보다 공간 해상도가 더 높다.
③ CT 갠트리 내 동물의 위치를 변경할 필요가 없다.
④ CT는 뼈 묘사에도 더 탁월하다.
⑤ 마취 없이 빠른 시간 내에 검사를 완료할 수 있다.

20 방사선을 투과시켜 컴퓨터로 재구성하여 단면 영상을 얻거나 3차원 입체 영상을 얻는 영상진단법은?

① 방사선 촬영(radiographic imaging)
② 컴퓨터 단층촬영(CT, computed tomography)
③ 자기공명영상(MRI, magnetic resonance imaging)
④ 초음파(sonography)
⑤ 심장 초음파(Echocardiography)

advice

19 과목 | 동물보건영상학   난이도 | ●●○   정답 | ⑤

CT의 장점
㉠ 방사선 사진보다 조직 대비 해상도가 높아서 방사선 검사에서 구별하기 힘든 조직의 구별이 가능하다.(예 담낭과 주변 간실
질과 구별이 가능하고, 뇌엽의 측면 뇌실도 구별이 가능하다.)
㉡ 방사선 사진보다 공간 해상도가 더 높다.(예 기관지 및 폐 혈관의 자유로운 묘사를 가능하게 하기 때문에 폐실질을 평가하
는 가장 기본으로 간주된다.)
㉢ CT 갠트리 내 동물의 위치를 변경하지 않고 3D로 이미지를 재구성 할 수 있다.
㉣ 뼈 묘사에도 더 탁월하다. 외상의 경우에 두개골, 척추, 또는 갈비뼈를 재건하여 변위된 뼈의 3D 이미지로 수술 전에 정확
한 위치 및 포지션을 제공한다.

CT의 단점
CT는 전신 마취가 필요하다. 일상적인 방사선 검사보다 가격이 비싸며 방사선 촬영과 마찬가지로 생물학적 조직에 해를 끼칠
수 있는 방사선이 사용된다.

20 과목 | 동물보건영상학   난이도 | ●○○   정답 | ②

방사선을 투과시켜 컴퓨터로 재구성하여 단면 영상을 얻거나 3차원 입체 영상을 얻는 영상진단법은 컴퓨터 단층촬영이다. 자기
공명영상 MRI는 자기장 및 고주파 필드에서 작동하며 초음파는 주파수가 인간의 청력 범위 이상인 "초음파"를 이용하여 몸의
내부를 볼 수 있게 하는 영상 진단법이다.

21 방사선 자세에서 주둥이 쪽을 의미하는 용어는?

① Left   ② Cranial

③ Rostral   ④ Lateral

⑤ Caudal

22 오른쪽 옆으로 누운 상태에서 동물의 흉부를 방사선으로 촬영한 경우 어떤 표시를 해야 하는가?

① RF   ② LF

③ LL   ④ L

⑤ R

23 초음파 유도하 생검이나 흡인을 수행하기 어렵거나 불가능하게 하는 특정 조건으로 옳지 않은 것은?

① 혈액 응고 능력 감소

② 복수가 찬 복강

③ 흉수가 찬 흉강

④ 너무 작은 크기의 장기

⑤ 동물의 체벽이 너무 두꺼운 경우

---

advice

21 과목 | 동물보건영상학   난이도 | ●○○   정답 | ③

① 왼쪽

② 앞쪽

④ 바깥쪽

⑤ 뒤쪽

22 과목 | 동물보건영상학   난이도 | ●●○   정답 | ⑤

오른쪽 옆으로 누운 상태에서 "R", 왼쪽으로 옆으로 누운 상태에는 "L"로 표시한다.

23 과목 | 동물보건영상학   난이도 | ●●●   정답 | ⑤

초음파는 생검 또는 흡인을 할 때 장기 또는 조직의 위치를 찾기 위해 이용된다. 생검은 조직을 얻지만 흡인은 조직에서 세포를 수집하는 것이다. 초음파 유도하 생검과 흡인과 관련된 주요 위험은 생검이나 흡인 부위에서 출혈이다. 혈액 응고 테스트는 동물이 제대로 혈전을 형성하고 잠재적으로 치명적인 출혈의 기회를 최소화하기 위해 생검이나 흡인이 수행되기 전에 필요하다. 복강 또는 흉강 내에 액체가 차거나 또는 기관이 너무 작거나 체벽에서 너무 멀리 떨어져 도달할 수 없을 때 불가능하다.

24 다음 〈보기〉의 촬영 자세는 어떠한 질환을 확인하기 위한 자세인가?

보기

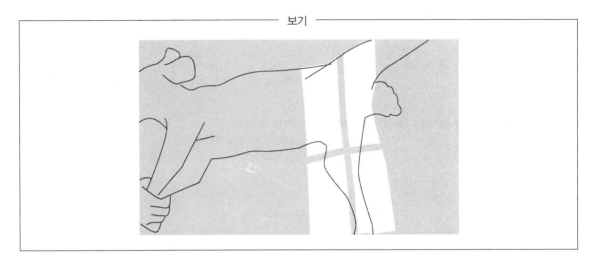

① 뒷다리 골절 　　　　　　② 척추통증
③ 간질 　　　　　　　　　　④ 콩팥 손상
⑤ 앞다리 골절

25 초음파 검사에서 주변 조직보다 더 많은 음파를 반사하는 조직을 무엇이라 하는가?

① 무에코 　　　　　　　　　② 저에코
③ 고에코 　　　　　　　　　④ 동일에코
⑤ 혼합에코

24 과목 | 동물보건영상학　　난이도 | ●○○　　정답 | ①

　　뒷다리 외측상 촬영 자세로 일반적으로 뒷다리의 탈구나 골절을 확인할 때 사용한다.

25 과목 | 동물보건영상학　　난이도 | ●●○　　정답 | ③

　　③ 주변 조직의 에코와 비교하여 반사율이 높은 고형 성분으로 하얗게 보이는 조직은 고에코이다.
　　① 무에코는 에코가 없어서 완전히 검은색이다.
　　② 반사율이 낮은 액체 성분으로 까맣게 보이는 조직은 저에코이다.
　　④ 동일에코는 같은 에코이다.
　　⑤ 혼합에코는 고에코와 저에코가 함께 있는 조직이다.

26 MRI에 대한 설명으로 틀린 것은?

① MRI는 자기장 및 고주파 필드에서 작동한다.

② 연조직 대비에 우수하기 때문에 모든 종류의 연조직, 인대, 힘줄 구조, 무릎 관절, 또는 어깨와 팔꿈치 관절 검사에 뛰어나다.

③ CT 와는 달리 뼈에 싸여 있는 뇌나 척수 검사가 가능하다.

④ 검사가 30 ~ 45분 지속되기 때문에 움직임이 없어야 하기 때문에 동물은 전신 마취를 한다.

⑤ 동물에 하고 있는 금속(목걸이, 골절 수술 금속판 등)을 착용하고 검사가 가능하다.

27 추간판염 진단에 적합하지 않은 영상 진단 검사법은?

① 방사선 검사(plain radiography)

② 컴퓨터 단층 촬영(CT)

③ 투시조영(fluoroscopy)

④ 자기공명영상(MRI)

⑤ 척수조영술(myelography)

---

 advice

26 과목 | 동물보건영상학   난이도 | ●○○   정답 | ⑤

MRI

㉠ 강하고 일정한 자기장과 전파에 의해서 작동한다.

㉡ 연조직 대비가 우수하기 때문에 모든 종류의 연조직, 인대, 힘줄 구조, 무릎 관절, 어깨와 팔꿈치 관절검사가 가능하다.

㉢ 동물병원에서 주로 사용되는 분야는 뇌(종양, 출혈) 뿐만 아니라 척수(탈장 디스크) 등의 신경학적 분야이다.

㉣ 동물의 마취는 적절한 이미지를 얻기 위해서 필수적이다.

㉤ 동물이 착용하고 있는 모든 금속은 이미지 평가를 불가능하게 할 수 있기 때문에 검사 전에 제거되어야 한다.

27 과목 | 동물보건영상학   난이도 | ●●○   정답 | ③

③ 투시조영 : 방사선에 의해 인체 동물의 신체를 지속적으로 관찰하거나 사진 촬영을 하는 검사를 말한다. 주로 소화기계, 생식 기계, 비뇨기계 등의 검사에 사용된다.

⑤ 척수조영술 : 조영제가 척수를 포함하는 척수관에 주입된 다음 엑스레이를 수행하는 영상 검사법이다.

28 바륨 관장술로 대장을 검사할 경우 바륨을 투입하는 적절한 시간은?

① 방사선 촬영 10분전
② 방사선 촬영 1시간 전
③ 방사선 촬영 12시간 전
④ 방사선 촬영 24시간 전
⑤ 방사선 촬영 48시간 전

29 위장관 조영에 대한 설명으로 옳은 것은?

① 검사 1시간 전부터 금식을 한다.
② 황산바륨을 조영제로 사용한다.
③ 척수 질환 유무를 확인한다.
④ 방광의 요를 제거한 후에 조영제를 주입한다.
⑤ 혈뇨 증상이 나타나면 반드시 진행한다.

🐶 advice

28 과목 | 동물보건영상학   난이도 | ●●○   정답 | ②

바륨 관장술은 이중 대비 조영술이다. 소량의 양성 조영제를 사용하여 방광이나 대장과 같은 기관의 점막 표면을 코팅한 후 공기를 주입하여 장관을 팽창시켜 촬영을 한다. 양성 · 음성 조영제 단독으로 사용하는 것보다 점막 세부사항을 더 정확하게 촬영할 수 있다는 장점이 있다. 바륨은 엑스레이 촬영 적어도 1시간 전에 투입한다.

29 과목 | 동물보건영상학   난이도 | ●●○   정답 | ②

① 12시간 ~ 24시간 금식을 한다.
③④⑤ 식도 및 위장관을 검사하기 위한 것이다.

30 실수로 폐에 유입되어도 안전한 조영제로 가장 적절한 것은?

① 이온성 조영제
② 비이온성 조영제
③ 바리움 조영제
④ BIPS(barium impregnated polyethylene spheres)
⑤ 텔레브릭스

31 다음 〈보기〉에서 음성 조영제에 해당하는 것을 모두 고른 것은?

보기

ㄱ 탄산가스   ㄴ 옥소제
ㄷ 황산바륨   ㄹ 공기

① ㄱ
② ㄴ
③ ㄴㄷ
④ ㄱㄹ
⑤ ㄷㄹ

🐶 advice

30 과목 | 동물보건영상학   난이도 | ●●○   정답 | ②

② 비이온성 조영제 : 삼차 요오드 벤젠링을 기반으로 하는 이온성 조영제와 유사하지만 용액에 해리하지 않으므로 삼투압이 훨씬 낮고 부작용의 위험성이 낮다. 주로 골수 검사에 사용 되지만 요오드계 조영제에 적합한 다른 검사에도 사용할 수 있다. 비이온성 조영제의 낮은 삼투압은 이온성 조영제보다 훨씬 더 느리게 조직 액체로 희석된다. 심부전, 신부전, 위장관 천공, 흡인이 가능한 상태의 동물의 경우 더 안전하고 나은 영상 촬영이 가능하다.

⑤ 텔레브릭스 : 이온성 조영제의 하나이다.

31 과목 | 동물보건영상학   난이도 | ●○○   정답 | ④

X-선 감약이 주위보다 작은 것을 음성 조영제라고 하며 가스, 탄산가스, 공기 등이 해당된다.

32 다음 〈보기〉에서 심전도 파형에 대한 설명으로 옳은 것은?

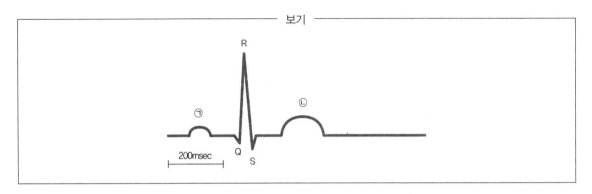

① ㉠은 심전도 중에서 가장 큰 파형이다.

② ㉠은 심박수가 증가하면 날카롭게 나타난다.

③ ㉠은 심전도 검사에서 제일 나중에 기록된다.

④ ㉡은 방실결절로 인해 파형이다.

⑤ ㉡은 P파이다.

![advice]

32 과목 | 동물보건영상학   난이도 | ●●●   정답 | ②

① 제일 큰 파형은 QRS에서 나타난다.

③ 제일 먼저 기록된다.

④ ㉡은 히스다발, 푸르킨예섬유에 도착할 때 나타난다.

⑤ ㉠은 P파이고 ㉡는 T파이다.

33 심전도 검사를 할 때 자극의 전도 체계에 대한 설명으로 틀린 것은?

① 우심방에 위치한 동방결절에서 시작된다.

② 동방결절에서 방실결절로 자극이 이동한다.

③ 좌우의 심방이 탈분극하는 것은 P파이다.

④ 심장의 상위에 위치한 부위가 하위에 위치한 부위보다 자극이 많다.

⑤ 자극이 푸르킨예섬유에 도달하면 심방이 재분극을 한다.

34 심전도 웨이브에 대한 설명으로 바른 것은?

① T 웨이브의 끝은 수축기(systole)의 시작이다.

② T 웨이브의 끝은 수축기(systole)의 끝이다.

③ Q 웨이브의 끝은 확장기(diastole)의 끝이다.

④ Q 웨이브의 끝은 수축기(systole)의 끝이다.

⑤ S 웨이브의 끝은 수축기(systole)의 시작이다.

---

advice

33 과목 | 동물보건영상학　난이도 | ●●○　정답 | ⑤

　⑤ 푸르킨예섬유에 도달하면 심실은 탈분극을 한다. 이완되고 난 이후에 탈분극이 된다.

34 과목 | 동물보건영상학　난이도 | ●●●　정답 | ②

　심장은 전류의 흐름을 통해 박동을 조절한다. 심장 근육에 퍼지는 전류는 피부에서도 측정할 수 있으며, 심전도는 피부에 부착된 센서의 도움으로 심방이 박동할 때마다 생성되는 전기 신호를 곡선으로 표시한 것이다. P 웨이브는 심방의 탈분극을 나타내며 두 심방의 수축으로 이어진다. QRS 복합체는 심실의 탈분극을 나타내고 심실 수축이 시작된다. T 웨이브는 심실이 흥분상태에서 정상으로 돌아오는 것으로(심실의 재분극) 심실 수축기의 끝을 표시하고 이완기가 시작된다.

35 동물병원 직원이 강아지 또는 고양이에게 물렸을 경우 그 조치에 대한 설명 중 옳은 것은?

① 병원 진료가 모두 끝나고 수의사에게 알린다.

② 즉시 비누와 물로 상처를 씻고 포비돈 요오드로 소독한 뒤 수의사에게 알린다.

③ 상처를 방치하고 있다가 집에 와서 상처를 소독한다.

④ 수의사나 병원 관리자에게 알리지 않고 병원으로 가서 치료를 받는다.

⑤ 동료에게 사실을 알리고 그 이후에는 특별한 조치를 취하지 않는다.

36 쇼크의 원인이 아닌 것은?

① 저혈량증

② 서맥

③ 저마그네슘혈증

④ 외상

⑤ 저칼륨증

---

advice

35 **과목** | 동물보건응급학 **난이도** | ●○○ **정답** | ②

동물에게 물린 후에 종종 통증이나 운동 제한과 같은 영구적인 손상이 남을 수 있다. 심각한 결과는 물린 후 즉각적인 치료에 의해 방지 될 수 있다. 물린 즉시 깨끗한 물로 씻고 소독을 하도록 하고 수의사에게 알리고, 치료에 대해 의논한다.

36 **과목** | 동물보건응급학 **난이도** | ●●○ **정답** | ③

쇼크의 원인은 저혈량증, 저산소혈증, 수소 이온(산증), 저·고칼륨증, 저체온증, 저혈당증, 빈맥·서맥, 독소, 심장압전, 긴장성 기흉, 혈전증, 외상 등이 있다.

37 쇼크에 대한 설명으로 옳지 않은 것은?

① 폐쇄성 쇼크는 순환 혈액량의 부족으로 발생하며 흔하게 발생하는 쇼크의 유형이다.

② 심한 저혈량 쇼크를 받은 대부분의 동물은 15 ~ 30분 동안 20 ~ 40ml/kg의 수액으로 치료한다.

③ 심인성 쇼크는 좌심실 기능이 좋지 않아 혈액 순환이 원활하지 않을 때 발생한다.

④ 심인성 쇼크 동물에는 수액 치료를 하지 않는다.

⑤ 분포성 쇼크는 혈관이 지나치게 이완되어 혈압이 낮아진 상태이다.

38 중독의 원인과 증상으로 바르게 연결되지 않은 것은?

① 아세트아미노펜 : 간 손상, 헤모글로빈 손상

② 포도 : 급성 신부전

③ 릴리 : 급성 신부전

④ 가정용 표백제 : 조직의 염증과 궤양

⑤ 에틸렌글리콜 : 저혈당쇼크

---

37 과목 | 동물보건응급학　난이도 | ● ● ●　정답 | ①

🐱🐶 쇼크

㉠ 분류 : 저혈량 쇼크, 폐쇄성 쇼크, 심인성 쇼크, 분포성 쇼크로 분류된다.

㉡ 저혈량성 쇼크 : 가장 흔한 유형의 쇼크로 심한 탈수, 출혈, 제3의 공간을 통한 체액의 손실로 유발된다. 치료는 수액처치(하트만 수액 등)를 통해 혈관 내 부피를 증가시킨다.

㉢ 폐쇄성 쇼크 : 큰 혈관이나 심장의 폐쇄로 인한 혈류의 방해로 발생한다. 혈관을 흐름을 방해하는 원인을 제거하여 치료한다(심막천자를 통한 심낭삼출액 제거 등).

㉣ 심인성 쇼크 : 좌심실 기능이 좋지 않아 혈액 순환이 원활하지 않을 때 발생한다. 심장질환에 따라 치료되며 일반적으로 수액 치료는 금한다.

㉤ 분포성 쇼크 : 혈관이 지나치게 이완되어 혈압이 낮아지면서 발생된다. 치료는 혈관 이완의 원인을 제거하는 것이 주이다. 수액 치료는 일반적으로 중요하고 혈압을 높이는 특정 약물이(도파민 등) 필요하다.

38 과목 | 동물보건응급학　난이도 | ● ● ○　정답 | ⑤

부동액(에틸렌글리콜)중독은 겨울에 더 자주 볼 수 있지만 계절에 제한을 두고 발생하는 것은 아니다. 에틸렌글리콜은 달콤한 맛으로 고양이와 개에게서 각각 티스푼 정도의 양으로도 생명을 위협하는 급성 신부전을 유발한다. 임상징후는 구토를 포함, 다뇨, 다갈, 식욕 부진, 혼수상태 및 발작이 있다. 예후는 8시간 이내에 치료하는 경우 좋을 수 있으나 더 지연된 경우에는 좋지 않다. 치료에는 에탄올을 정맥 카테터로 투입하는 것을 포함한다.

39 **고양이 수혈에 대한 설명으로 틀린 것은?**

① 고양이 혈액형은 A, B, AB형이며 고양이에서 가장 흔한 혈액형은 A형이다.

② A형 혈액은 B형 고양이에게 투여할 수 있다.

③ 혈액 기증묘는 이상적으로 >4.5kg으로 건강하고 실내에서 사는 성인 고양이어야 한다.

④ 혈액 기증묘는 수혈을 통해 전염되는 마이코플라즈마 헤모펠리스, 바르토넬라 같은 전염질환유무를 검사해야 한다.

⑤ 깊은 마취는 불가피하고, 약 10 ~ 15ml/kg의 혈액을 수집할 수 있다.

40 **수혈 시 모니터링에 대한 설명으로 옳지 않은 것은?**

① 일반적으로 수혈 시 혈액 팩을 따뜻하게 한다.

② 속도는 느리게 시작하고 점진적으로 증가시킨다.

③ 한 봉지의 수혈은 4시간 이내에 완료하는 것을 권한다.

④ 신체검사, 혈압, 심박수, 혈압은 처음 30분에는 5 ~ 10분마다 측정한다.

⑤ 혈액 응고를 방지하기 위해 동일한 카테터에 다른 약물을 투여하는 것은 피한다.

😊 advice

39 **과목 | 동물보건응급학   난이도 | ●●●   정답 | ②**

② 임상적으로 가장 유의할 점은 모든 B형 고양이에서 매우 강력한 A 항체가 존재한다. 심각한 급성 용혈성 수혈 반응을 초래해서 A형 혈액이 B형 고양이에게 투여되는 경우 심지어 사망까지 가능하다.

① AB 혈액 시스템은 고양이의 주요 혈액 그룹 시스템이다. A형, B형 및 AB형의 세 가지 표현형이 존재한다. A형 고양이의 약 1/3은 동종 항체를 탑재하여 B형 적혈구에 약한 응집이 가능하다. AB형 고양이는 A 또는 B 항원에 대한 동종 항체를 소유하지 있지 않다.

40 **과목 | 동물보건응급학   난이도 | ●●○   정답 | ①**

① 수혈액을 온열하면 적혈구의 변형 및 오염 미생물의 급속한 성장을 유발할 수 있기 때문에 심각한 외상 동물 또는 갓 태어난 새끼를 제외하고는 일반적으로는 필요하지 않다.

② 열성 수혈 반응의 위험 때문에 모든 수혈은 느린 속도로 시작해 점차적으로 속도를 올린다(처음 5분 동안 1 ~ 3ml/kg). 이 반응이 해결되지 않는 경우 또는 동물이 가려움증, 두드러기, 부종을 보이는 경우 수혈을 중단하고 디펜히드라민 또는 코르티코 스테로이드를 투여한다. 아나필락시스의 경우 수혈이 즉각 중단해야 하며 에피네프린(아드레날린), IV 수액 요법, 산소 보충이 필요하다.

③ 기능적 손실이나 세균 성장을 방지하기 위해 한 봉지의 수혈은 4시간 이내에 완료해야 한다.

🐱 **수혈 반응**

적절한 혈액 투입에도 수혈 반응은 발생할 수 있다. 가장 흔한 수혈 반응은 열 또는 비용혈성 반응이다. 수혈자의 세포를 파괴하는 용혈 반응에서부터 알레르기 반응(얼굴 부종, 두드러기, 가려움증), 아나필락시스까지 다양하다. 대부분의 수혈 반응은 열을 동반한다. 수혈 속도를 저하시키면 빠르게 치료가 가능하다.

41 혈액 교차 검사에 대한 설명 중 틀린 것은?

① 공혈견과 수혈견 사이의 혈청학적 적합성을 감지하는 테스트이다.

② 혈액형 검사가 불가능한 경우, 두 번째 또는 후속 수혈 전에 수행한다.

③ 혈액형을 결정하지 않고 동종항체의 유무를 확인하는 테스트로 혈액형을 대체하지 못한다.

④ 공혈견 혈장과 수혈견 혈구(주시험), 수혈견 혈장과 공혈견 혈구(부시험)으로 반응시키고 응집 유무를 관찰한다.

⑤ 공혈견과 수혈견의 EDTA 항응고 혈액으로 수행된다.

42 수컷 고양이의 요도 폐쇄에 대한 응급 처치에 대한 설명으로 옳지 않은 것은?

① 요도 폐쇄는 고칼륨혈증, 질소혈증(azotemia)을 유발해 생명을 위협할 수 있다.

② 정맥 카테터를 배치하여 혈액 및 탈수를 고정한다.

③ 원활한 배뇨를 위해 소변 카테터를 배치한다.

④ 고양이가 소변 카테터를 빼지 못하도록 넥 칼라를 씌운다.

⑤ 소변 카테터는 소변에 존재하는 혈액과 슬러지의 양에 따라 최대 7일간 유지한다.

---

advice

41 과목 | 동물보건응급학　난이도 | ●●●　정답 | ④

　혈액 교차 검사는 수혈견 혈장과 공혈견 혈구(주시험), 공혈견 혈장과 수혈견 혈구(부시험)으로 이루어진다. 부시험은 공혈견의 혈장이 희석될 것이기 때문에 주시험보다 중요하지는 않다.

42 과목 | 동물보건응급학　난이도 | ●●○　정답 | ⑤

　⑤ 동물의 방광은 강한 압력으로 인해 배뇨가 불가능하므로 소변 카테터를 배치하여 소변배출을 돕는다. 카테터는 감염의 위험성 때문에 일반적으로 최대 3일 동안만 배치한다.

　고양이 요도 막힘

　성기의 해부학동적 특수성으로 인해 수컷에서 상대적으로 자주 발생한다. 장기간 소변이 방출되지 않으면 고칼륨혈증, 질소혈증이 유발되면서 생명이 위태로운 응급상황으로 빠르게 진행된다.

43 9% 법칙을 사용하여 화상 표면적을 계산할 때 한쪽 뒷다리와 얼굴에 화상을 입은 동물은 신체 표면적의 몇 %의 화상을 입은 것인가?

① 18%　　　　　　　　　　　　　　② 20%

③ 27%　　　　　　　　　　　　　　④ 40%

⑤ 50%

44 반려동물에서 볼 수 있는 가장 흔한 응급상황으로 불충분한 혈류, 신부전, 당뇨병 케톤증으로 동물에게 나타나는 증상은?

① 호흡성 알칼리증

② 호흡성 산증

③ 대사성 산증과 호흡성 알칼리증

④ 대사성 알칼리증

⑤ 대사성 산증

---

 advice

43 과목 | 동물보건응급학　　난이도 | ●●○　　정답 | ③

③ 화상 동물들에서 화상 면적을 계산하는 표준은 많지만 크기와 무게가 다양하기 때문에 더 복잡하다. 수의학에서도 허용되는 방법은 9% 법칙으로 화상을 입은 부위를 9% 혹은 그의 배수로 표현하는 방법이다. 각 앞다리는 9%, 각 뒷다리는 18%, 머리와 목은 9%, 몸통 및 복부는 18%를 의미한다.

44 과목 | 동물보건응급학　　난이도 | ●●○　　정답 | ⑤

⑤ 대사성 산증 : 비휘발성산 증가(주로 젖산), 중탄산염 손실 또는 두 현상이 같이 존재하는 경우 발생한다. 대사성 산증이 발생하면 몸은 보상 반응을 일으키는데, 그 보상 작용이 불완전할 경우(PCO₂ 이산화탄소 분압의 하락 또는 저탄산혈증) pH가 하강한다.

① 호흡 알칼리증 : 과호흡으로 인해 이산화탄소가 과다하게 제거될 때 발생한다. 저산소혈증으로 인해 이산화탄소 분압의 감소가 나타나고 pH가 상승한다.

② 호흡성 산증 : 호흡으로 이산화탄소를 제때 배출하지 못 할 때(기도의 폐쇄, 호흡 저하) 발생하며, 이산화탄소 분압(PCO₂)이 증가하며(고탄산혈증) 폐포 저환기가 특징이다.

③ 대사성 알칼리증 : 염소 손실 또는(과잉 치료로 인한) 중탄산염의 증가로 발생하며, 생리적 호흡 보상 작용이 불완전할 경우 pH가 상승하게 된다. 가장 빈번한 원인은 구토 또는 위 꼬임으로 인해 염소가 체류하게 되는 경우이다. 그밖에도 푸로세미드(furosemide, 부종 치료제) 또는 미네랄로코티코이드의 사용을 포함한다.

45 투약과정의 간호사정으로 옳지 않은 것은?

① 안전한 용량이 처방되었는지 확인한다.

② 약물 투여 후 결과를 확인한다.

③ 알레르기의 유형의 정보를 기록한다.

④ 과거 약물 치료에 관한 금기증에 관한 정보를 획득한다.

⑤ 약물에 관한 정보를 사정한다.

46 투약 약어에 대한 의미로 옳지 않은 것은?

① BID : 하루 두 번

② qAm : 아침마다

③ stat : 즉시

④ qn : 매일 밤마다

⑤ ac : 식사 후

47 정맥 주사를 통한 정맥 주입 시 주입 속도에 영향을 미치는 것은?

① 약물의 양

② 수액 line 길이

③ 약물의 점성도

④ 정맥수액 병의 크기

⑤ 정맥 천자 바늘 크기

advice

45 과목 | 의약품관리학   난이도 | ●●○   정답 | ②

② 투약 후에 결과를 확인하는 것은 간호 평가 과정을 의미한다.

46 과목 | 의약품관리학   난이도 | ●○○   정답 | ⑤

⑤ 식사 전을 의미한다.

47 과목 | 의약품관리학   난이도 | ●○○   정답 | ③

③ 주사액의 농도가 짙고 밀도가 클수록 주입 속도가 감소한다.

48 세균성 방광염을 앓고 있는 9kg 반려견에게 항생제 엔로플록사신 정제(50mg)로 10일간 치료하려고 한다. 권장되는 복용량은 하루에 5mg/kg일 때 정제에 필요한 양은?

① 8알   ② 9알

③ 9.5알   ④ 10알

⑤ 11알

49 24시간 동안 2,000ml 수액 주입 처방이 내려졌다. 수액 주입을 위한 drop 수는?(단, 1cc = 20drop)

① 22   ② 25

③ 28   ④ 31

⑤ 34

50 동물에게 처방된 수액 5%DS 1L에 vitamin 0.5ample mixed fluid를 시간 당 60ml로 투여하고자 할 때 분당 주입되는 gtt수는?(1cc = 20gtt)

① 10gtt/min   ② 15gtt/min

③ 20gtt/min   ④ 30gtt/min

⑤ 40gtt/min

---

advice

48 과목 | 의약품관리학   난이도 | ●●○   정답 | ②

9kg 반려견에게 필요한 복용량은 9kg × 5mg = 45mg
치료기간 10일간 필요한 45 × 10 = 450mg
1알에 포함된 양은 50mg이고, 즉 450 ÷ 50 = 9알

49 과목 | 의약품관리학   난이도 | ●●○   정답 | ③

③ (2000 × 20drop)/(24 × 60분) = 27.78drop/min

50 과목 | 의약품관리학   난이도 | ●●○   정답 | ③

③ 60ml × 20gtt/60분 = 20gtt/min

51 플루오로퀴놀론계(Fluoroquinolone) 항생제의 사용 불가한 시기와 이유는?

① 노령 동물들에게 관절병을 유발하기 때문에 사용을 피한다.

② 어린 동물에게서 치아의 변색이 나타날 수 있기 때문에 사용을 피한다.

③ 심장 전도 장애를 일으킬 수 있기 때문에 성장 동물에게서 사용을 피한다.

④ 어린 동물들에게 관절병증을 일으키기 때문에 사용을 피한다.

⑤ 임신한 동물에게서 낙태를 유발하기 때문에 사용을 피한다.

52 체내에 염분이나 물을 배출하기 위해 사용하는 약물로 옳은 것은?

① 메토클로프라미드(metoclopramide)

② 활성탄(active carbon)

③ 라식스(Lasix)

④ 독소루비신(doxorubicin)

⑤ 조니사미드(zonisamide)

---

51 과목 | 의약품관리학   난이도 | ●●●   정답 | ④

🐱 **항생제의 부작용**

㉠ 플루오로퀴놀론계 항생제 : 연골세포에 독성이 있으며, 연골세포를 손상시킨다. 집중적인 성장 단계에 있는 1세 미만의 개는, 특히 대형견은 관절 연골의 손상이 발생할 수 있기 때문에 치료에서 제외되어야 한다.

㉡ 아미노글리코사이드계 항생제 : 신독성이 있어서 신장질환 동물에게 사용은 금하거나 특별한 주의가 필요하다. 신독성의 위험은 사용 빈도와 농도에 비례해 증가한다.

㉢ 테트라사이클린계 항생제 : 유치를 가진 어린 동물 또는 임신한 동물의 태아에서 치아의 황색 변색이 일어날 수 있기 때문에 테트라사이클린의 투여를 피한다.

52 과목 | 의약품관리학   난이도 | ●●●   정답 | ③

③ 이뇨 효과가 있다.

① 구토나 오심을 예방하는 효과가 있다.

② 지사제 일종이다.

④ 항암제 일종이다.

⑤ 경련 발작을 예방하는 약물이다.

53 고양이 변비 및 간뇌병증 치료에 사용되는 약물은?

① 글푸코사민
② 글로불린
③ 락타아제
④ 락툴로오스
⑤ 락트산

54 고양이 약물 중독의 원인이 아닌 것은?

① 아세트아미노펜
② 이부프로펜
③ 이버멕틴
④ 페르메트린
⑤ 아스피린

 advice

53 과목 | 의약품관리학   난이도 | ●●○   정답 | ④

④ 락툴로오스는 소장에서 소화되지 못하고 대장에서 박테리아에 의해 젖산 및 다른 짧은 사슬 지방산 등으로 발효된다. 삼투 압으로 장 내용물을 증가시키고 장 연동을 자극하여 변의 분비를 돕는다(완하제 역할). 그 외에도 대장 pH를 하강시켜 암모 니아의 생산 및 흡수를 줄여 간뇌병증 치료에 사용된다.

54 과목 | 의약품관리학   난이도 | ●●●   정답 | ③

③ 이버멕틴 : MDR1 유전자에 결함이 있는 강아지의 경우 이버멕틴은 혈액뇌 장벽을 교차하여 중추 신경계에 축적되고 최악의 경우 동물은 사망할 수 있다.
① 아세트아미노펜 : 고양이는 아세트아미노펜 독성에 매우 민감하다. 독성의 징후는 갈색 잇몸, 호흡곤란, 소변에 혈액, 황달 및 붓기이다.
② 이부프로펜 : 고양이는 비스테로이드성 항염증제(NSAIDs)인 이부프로펜에 민감하며 구토, 설사, 궤양, 출혈 및 궤양 천공을 일으킬 수 있다.
④ 페르메트린 : 강아지 국소용 페르메트린 스팟온 또는 딥 제품은 고양이의 발작으로 이어질 수 있다.
⑤ 아스피린 : 고양이의 아스피린 독성은 복용량에 따라 다르며 식욕 부진, 구토, 위 출혈, 빈혈 및 고온증을 포함한다.

55 강아지 임플란트 피임약에 대한 설명으로 옳지 않은 것은?

① 6개월령 수컷에 사용하는 근육 주사이다.

② 강아지 피임약은 외과적 중성화의 효과적인 대안으로 널리 사용된다.

③ 피임의 효과는 가역적이며 용량에 따라 약 6개월 및 12개월 동안 작용한다.

④ 중성화뿐만 아니라 전립선 비대증, 낭종, 성호르몬과 관련된 이상 행동 치료에도 사용된다.

⑤ 눈으로 처음으로 확인 할 수 있는 효과는 고환의 크기가 현저히 감소하는 것이다.

56 항암제를 투여하는 동물에게 나타나는 보편적인 부작용은?

① 빈혈

② 탈모

③ 임신

④ 맥박 상승

⑤ 위액 과다

---

advice

55 과목 | 의약품관리학　난이도 | ●●○　정답 | ①

①③ 강아지 임플란트 피임약은 성선자극호르몬(GnRH) 작용제를 함유하고 있는 임플란트로 피하에 주입된다. 가역적인 효과 때문에 외과적 중성화의 대안으로 널리 사용되고 있다.

④ 중성화 이외에도 전립선 비대증, 낭종, 성호르몬과 관련된 이상 행동, 알로페시아 X 등의 치료에도 사용된다.

⑤ 테스토스테론의 생성 및 정자의 생성을 억제하기 때문에 그 효과를 시각적으로 고환의 크기 감소로 확인할 수 있다. 혈액에서 테스토스테론의 수치를 확인하여 효과를 확정할 수 있다.

56 과목 | 의약품관리학　난이도 | ●○○　정답 | ②

② 탈모, 구내염, 오심, 구토, 위장관계 장애 등이 발생한다.

57 WHO에서 "적당한 양이 주어질 때 숙주에 건강상 이득을 주는 미생물"로 정의한 것은 무엇인가?

① 프리바이오틱스
② 프로바이오틱스
③ 안티바이오틱스
④ 신바이오틱스
⑤ 유바이오틱스

58 백신에 대한 설명 중 옳지 않은 것은?

① 생독백신에는 실험실에서 약화된 소량의 살아있는 병원균이 포함되어 있는 백신으로, 매우 드문 경우이지만 경미한 질병을 유발할 수 있다.
② 사독백신(불활화 백신)은 사멸된 병원체 또는 더 이상 증식할 수 없는 병원체로 만든 백신이다.
③ 집단 면역은 어느 한 병원체에 대해 백신 접종 또는 감염을 통해 획득된 집단의 면역이다.
④ 반려동물 백신 프로그램은 코어 백신(core vaccination)과 논 코어(non core vaccination) 백신으로 구분된다.
⑤ 논 코어 백신은 집단 면역을 바탕으로 모든 동물에게 접종하는 것을 목표로 한다.

advice

57 과목 | 의약품관리학   난이도 | ●●○   정답 | ②

② 프로바이오틱스 : 장내 미생물의 불균형의 치료는 장내 정상 상재균을 복원 하는 것이 목표이다. 프리-, 프로-, 신바이오틱스, 항생제를 사용할 수 있다.
① 프리바이오틱스 : 장내 정상 미생물을 지원한다.
④ 신바이오틱스 : 프리바이오틱스와 프로바이오틱스 조합으로서 두 가지 장점을 시너지 효과를 겸비한 제제이다.
⑤ 유바이오틱스 : 프로바이오틱스, 프리바이오틱스, 필수 지방산, 유기산과 같은 첨가제를 공급하는 것을 뜻한다.

58 과목 | 의약품관리학   난이도 | ●○○   정답 | ⑤

WSAVA(world small animal veterinary association)는 과학적 연구 결과를 토대로 예방접종에 대한 권장 사항을 가이드라인으로 제공한다. 하지만 각 국가 · 지역의 역학적 상황을 다 고려할 수 없기 때문에 그에 따라 조정 및 수정될 수 있다. 특히 논 코어 백신의 사용은 지리적 위치, 생활양식 및 노출 리스크에 의해 결정된다. 코어 백신은 집단 면역을 바탕으로 모든 동물에게 접종하는 것을 목표로 하면서 접종 받지 못한 동물들 또한 보호하고자 한다. 강아지 코어 백신은 개 홍역, 개 전염성 간염, 파보장염, 파라인플루엔자, 렙토스피라 감염증, 광견병이다. 고양이 코어 백신은 고양이 범백혈구 감소증, 고양이 바이러스성 기관지염(허피스), 칼리시바이러스이다.

59 고양이 백신에 대한 설명으로 옳은 것은?

① 코어 백신은 고양이 범백혈구 감소증(FPV)와 고양이 칼리시바이러스(FCV) 이다.

② 논 코어 백신은 고양이 범백혈구 감소증, 백혈병 바이러스, 광견병이다.

③ 새끼 고양이의 첫 번째 접종 시기는 4주부터 시작한다.

④ 백혈병 바이러스(FeLV) 예방 접종은 새끼 고양이보다 성인 고양이에게 더 중요하다.

⑤ FeLV, FIV 또는 광견병 백신주사를 맞은 부위에 육종이 생기는 경우가 있다.

60 심폐소생술(CPR) 차트에 구비되어야 하는 응급 의약품이 아닌 것은?

① 아드레날린   ② 아트로핀

③ 겐타마이신   ④ 날록손

⑤ 10% 칼슘글루코네이트

59 과목 | 의약품관리학   난이도 | ●●○   정답 | ⑤

⑤ FeLV, FIV 및 광견병 백신으로 인한 고양이 주사 부위 육종(FISS, feline injection-site sarcoma)을 최소화하기 위한 추천 사항은 목덜미에 주사하는 것을 피하여 몸통에서 먼 다리나 꼬리에 주사를 하는 것이다.

①② 고양이 코어 백신은 범백혈구 감소증, 칼리시, 허피스바이러스이다. 논 코어 백신은 FeLV, FIV, 클라미디아, 광견병으로 구분된다.

③ 새끼 고양이의 코어 예방 접종은 6주령에 시작되고 기초 접종이 6 ~ 20주 사이에 마치면 보강 접종을 하게 된다. 광견병이 풍토성인 경우, 새끼 고양이는 12주령에 첫 백신을 받고, 고위험 상황(임상적 케이스가 발병한 지역)에는 두 번째 백신이 2 ~ 4주 후에 추가될 수 있다. 성묘의 경우 코어 백신과 광견병 백신은 3년, 비핵심 백신은 1년 주기로 부스터가 필요하다. 논 코어 백신인 FeLV 예방 접종이 새끼 고양이를 위해 선택되는 경우, 첫 백신은 8주령, 두 번째는 3 ~ 4주 후에 제공되고, 세 번째는 12개월령에 부스터가 필요하다.

④ FeLV는 성묘에서 면역력이 자연적으로 획득되기도 한다. 예방 접종은 성묘보다 새끼 고양이에게 더 중요하다.

60 과목 | 의약품관리학   난이도 | ●●○   정답 | ③

③ 겐타마이신은 아미노글리코시드계 항생제로 응급약물에 속하지 않는다.

① 아드레날린은 혈관 수축, 관상동맥 팽창, 기관지 확장 및 근수축 · 심박수 증가의 효과를 가져온다.

② 아트로핀은 교감신경계(즉, 혈관 수축, 근수축, 심박수)를 개선하는 데 도움이 되는 약물로, 심정지 시 즉시 투여된다.

④ 날록손은 아편유사 길항제이며, 아편유사 작용제를 받고 심장마비를 일으킨 모든 동물에게 투여된다.

⑤ 칼슘글루코네이트는 저칼슘증 또는 고칼륨증 동물에서 사용된다.

2교시 실력평가 모의고사

임상 동물보건학, 동물 보건·윤리 및 복지 관련 법규

제3과목	임상 동물보건학 (60문항)

1 맥박수에 대한 설명으로 옳지 않은 것은?

① 호흡이 빠르게 나타나는 것을 빈맥이다.

② 호흡이 느리게 나타나는 것을 서맥이다.

③ 연령이 어릴수록 감소한다.

④ 숨이 차는 운동을 하고나면 증가한다.

⑤ 흥분하면 맥박수가 증가한다.

2 개에게 촉진이 가능한 림프절이 아닌 것은?

① 하악 림프절

② 견갑 앞 림프절

③ 종격동 림프절

④ 서혜부 림프절

⑤ 오금 스트립

advice

1 과목 | 동물보건내과학　난이도 | ●○○　정답 | ③

③ 연령이 어릴수록 맥박수는 증가한다.

2 과목 | 동물보건내과학　난이도 | ●●○　정답 | ③

림프절 촉진은 감염 및 숨겨진 화농과 초기 악성 종양도 종종 림프절 부종으로 나타나기 때문에 개의 건강에 대해 어느 정도의 정보를 얻을 수 있는 장점이 있다. 촉진 가능한 림프절은 하악−, 귀밑샘−, 견갑 앞−, 겨드랑이−, 서혜부−, 오금 림프절이다.

3 암컷 개의 난자가 배란 이후 성숙하기까지 걸리는 시간은?

① 배란 이후 바로 수정이 가능하다.

② 배란 이후 6시간 후 수정이 가능하다.

③ 배란 이후 24시간 후 수정이 가능하다.

④ 배란 이후 48시간 후 수정이 가능하다.

⑤ 정자와 접촉 하면 수정은 언제나 가능하다.

4 개의 가임신(pseudo pregnancy)에 대한 설명으로 옳지 않은 것은?

① 가임신은 개가 임신을 하지 않아도 발정기 이후에 마치 임신한 것처럼 변하는 상태이다.

② 발정 휴정기가 끝날 무렵 프로락틴이 떨어지고 프로게스테론이 상승하면서 증후가 나타난다.

③ 임상증상은 유방선 발달, 복부 확대, 체중 증가 및 행동 변화를 보인다.

④ 약 2 ~ 3주 후에 호르몬 농도가 정상화 되면 증상도 자연스럽게 없어진다.

⑤ 특별한 치료가 필요하지는 않지만 프로락틴 분비를 억제하는 치료도 가능하다.

😊 **advice**

3 과목 | 동물보건내과학   난이도 | ●●○   정답 | ④

난자는 배란 이후에 나팔관으로 이동한다. 난자는 아직 수정될 수 없고 수정될 수 있는 능력이 되기까지 이틀의 시간을 더 필요로 한다(성숙기).

4 과목 | 동물보건내과학   난이도 | ●●○   정답 | ②

② 가임신의 징후는 프로게스테론이 떨어지고 우유를 생산하는 호르몬 프로락틴이 상승하면서 시작된다. 산책과 운동으로 활동성을 늘리거나 침대를 떠날 때 새끼 역할을 하는 장난감을 몰래 빼주는 등 신경을 다른 곳에 쓰도록 유도하면 자연스럽게 가임신의 증상은 치유될 수 있다. 가임신으로 반려견의 고통이 크거나 가임신이 반복된다면 중성화 수술이 치료의 옵션이 될 수 있다.

5 다음 중 암캐의 발정 전기(proestrus)의 평균 기간은?

① 1일   ② 9일

③ 20일   ④ 30일

⑤ 50일

6 홀터 모니터 검사는 보통 몇 시간을 모니터링 하는가?

① 24시간   ② 48시간

③ 4일   ④ 7일

⑤ 1년

---

 advice

5 과목 | 동물보건내과학   난이도 | ●●○   정답 | ②

② 평균 9일 동안 지속된다.

개 발정주기의 단계
- ㉠ 발정 전기(proestrus) : 평균 9일 동안 지속되지만, 3 ~ 17일 사이로 개축별로 차이를 보일 수 있다. 에스트로겐의 영향으로 암컷의 외음부는 부풀어 오르며 피가 섞인 분비물을 배출하고 빈번한 소변으로 페로몬을 분비한다. 이때 수캐는 암캐에게 강하게 끌리지만 암캐는 아직 교미를 허락하지 않는다.
- ㉡ 발정기(estrus) : 발정 전기와 마찬가지로 약 9일간 지속되며 3 ~ 21일 사이로 차이를 보일 수 있다. 외음부의 붓기는 줄어들고 분비물 색이 밝아지며 양이 감소한다. 발정기에 배란이 일어나기 때문에 임신이 가능하고 암컷은 교미를 허락한다.
- ㉢ 발정휴지기(diestrus) : 암컷의 임신 여부에 관계없이 약 63일 동안 지속된다. 외음부는 붓기는 사라지고 분비물도 없으며 암컷은 교미를 허락하지 않는다.
- ㉣ 무발정기(anestrus) : 다음 발정기가 오기까지 약 4개월 정도 지속된다.

6 과목 | 동물보건내과학   난이도 | ●●○   정답 | ①

① 홀터 모니터 검사는 심장의 전기적 활동을 24시간, 최대 7일 동안 모니터링하는 것으로 간헐적인 심장 부정맥을 관찰에 유용한 검사이다.

홀터 모니터 검사
- ㉠ 실신(syncope)의 병력을 가진 동물이나 비정상 또는 불규칙한 심장박동을 감지한 경우에 사용된다.
- ㉡ 정상적인 활동, 운동 및 휴식 또는 수면 중 심박수 변동성 관찰할 때 사용된다.
- ㉢ 올바른 치료를 결정하기 위해 부정맥의 유형(비정상 또는 불규칙한 심장박동 또는 리듬) 진단할 때 사용된다.
- ㉣ 처방된 심장 약물의 효과 분석할 때 사용된다.
- ㉤ 맥박 조정기 기능을 평가할 때 사용된다.

7 출산 하루 전 암캐의 체온이 떨어지는 이유로 적절한 것은?

① 혈장 프로게스테론의 상승   ② 혈장 프로게스테론의 하락

③ 혈장 에스트로겐의 상승   ④ 혈장 옥시토신의 상승

⑤ 혈장 옥시토신의 하락

8 「가축전염병예방법」에 따라 반드시 접종해야 하는 백신은?

① 개 코로나 장염백신   ② 고양이 전염성 복막염 백신

③ 고양이 종합예방백신   ④ 광견병 백신

⑤ 개 종합예방백신

9 진드기 매개 질병이 아닌 것은?

① 라임병   ② 바베시아증

③ 리케차증   ④ 아나플라스마증

⑤ 리슈마니어증

10 개의 필수 아미노산이 아닌 것은?

① 페닐알라닌   ② 발린

③ 루신   ④ 트레오닌

⑤ 타우린

---

advice

7 과목 | 동물보건내과학   난이도 | ●●●   정답 | ②

출산 임박 징후로 출생 약 12 ~ 24시간 전 암컷의 체온은 임신 중 평균 체온 38℃에서 1℃까지 떨어진다. 그러나 체온 하락은 짧은 시간 동안만 지속되기 때문에, 하루에 세 번 임신 온도를 측정하는 것을 권장한다.

8 과목 | 동물보건내과학   난이도 | ●○○   정답 | ④

「가축전염병예방법」에 따라 광견병 백신을 반드시 접종해야 한다.

9 과목 | 동물보건내과학   난이도 | ●●●   정답 | ⑤

⑤ 리슈마니어증은 흡혈성 파리인 모래파리에서 전염되는 질병이다.

10 과목 | 동물보건내과학   난이도 | ●●○   정답 | ⑤

개의 필수 아미노산은 페닐알라닌, 발린, 트립토판, 트레오닌, 아이소루이신, 메티오닌, 히스티딘, 아르기닌, 루신, 라이신이다.

11 다음 〈보기〉에서 필수 지방산 종류를 바르게 모두 고른 것은?

보기

㉠ 리놀레산   ㉡ 아르기닌

㉢ 리놀렌산   ㉣ 아이소루이신

㉤ 아라키돈산

① ㉠㉡   ② ㉡㉤

③ ㉢㉣   ④ ㉠㉢㉤

⑤ ㉠㉡㉢㉣

12 다음 〈보기〉의 증상이 있는 고양이에게 예상할 수 있는 질환에 해야 하는 치료로 가장 적절한 것은?

보기

• 호흡곤란 증상이 있다.

• 구강호흡을 하며 입술과 잇몸이 창백해 보인다.

• 혀에서 청색증이 보인다.

• 흉강에 관통상이 있다.

① 저염으로 된 처방식을 급여한다.

② 펜벤다졸을 투약한다.

③ 조용한 장소에서 안정과 수면을 취할 수 있게 한다.

④ 흉수 배출과 입원치료가 필요하다.

⑤ 투석을 한다.

---

advice

11 과목 | 동물보건내과학   난이도 | ●○○   정답 | ④

필수 지방산 3종류는 ㉠ 리놀렌산, ㉡ 리놀레산, ㉤ 아라키돈산이다.

12 과목 | 동물보건내과학   난이도 | ●●●   정답 | ④

④ 흉강의 관통상이 있고 청색증, 호흡곤란 증상으로 흉수가 예상된다. 흉강에 액체가 차는 흉수는 응급상황이므로 입원치료를 통해 흉수 제거와 추가적인 검사 및 관리가 필요하다.

13 성묘에게서 가장 자주 발생하는 하부 요로계 질환(FLUDT)은 무엇인가?

① 스트루바이트 결석증
② 칼슘 옥살레이트 결석증
③ 세균성 요로감염·방광염
④ 특발성 방광염
⑤ 사구체 신염

14 개의 혈액형 및 수혈 준비에 대한 설명으로 옳지 않은 것은?

① 개의 적혈구 항체(DEA)는 최소 13개의 혈액형이 있다.
② 병원에서는 단순 혈액형 검사 카드가 구비되어 있고 DEA 1.1 혈액형 유형에 사용할 수 있다.
③ 혈액형의 진단할 경우 EDTA 항응고 혈액이 다른 항응고제보다 선호된다.
④ 첫 번째 수혈 전에는 수혈견과 공혈견 모두의 DEA1.1 혈액형을 지정한다.
⑤ DEA 1.1 양성인 개의 혈액은 모든 개에게 수혈될 수 있다.

advice

13 과목 | 동물보건내과학   난이도 | ●●●   정답 | ④

④ 요결석은 고양이에게서 자주 발생하는 하부 요로계 질환 중 하나지만 성묘에게 가장 자주 발생하는 하부 요로계 질환은 특발성(발병의 원인을 특정하지 못한) 방광염이다.
① 스트루바이트 결석증은 알칼리성 소변에서 발생한다. 치료식으로 용해가 가능하다.
② 칼슘 옥살레이트 결석은 산성 소변에서 생기며 식이요법으로 녹일 수 없기 때문에 외과적 수술 치료로 제거되어져야 한다.
③ 고양이의 경우 낮은 pH로 인해 세균성 질병이 잘 일어나지 않지만, 노묘의 경우 세균성 요로감염 및 방광염이 발생할 수 있다. 자주 진단되는 세균으로 대장균, 포도상 구균, 프로테우스 미라빌리스 등이 있다.
⑤ 고양이 사구체 신염은 신장에 존재하는 사구체가 손상되어 일어나는 신장 질환이다.

14 과목 | 동물보건내과학   난이도 | ●●○   정답 | ⑤

⑤ DEA 1.1 음성 혈액은 DEA 1.1 양성 또는 음성 수혈견에서 면역 반응을 일으키지 않기 때문에 보편적으로 공혈을 할 수 있는 혈액형이다.
① 개의 혈액형은 DEA 1 ~ 13까지 최소 13개의 혈액형이 알려져 있고, DEA 시스템이 완전히 정의된 것이 아니기 때문에 다른 혈액형이 더 발견 될 수도 있다.

15 8% 탈수된 20kg의 개는 결핍을 보충하기 위해 어느 정도의 등장성 결질 용액이 필요한가?

① 200ml

② 500ml

③ 1,000ml

④ 1,600ml

⑤ 2,000ml

16 개에게서 나타나는 테오브로민 중독에 대한 설명으로 옳지 않은 것은?

① 카카오의 함량이 높은 식품을 먹으면 발생한다.

② 중독된 개는 빈맥, 부정맥, 설사, 구토 증상이 나타난다.

③ 저칼륨혈증으로 인한 빈맥과 부정맥이 나타나므로 ECG로 모니터링 한다.

④ 섭취한 지 하루가 지난 경우에는 구토를 유발하거나 위 세척을 한다.

⑤ 수액 치료 후 소변 카테터를 배치하여 이뇨를 돕고 독소가 장내에서 재활용되는 것을 줄인다.

🐶 **advice**

15 과목 | 동물보건내과학　난이도 | ●●○　정답 | ④

수액치료 시 보충해야 할 보충 수액의 계산법은 다음과 같다.

보충량(ml) = 탈수(%) ÷ 100 × 체중(kg) × 1,000

산정된 보충량은 수액 치료로 선택된 시간으로 나누어준다. 수액 과부하의 위험이 있는 동물의 경우는 수액을 천천히 공급해준다.

16 과목 | 동물보건내과학　난이도 | ●●●　정답 | ④

④ 초콜릿 섭취 후 3시간이 경과하지 않은 경우에는 구토를 유발하는 것도 효과적이며 소량의 음식을 섭취시켜 구토를 돕는다.

① 카카오에는 테오브로민과 카페인이 함유되어 있다. 카카오의 함량이 높을수록 테오브로민을 더 많이 함유한다.

② 테오브로민은 빈맥과 부정맥을 일으킨다. 그밖에 구토, 설사, 다뇨, 다갈 및 과잉 행동을 포함한다.

⑤ 개는 수액 치료로 탈수를 방지하고 소변 생산을 유도한다.

17 췌장의 베타세포에서 생성되는 호르몬은 무엇인가?

① 글루카곤

② 프로게스테론

③ 인슐린

④ 황체호르몬

⑤ 티록신

18 모낭충증에 대한 설명으로 옳지 않은 것은?

① 모낭충(Demodex)은 개 사이에서 전파되는 기생충이다.

② 임상증상은 비듬, 발적, 탈모가 있고 원칙적으로 가려움증을 동반하지 않지만 이차 세균 감염이 생기면 가려움증을 동반한다.

③ 증상의 분포로 국소형과 전신형으로 나뉜다.

④ 성견은 보통 전신형을 보이며 기저 질병(갑상샘저하증, 종양) 또는 약물로 인한 이차 면역 결핍이 원인이다.

⑤ 어린 개에서는 국소형과 전신형 모두 나타날 수 있고, 유전적인 면역 결핍이 전신형의 원인으로 간주된다.

17 과목 | 동물보건내과학   난이도 | ●●○   정답 | ③

③ 인슐린 : 췌장의 내분비계에서는 알파와 베타세포가 각각 글루카곤과 인슐린이라는 호르몬을 분비한다. 인슐린은 혈당이 높을 시 포도당의 세포 흡수를 촉진함으로 혈당을 낮춘다.

① 글루카곤 : 혈당이 낮을 시 분비되어 간에 저장된 글리코겐으로부터 포도당을 생산하여 혈당을 높인다.

② 프로게스테론 : 프로게스테론(황체호르몬)은 난소에 있는 황체에서 생산되는 성호르몬으로, 임신을 유지시키는 호르몬이다. 암캐의 프로게스테론은 배란기에 농도가 급증하기 시작하며, 최적의 교배시기를 예측하기 위해 활용된다.

④ 티록신(T4) : 갑상샘 호르몬으로 개의 경우엔 갑상샘 저하증, 고양이의 경우엔 갑상생항진증이 임상적으로 주로 나타난다.

18 과목 | 동물보건내과학   난이도 | ●●●   정답 | ①

모낭충(Demodex)은 출생 후 어미에게서 새끼로 전파된다. 개과 동물 간에 직접 전염은 불가능하므로 전염성이 없다.

19　마이크로필라리아(microfilaria)에 대한 설명으로 옳은 것은?

① 심장사상충의 유충
② 촌충의 편절
③ 지아르디아의 낭종
④ 개회충의 충란
⑤ 고양이회충의 충란

20　누워 있는 동물에게 욕창을 방지하기 위해서 자세를 재배치해야 하는 시간으로 적절한 것은?

① 5분 미만
② 30분 미만
③ 2 ~ 4시간
④ 하루에 3번
⑤ 하루에 10번

19　과목 | 동물보건내과학　난이도 | ●●○　정답 | ①

　　마이크로필라리아는 심장사상충의 유충으로, 모기가 숙주를 흡혈할 때 숙주의 몸속으로 들어가 감염된다. 마크로필라리아는 심장사상충의 성충을 의미한다.

20　과목 | 동물보건내과학　난이도 | ●○○　정답 | ③

　욕창 관리

　㉠ 욕창, 소변 및 대변 오염으로 인한 이차적인 피부 자극, 근육 및 관절 악화(위축 및 수축)에 이르기까지 수많은 합병증에 걸리기 쉽다.
　㉡ 배설물로 인한 오염을 방지하기 위해서 흡수 패드와 같은 침구 재료를 까는 것이 좋다.
　㉢ 욕창을 방지하기 위해서 4시간 마다 동물의 위치 회전 및 재배치한다.
　㉣ 부드러운 침구도 욕창 방지에 도움이 된다.
　㉤ 방광 관리는 피부 오염을 감소시키고 장기적인 배변 합병증을 예방하는 데 중요하다.
　㉥ 회음부 주변의 털을 제거하여 세척을 용이하게 하고 크림을 바르면 피부 자극과 피부염을 줄일 수 있다.

21 동물의 심장질환에 대한 설명으로 옳지 않은 것은?

① 대동맥하 협착증 : 대동맥 판막 아래가 좁혀진다.

② 심실중격 결손증 : 좌심실과 우심실 사이의 심장 중격이 열려있는 상태이다.

③ 동맥관 개존증 : PDA, 출생전 대동맥과 폐동맥이 연결된 상태가 출생 후에도 계속 지속되는 상태이다.

④ 이첨판 폐쇄부전증 : 좌심방과 좌심실 사이의 판막의 퇴행적으로 변화한다.

⑤ 비대성 심근증(HCM) : 심장이 팽창하면서 근육의 약화되고 심장을 수축하는 힘이 커진다.

22 개의 자궁축농증(pyometra)에 대한 설명으로 옳지 않은 것은?

① 발정기 이전에 빈번하게 발생한다.

② 자궁 속에 증식하는 박테리아가 생산한 독소는 혈액으로 이전되며 패혈증을 유발한다.

③ 치료를 하지 않은 동물은 응급 동물로 간주된다.

④ 개방형은 자궁의 분비물이 몸 밖으로 분비되나 폐쇄형은 자궁경부의 폐쇄로 인해 분비물 유출이 불가능하다.

⑤ 치료는 외과적 시술로 자궁과 난소를 제거한다.

---

advice

21 과목 | 동물보건내과학   난이도 | ●●●   정답 | ⑤

⑤ 비대성 심근증(HCM)은 고양이에서 가장 흔한 심장 질환으로 심장 근육이 두꺼워지면서 심장 수축력이 감소하는 심장 근육 질환이다.

확장성 심근증(DCM)

대형견에서 자주 발생하는 심장 근육 질환으로 심장이 팽창하면서 근육이 약화되고 심장을 수축하는 힘이 떨어진다.

22 과목 | 동물보건내과학   난이도 | ●●○   정답 | ①

① 발정기 이후에 발생하는 질병이다.

자궁축농증(pyometra)

생식기의 가장 흔한 질환이다. 발정기 이후(발정기 시 자궁경부가 열린 시기) 2 ~ 8주 사이에 전형적으로 발생한다. 식욕 부진, 구토, 설사, 발열 및 복통과 같은 다양한 비특이적 증상을 보인다. 다갈, 다뇨가 자주 관찰된다. 수술 없이 호르몬, 항생제 및 항염증제 등의 약물 치료는 재발의 리스크가 높기 때문에 추천되지 않는다.

23 체리 아이에 대한 설명으로 옳지 않은 것은?

① 제3안검선의 돌출은 빨갛고 둥근 외관 때문에 체리 아이라고 불린다.

② 제3안검선은 제3안검의 안쪽 하부에 위치하며 전체 눈물의 30 ~ 40%를 생산한다.

③ 단두형(brachycephalic) 강아지에게 제3안검선의 확대 및 돌출이 자주 발생한다.

④ 개보다 고양이에게 제일 빈번하게 나타나는 질환 중에 하나이다.

⑤ 제3안검선의 돌출로 인해 시력이 제한되며 눈이 잘 감기지 않아 각막이 건조해지며 염증이 발생한다.

---

 advice

23 과목 | 동물보건내과학   난이도 | ● ● ○   정답 | ④

④ 고양이의 경우 강아지에 비해 일반적이지 않지만 만성 감기와 관련하여 코가 짧은 품종에서 발생하기도 한다.

🐱 **제3안검선의 돌출**

㉠ 2세 미만의 어린 개에게서 자주 발생한다. 2세 미만의 개가 체리 아이의 임상이 없었다면 앞으로 체리 아이를 앓을 가능성은 거의 없다고 볼 수 있다.

㉡ 결합 조직이 태생적으로 느슨한 단두형 품종 또는 처진 눈을 가진 품종의 강아지(프렌치 불독, 잉글리쉬 불독, 라사압소, 페키니즈, 비글, 말티즈, 코커스파니엘, 카발리에 킹 찰스 스파니엘, 나폴리탄 마스티프, 카네코르소, 그레이트 데인, 세인트 버나드 등)에서 자주 관찰된다.

㉢ 제3안검선의 돌출로 인해 시력이 제한될 수 있으며 눈이 잘 감기지 않아 각막이 건조해지며 염증이 발생한다. 제3안검선은 전체 눈물의 약 40%를 생산하기 때문에 제거술은 권장되지 않는다.

㉣ 국소 마취로 다시 삽입하거나 자체적으로 사라지기도 한다. 돌출된 상태로 유지되는 경우 안약이나 인공눈물로 각막과 제3안검선의 수분을 유지해주는 치료가 있다.

24 강아지 호너 증후군이 발병하면 눈에서 나타나는 특징적인 증상에 속하지 않는 것은?

① 동공 축소　　　　　　　　　　② 가라앉은 눈

③ 쳐진 눈꺼풀　　　　　　　　　　④ 눈 주위 떨림

⑤ 제3안검 돌출

25 다음 중 자가 면역 질환에 속하는 것은?

① 골격근 위축

② 부갑상샘기능항진증

③ 갑상샘항진증

④ 중증 근무력증

⑤ 쿠싱 증후군

advice

24 과목 | 동물보건내과학　난이도 | ●●●　정답 | ④

　④ 특징적인 증상에는 동공 축소, 눈이 가라앉음, 눈꺼풀 처짐, 제3안검(순막)의 돌출이 있다.

🐱Tip **호너 증후군**

교감신경의 장애에 기인한다. 교감신경의 손상 및 그 주위 구조의 손상은 신경에 압력을 가하고 혈액 순환을 감소시킨다. 강아지 호너 증후군은 양쪽 눈에 생길 수 있으나 일반적으로는 한 쪽 눈에만 나타난다.

25 과목 | 동물보건내과학　난이도 | ●●●　정답 | ④

　④ 중증 근무력증은 골격근의 신경전달 물질인 아세틸콜린에 대해 자가항체를 생성하면서 발생하는 자가면역질환으로 근육이 약해지는 것이 특징이다.

　① 골격근의 위축은 골격근의 용적이 감소한 상태이다.

　② 부갑상샘기능항진증은 부갑상샘이 분비하는 부갑상샘 호르몬(PTH)의 분비가 증가하는 질환이다.

　⑤ 쿠싱 증후군은 부신 피질에서 생성되는 코티솔의 분비가 증가하는 질환이다.

🐱Tip **자가 면역 질환**

신체의 면역 체계가 자신의 조직을 공격하고 파괴하는 질환이다.

26 개 유전병이 아닌 것은?

① 주관절 이형성증(elbow dysplasia)　　　② 고관절 이형성증(hip dysplasia)

③ 단두종 증후군　　　　　　　　　　　　④ MDR 1

⑤ 아나플라스증

27 수술 동물 준비와 드레이핑에 대한 설명으로 옳은 것은?

① 면도날을 이용해 수술 부위의 털을 제거한다.

② 외과 수술 준비의 기본 원칙은 가장자리 시작하여 중앙(절개 부위) 방향으로 준비하는 것이다.

③ 사용했던 소독 거즈는 수술 부위 주변에서는 여러 번 사용이 가능하다.

④ 동물의 멸균 드레이핑은 스크럽 직원이 수행한다.

⑤ 동물을 드레이핑 할 때 드레이프는 동물보다 낮은 곳에서 준비한다.

---

advice

26 과목 | 동물보건내과학　난이도 | ●●○　정답 | ⑤

⑤ 아나플라스증 : 진드기를 매개로 감염되는 세균성 감염병이다.

① 주관절 이형성증 : 유전적 요인뿐만 아니라 부적절한 영양이 임상에 중요한 역할을 한다. 래브라도와 골든 리트리버의 경우 주관절 이형성증(ED) 테스트는 번식 테스트 중 하나이다.

② 고관절 이형성 : 독일 셰퍼드에 자주 발생하며 초기에 임상징후가 없이 고관절의 불안정에서 시작하여 심한 통증과 관절증으로 이어진다.

③ 단두종 증후군 : 매우 짧고 둥근 두개골로 인해 호흡기에 몇 가지 변화가 있는 질병으로 복서, 퍼그, 불독 및 페키니즈와 같은 품종에서 발생한다.

④ MDR1 : MDR1 유전자에 결함이 있는 경우, 외부기생충약(이버멕틴)이 혈액뇌 장벽을 교차하여 중추신경계에 축적된다. 그 결과 중독의 심각한 징후로 최악의 경우 동물은 사망할 수 있다.

27 과목 | 동물보건외과학　난이도 | ●●○　정답 | ④

🐱**TIP** 외과 피부 준비의 목표

피부에서 먼지와 상주 미생물을 감소시킴으로서 수술 부위 감염의 위험을 줄이는 것이다. 과거에는 면도와 수술 부위의 과장된 세척이 권장되었으며 피부가 집중적으로 준비될수록 더 나은 것으로 여겨졌다. 오늘날은 피부를 면도날을 사용하고 광범위하게 세척하면 피부를 손상시키고 피부 깊은 곳에 위치해있던 박테리아를 표면에 가져와 오히려 미생물의 증식을 증가시키는 것으로 여겨진다. 따라서 면도날을 이용한 면도보다는 전기 클리퍼(제모가위)를 사용하는 것을 권장한다.

🐱**TIP** 외과 수술 준비의 기본 원칙

중앙에서 시작하여(절개 부위) 가장자리 방향으로 준비한다. 사용한 거즈가 다른 곳에 오염되지 않도록 주의한다. 알코올로 소독한 피부는 포비돈 요오드로 다시 소독하고, 자연 건조 후 멸균 영역을 만들고자 하는 영역에 드레이핑을 시작한다. 동물의 멸균 드레이핑은 스크럽 직원만 수행할 수 있다. 드레이핑은 동물보다 높은 위치에서 시작하고, 드레이프와 멸균 장갑을 낀 손이 허리 아래로 내려가지 않도록 주의한다. 멸균 드레이프가 동물에 배치되면 재배열해서는 안 된다.

28 다음 〈보기〉에서 마취 전 검사에 해당하는 항목을 고르시오.

---------------------------- 보기 ----------------------------

㉠ 지금까지의 의료 기록

㉡ 신체검사

㉢ 혈액검사

㉣ 영상 진단

----

① ㉡㉢　　　　　　　　　　　　　② ㉠㉡

③ ㉠㉡㉢　　　　　　　　　　　　④ ㉠㉡㉣

⑤ ㉠㉡㉢㉣

28 과목 | 동물보건외과학　　난이도 | ●●○　　정답 | ⑤

일반 마취는 개와 고양이는 사소한 합병증에서 사망에 이르는 위험까지 초래할 수 있다. 사전에 하는 철저한 마취 검사는 마취 리스크가 큰 동물을 식별하는 데 도움을 준다.

🐱 마취 전 검사

㉠ 관련 병력 : 동물의 병력은 신체 상태에 관한 단서를 준다.

㉡ 신체검사 : 심혈관 및 호흡기 시스템에 특히 중점을 둔 철저한 신체검사는 추가 진단을 권장하고 동물의 마취 위험을 평가하는 데 중요하다.

㉢ 혈액검사 : 혈액검사에서 검출된 모든 이상은 적절한 진단검사, 추가 혈액검사, 복부 초음파, 소변 분석 등을 마취 전에 추가적으로 조사하도록 한다.

㉣ 영상 진단 : 마취 시 심장과 폐의 상태가 적합한지 평가한다.

29 마취 동물 모니터링에 속하지 않는 것은?

① 심전도(ECG)
② 피부긴장도(skin turgor)
③ 호기말이산화탄소(capnography)
④ 맥박 산소(pulse oximeter)
⑤ 체온

30 수술 전 금식에 대한 설명으로 틀린 것은?

① 수술 후 동물의 질식사를 예방하기 위한 조치이다.
② 수술 전 금식 규칙은 기니피그에게 주요하게 적용된다.
③ 마지막 식사는 수술 전날 밤 10시 이전이다.
④ 수술 당일 아침에는 아침식사뿐 아니라 스낵과 치료제도 섭취하지 않는다.
⑤ 물은 수술 당일 아침 7시까지 주어진다.

---

advice

29 과목 | 동물보건외과학   난이도 | ●●○   정답 | ②

② 피부긴장도는 탈수를 측정하는 검사로 마취 동물의 모니터링에 속하는 측정치는 아니다. 동물의 마취는 마취제가 투여되는 시점부터 전체 회복이 달성될 때까지 모니터링을 한다.

🐱 마취 동물 모니터링
㉠ 심혈관 시스템 : 심전도(ECG)로 심장 박동과 리듬을 지속적으로 판독한다.
㉡ 혈압 : 마취제는 심장 수축을 억제하고 혈관을 확장시키기 때문에 저혈압은 마취 도중 일반적이며 모니터링이 필요하다.
㉢ 호흡기 시스템 : 마취제의 용량에 따라 호흡이 억제되기 때문에 마취 중 산소화 및 환기를 모니터링 한다.
㉣ 호기말이산화탄소 : 이 방법은 동물의 환기 상태를 측정하는 유용한 도구로, 정상환기(ETCO$_2$ = 40mm Hg), 저환기(ETCO$_2$ > 40mm Hg), 또는 과환기(ETCO$_2$ < 40mm Hg)를 모니터링 할 수 있다. 그래프는 또한 기도의 부분적 또는 완전한 폐색, 튜브의 변위, 이산화탄소의 재호흡과 같은 정보도 제공한다.
㉤ 맥박 산소계 : 동맥 혈액의 산소 포화도를 SpO$_2$로 측정하며, 마취 중에는 산소 100%에 SpO$_2$는 > 95%이여야 한다.
㉥ 체온 : 저체온증은 마취 중에 발생할 수 있는 문제 중에 하나이며 다른 합병증으로 이어질 수 있다.

30 과목 | 동물보건외과학   난이도 | ●○○   정답 | ②

② 수술 전 금식 규칙은 개와 고양이로 제한되며 토끼나 기니피그와 같은 초식동물들은 지속적으로 음식물을 섭취해야 하며 수술을 위해서 굶어서는 안 된다. 특별한 건강 상태(당뇨병 등)의 경우 금식과 관련해 수의사와 상의하여 명확한 지침을 받도록 한다.

31 외과 수술 전 손의 세척 및 소독에 대한 설명으로 옳지 않은 것은?

① 반지, 손목시계, 팔찌뿐만 아니라 인공 손톱 등 아무것도 착용하지 않는다.
② 손톱은 항상 짧고 깨끗하게 유지한다.
③ 세척 및 소독 하는 동안 손과 팔뚝을 높이 유지한다.
④ 흐르는 물에 씻을 때는 손에서 팔뚝 방향으로 씻는다.
⑤ 손소독이 끝난 후에 머리 커버와 수술 마스크를 착용한다.

32 수술 후 모니터링에 대한 설명 중 틀린 것은?

① 수술 후 동물이 회복실에서 깨어날 때까지 체온, 심박수, 호흡, 통증 등을 체크한다.
② 수술 후 통증 모니터링은 동물 윤리학적으로도 매우 중요하며 기본은 진통제 처치이다.
③ 수술 후 기간에 통증을 신속하고 효과적으로 관리하는 것이 만성적인 통증을 줄이는 가장 좋은 방법이다.
④ 편안한 침구, 조용한 회복실, 필요한 경우 수액처치, 보온이나 산소 공급이 있다.
⑤ 아이스팩은 부종을 줄이는 데 유용하며 부종 부위와 직접 접촉하면 효과가 높다.

advice

31 과목 | 동물보건외과학   난이도 | ●○○   정답 | ⑤

⑤ 외과 수술 이전 손을 기계적 세척 및 화학적으로 소독하는 것은 손과 팔뚝까지 가능한 많은 미생물을 제거하는 과정이다. 손소독 이전에 머리 커버와 수술 마스크를 착용한다. 일차적으로 비누로 세척하고 흐르는 물로 손과 팔뚝을 씻어준다. 손을 건조한 후 소독액을 사용하여 손과 팔뚝을 3 ~ 5분 동안 스크럽한다. 사용 프로토콜은 제조업체의 지침을 따른다. 손가락 사이의 영역에 주의를 기울이며 손은 항상 팔꿈치 위로 유지한다. 소독액 제조업체의 지시에 따라 소독 과정이 반복되기도 한다. 수도꼭지 또는 소독제 디스펜서에 손이나 팔뚝이 접촉되는 것을 피한다. 소독이 끝난 후 습한 표면은 병원균이 번식할 수 있기 때문에 손을 철저히 건조시킨다. 항균 비누로 스크럽을 수행하는 경우 멸균 수건을 사용하여 손을 건조시키도록 한다. 가운과 장갑을 착용하기 전에 손과 팔뚝이 완전히 건조되어야 한다.

32 과목 | 동물보건외과학   난이도 | ●○○   정답 | ⑤

⑤ 아이스팩은 피부와 직접 접촉하면 피부에 민감한 반응을 일으킬 수 있으므로 천에 싸서 직접적인 접촉을 피한다.

🐱 **수술 후 통증**

불안증 또는 마취에서 깨어나는 정신 착란으로 인해 구별하기가 쉽지 않을 수 있다. 진통제는 통증이 인식되는 경우에 항상 처리해야 한다. 회복 기간에 불안정한 동물들은 돌발행동을 할 수 있으므로 동물보건사 및 병원 직원의 안전에 특별히 유의하도록 한다.

33 외과 수술 후 반려견의 관리방법으로 옳지 않은 것은?

① 2주 동안 산책을 자제시키고 최대한 신체적 움직임을 줄인다.

② 수술 부위에 무리를 주지 않는 운동인 계단을 오르내리는 것은 매일 반복한다.

③ 반려견을 혼자 남겨두어야 하는 경우 따뜻하고 안전한 케이지나 작은 공간에 국한되도록 한다.

④ 반려견이 수술 부위를 핥는 것을 넥 칼라를 이용해 방지한다.

⑤ 매일 수술 부위를 모니터링하여 발적, 붓기, 분비물의 유무 또는 과도한 핥기의 징후를 관찰한다.

34 고양이 난소자궁적출술(OHE, ovariohysterectomy) 중에 난소와 자궁을 찾는 데 사용하는 수술 기구의 이름은 무엇인가?

① orchiectomy hook

② captacion hook

③ OHE hook

④ Neuter hook

⑤ Spay hook

advice

33 과목 | 동물보건외과학　난이도 | ●○○　정답 | ②

① 수술 후 관리방법은 주로 신체 활동을 제한하는 것이다. 반려견은 수술의 심각성이나 회복 기간의 중요성을 이해하지 못하고 대부분은 수술 후에도 매우 활동적이다. 과도한 신체 활동은 종종 부상이나 심각한 합병증으로 이어지기 때문에 엄격한 감금 및 활동의 제한은 전체 회복기간 동안 필요하다. 즉, 화장실을 가는 것 이외의 모든 활동은 약 2주 동안 제한해야 한다.

④ 상처를 계속적으로 핥는 반려견의 행동은 수술 합병증으로 발전 될 수 있으므로 넥 칼라를 이용해 철저히 예방해야 한다.

⑤ 보호자는 매일 수술 부위를 모니터링 하며 합병증을 예방하도록 한다. 발적 및 붓기는 치유 과정의 일부이며 수술 후 처음 며칠 동안 예상되는 현상이다. 처음 2 ~ 3일 후 붓기와 발적은 가라앉고 절개는 매일 더 잘 보이는 것이 정상이다. 절개 부위의 계속되는 붓기와 분비물의 생성은 비정상이고 감염의 초기 증상일 수 있다.

34 과목 | 동물보건외과학　난이도 | ●●○　정답 | ⑤

난소자궁적출술은 암컷의 생식 기관을 외과적으로 제거하는 수술로 두 난소와 자궁각을 제거한다. 고양이의 난소자궁적출술을 수행할 때 암컷의 배꼽 바로 아래를 1 ~ 2cm 절개하며 스페이 후크(Spay hook)는 난소 및 자궁각을 몸밖으로 회수하는데 사용되는 끝이 곡선으로 된 수술 기구이다.

35 마요 헤가(Mayo Hegar) 수술 기구에 대한 용도로 옳게 설명한 것은?

① 구부러진 바늘을 잡을 때 사용된다.
② 봉합사 재료를 절단하는 데 사용된다.
③ 섬세한 조직을 자르거나 무딘 조직을 해부할 때 사용된다.
④ 혈관을 압축하여 수술 중 출혈을 제어한다.
⑤ 메스를 잡는 홀더이다.

36 봉합사에 대한 일반적인 설명으로 옳지 않은 것은?

① 봉합사 재료는 얇지만 조직에 의해 가해지는 힘을 견딜 수 있을 만큼 강해야 한다.
② 봉합사의 인장 강도는 조직의 강도와 같아야 한다.
③ 모노 필라멘트 봉합사는 멀티 필라멘트 봉합사에 비해 감염의 가능성이 높다.
④ 자연 흡수 봉합사는 포식작용(phagocytosis)에 의해 제거되기 때문에 가수 분해에 의해 제거되는 합성 흡수 봉합사보다 심각한 염증 반응을 보인다.
⑤ 비흡수성 봉합사는 느린 치유 조직(힘줄 및 인대 등)에 사용한다.

---

advice

35 과목 | 동물보건외과학   난이도 | ● ● ○   정답 | ①

② 마요 가위(mayo scissors)
③ 멧젠바움 가위(metzenbaum scissors)
④ 모스키토 포셉(Mosquito Forcep)
⑤ 스카펠 핸들(scalpel handle)

36 과목 | 동물보건외과학   난이도 | ● ● ○   정답 | ③

③ 모노 필라멘트 봉합사는 멀티 필라멘트 봉합사보다 감염의 가능성이 낮다. 봉합사의 표면에 미생물이 부착될 가능성이 멀티 필라멘트보다 낮기 때문이다(피부 봉합에 모노 필라멘트를 사용).
⑤ 봉합사가 흡수되면 빠르게 인장 강도를 잃기 때문에 비흡수성 봉합사는 느린 치유 조직(힘줄 및 인대 등)에 사용된다.

37 반려동물의 다리를 절단하는 일반적인 이유로 적절하지 않은 것은?

① 비만세포종 또는 골육종과 같은 악성 종양

② 심한 골절이나 많은 양의 피부가 손실되는 부상의 경우

③ 사지의 기형으로 계속되는 외상과 이차적인 감염이 반복되는 경우

④ 다리에 신경이 손상된 경우

⑤ 대칭성 낭창성 발톱 이영양증(SLO)

38 개의 잠복 고환(Cryptorchidism) 치료에 대한 설명으로 옳지 않은 것은?

① 잠복 고환은 사타구니나 복부에 위치할 수 있다.

② 유전 질환이기 때문에 수술시 음낭에 있는 정상 고환도 함께 제거한다.

③ 사타구니 잠복 고환은 고환이 있는 장소에 걸쳐 절개하고 고환을 상처 틈으로 밀어 제거한다.

④ 수술 전에 사타구니에서 고환을 만질 수 없거나 초음파에 의해 국소화 될 수 없는 경우 복강 절개나 복강경을 이용해 수술한다.

⑤ 호르몬 제제로 고환 하강을 유도하는 약물 치료는 효과가 좋고 성공 확률도 높다.

---

37 과목 | 동물보건외과학   난이도 | ●●○   정답 | ⑤

④ 대칭성 낭창성 발톱 이영양증(symmetric lupoid onychodystrophy)의 원인이 아직 명확히 밝혀지지 않았지만 면역 매개성 질병으로 간주된다. 발톱이 빠지거나 비정상적으로 자라는 등의 임상 및 조직 병리학적 변화를 나타낸다. 일반적으로 발톱을 뽑거나 증상학적 치료가 이루어지며 발가락이나 사지절단 치료는 고려되지 않는다. 악성 암세포가 퍼지거나 재발의 리스크를 감소시키기 위해서 사지의 악성 종양은 종양뿐만 아니라 건강한 조직도 넓게 제거해야 한다. 동물의 생명을 지키기 위해 전체 팔다리를 절단하는 것이 유일한 방법이다.

38 과목 | 동물보건외과학   난이도 | ●●○   정답 | ⑤

⑤ 약물 치료는 아주 어린 나이(최대 16주)이거나 사타구니 잠복 고환에서만 시도될 수 있지만, 성공 확률은 일반적으로 낮다.

🐱 잠복 고환

태아의 고환은 신장 가까이에 있는 복강 속에 있고 출생 직전 또는 후에 미래의 음낭으로 하강하기 시작한다. 출생 시 강아지의 고환은 사타구니관 안에 위치한다. 8 ~ 12주 후에는 음낭에 있어야 한다. 사타구니관은 성장 과정에서 좁아지기 때문에 제 시간에 내려가지 않은 고환은 통행할 수 없게 된다. 하강하지 못한 고환을 잠복 고환이라 한다. 잠복 고환이 치료되지 않으면, 종양으로 변성할 위험이 매우 높다. 여기서 주요 요인은 몸 내부의 높은 온도이다.

39　개의 항문낭 염증에 대한 설명으로 옳지 않은 것은?

① 항문낭은 두 개로 항문 양쪽에 위치한다.

② 잦은 항문 핥기, 썰매 타는 자세로 미끄러지기, 앉는 것을 주저, 꼬리를 깨무는 행동이 나타난다.

③ 가벼운 염증은 항문낭을 비우고 소독약과 항생제 등의 국소적 치료로 완치가 가능하다.

④ 재발이 잦은 개는 항문낭 염증이 올라오면 곧바로 수술적으로 제거를 권한다.

⑤ 항문낭 염증의 감별 진단으로는 기생충 감염 또는 피부염이 있다.

40　치수강이 노출된 치아를 치료하는 것에 대한 설명으로 옳은 것은?

① 감염의 징후가 없으면 그대로 둘 수 있다.

② 발치 또는 근관 치료법으로 치료한다.

③ 치수가 여전히 살아있는 경우에만 치료가 필요하다.

④ 치수가 괴사된 경우에만 치료가 가능하다.

⑤ 동물이 통증이 있을 때 치료한다.

---

advice

39　과목 | 동물보건내과학　난이도 | ●●○　정답 | ④

④ 재발이 잦은 경우에는 항문낭의 수술적 제거가 추천되며 수술은 염증이 가라앉은 후에 한다.

③ 대부분의 경우에는 국소적인 치료로 완치가 가능하고 예후도 좋다. 심한 염증의 경우에는 누공이 형성될 수도 있고 잦은 재발을 일으킬 수 있다.

⑤ 항문낭 염증과 유사한 징후를 보이는 질병으로는 엉덩이 주위에 가려움증을 유발하는 질병, 기생충 감염(tapeworm), 피부염이 있다.

　항문낭 염증

통증을 동반하는 항문낭 염증은 개와 고양이에서 자주 발생하는 질병이다. 가려움증이나 통증으로 유발된 여러 임상증상으로 보호자에게도 쉽게 발견된다.

40　과목 | 동물보건내과학　난이도 | ●●○　정답 | ②

치수가 신경과 함께 노출된 골절은 복잡한 골절의 경우로 약간의 출혈과 함께 통증도 동반한다. 치수강이 열린 치아는 근관 치료를 받거나 만성 통증과 턱 농양을 피하기 위해 추출해야 한다.

41 개에게 나타나는 난산(dystokia)이 아닌 경우는?

① 출산 예정일이 지났는데 출산의 징후가 없을 때
② 골반이 너무 좁아 강한 진통 이후 약 1시간이 지나도 강아지가 태어나지 않을 때
③ 강아지가 처음으로 태어나고 녹색 분비물이 나올 때
④ 칼슘 부족으로 자궁 경부가 열리지 못하고 출산이 진행되지 못 할 때
⑤ 강아지가 산도를 막고 있을 때

42 골관절염이 있는 고양이 치료로 적절한 것은?

① 고강도 재활운동을 한다.
② 일반 식이보다 2배 이상의 고단백, 고지방 식이를 제공한다.
③ 점프를 자주 할 수 있는 공간을 제공한다.
④ 연골 보호와 통증관리를 위해 콘드로이틴 황산 보조제를 급여한다.
⑤ 정형외과적 수술을 준비한다.

---

41 과목 | 동물보건외과학   난이도 | ●●○   정답 | ③

　③ 녹색 분비물은 태반이 분리되면서 생기고 첫 강아지의 출생 이후는 정상이지만 출생 이전은 합병증의 징후이다.

42 과목 | 동물보건외과학   난이도 | ●●○   정답 | ④

　①④ 골관절염은 흔하게 나타나는 관절염으로 연골이 닳아 거칠어지면서 관절에 손상을 주는 질환이다. 완치는 불가능하지만
　　보조제 섭취와 저강도 운동을 하면서 관리를 한다.
　②③ 체중관리가 필요하므로 식단 관리가 필요하다. 또한 점프를 하면서 관절에 무리가 가지 않도록 수직공간에는 계단을 설치
　　한다.

43 고양이의 요로 폐쇄를 치료하면서 소변 카테터를 배치할 때 최대 며칠 동안 유지되는가?

① 3일   ② 5일

③ 7일   ④ 8일

⑤ 12일

44 인공 영양 공급 튜브 중에 식도관의 끝이 배치되는 위치는 어디인가?

① 후두 뒤쪽   ② 식도 중간

③ 식도 끝   ④ 위

⑤ 공장

45 선천성 구개열에 대한 설명으로 옳지 않은 것은?

① 새끼 중에서 한 마리가 느린 성장이 발견될 때까지 검출되지 않을 수도 있다.

② 구개열의 결함이 클수록 우유를 빠는데 어려움이 있거나 코의 분비물 또는 흡인 폐렴을 일으킬 가능성이 높다.

③ 이차 병변인 흡인 폐렴은 예후를 위태롭게 하기 때문에 항생제 치료가 필요하다.

④ 어린 동물의 경우 적절한 수술의 시기는 1 ~ 2개월령이다.

⑤ 보호자 또는 브리더에게 잠재적인 유전 가능성을 통보한다.

---

advice

43 과목 | 동물보건외과학   난이도 | ●●○   정답 | ①

고양이가 오줌 카테터를 스스로 빼지 못하도록 넥 칼라는 필수이다. 카테터는 소변검사의 결과에 따라 일반적으로 2 ~ 3일간 유지할 수 있으며 그 이상이 되면 세균성 감염의 위험성이 높아지기 때문에 피해야 한다. 가능하면 내성 박테리아 감염 위험을 최소화하기 위해 오줌 카테터가 제거된 후에만 항생제를 투여하도록 하고, 광범위한 스펙트럼 항생제를 권장하거나 (amoxicillin/clavulan 약 10일) 또는 항생제 민감성 결과에 따라 적절한 항생제가 선택된다.

44 과목 | 동물보건외과학   난이도 | ●○○   정답 | ③

심한 식욕 부진으로 자가 영양 섭취가 불가능한 동물의 경우, 종종 필요한 영양을 제공하기 위해 인공 영양 공급 튜브를 배치한다. 식도관은 가벼운 마취를 사용하여 식도 끝까지 배치한다.

45 과목 | 동물보건외과학   난이도 | ●●○   정답 | ④

④ 어린 나이에 구개열 수술을 하면 두 번 이상의 수술이 필요할 수 있고 치유와 관련된 섬유아세포의 활성화가 얼굴 및 구개의 성장을 방해할 수 있다. 구개열 수술은 가능한 지연하는 것이 권장된다. 음식은 긴 젖꼭지나 주사기로 입인두에 공급하며 3 ~ 4개월령까지 기다리는 것이 좋다.

46 반려동물의 출산 예정일을 예측하는 방법으로 옳지 않은 것은?

① 고양이의 경우 모든 출산의 94 ~ 97%가 교미 후 61일과 69일 사이에 이루어진다.

② 강아지의 경우 임신 기간은 첫 번째 교미 후 57일에서 71일까지 다양할 수 있다.

③ 배란 이전 프로게스테론 농도의 초기 하락으로부터 임신 기간은 64 ~ 66일이다.

④ 초음파 검사에서 두개골 직경 2.5cm, 간이 위치한 몸의 직경 4cm의 새끼는 성숙한 것으로 간주된다.

⑤ 출산 하루 전 혈청 프로게스테론의 감소로 체온의 하락(1℃ 이상)은 암캐에게서 관찰된다.

---

46 과목 | 동물보건외과학 난이도 | ●●○ 정답 | ③

① 고양이의 경우 임신 기간은 65일이고 모든 출산의 94 ~ 97%가 교미 후 61일과 69일 사이에 이루어진다.

② 강아지의 경우 임신 기간은 더욱 가변적이며 첫 번째 교미 후 57일에서 71일까지 다양할 수 있다. 이것은 암컷의 발정기 행동이 배란 시에 맞춰 명백하지 않고 강아지의 정자는 최대 7일 동안 암컷의 생식기에서 수정이 가능하기 때문이다.

출산 예정일을 추정하는 방법

㉠ 난산을 진단하거나 제왕절개 수술(배란 후 63일째)을 계획하려면 출산 예정일을 추정하는 것은 중요하다.

㉡ 배란 날짜를 알면 출산 예정일은 정확하게 예측할 수 있다. 배란 이전 프로게스테론 농도의 초기 상승으로부터 임신 기간은 64 ~ 66일이다.

㉢ 암캐의 배란 날이나 고양이의 교미 날짜가 알려지지 않은 경우 초음파 또는 방사선 검사를 사용하여 출산 예정일을 추정할 수 있다. 두개골 직경 2.5cm, 간이 위치한 몸의 직경 4cm 의 새끼는 성숙한 것으로 간주된다.

㉣ 출산 하루 전에 혈청 프로게스테론의 급격한 감소로 체온의 하락(1℃ 이상)은 대부분의 암캐에게서 관찰되며 직장 온도를 매일 2 ~ 3번 모니터링한다.

47 다음 〈보기〉에서 소변검사를 위한 검체 수집 방법에 대한 설명으로 옳은 것을 모두 고른 것은?

─── 보기 ───

ⓐ 소변은 자연배뇨, 소변 카테터, 방광천자(cystocentesis)를 통해 샘플을 수집할 수 있다.

ⓑ 소변검사를 위해 필요한 최소 소변량은 30ml이다.

ⓒ 소변배양검사를 위해서는 24시간 동안 모은 소변을 이용한다.

ⓓ 균배양 검사를 위해서는 방광천자(cystocentesis)로 샘플을 얻는 것이 가장 적합하다.

ⓔ 방광천자(cystocentesis)는 출혈의 위험이 있는 경우 또는 악성 종양이 의심되는 경우에는 피한다.

ⓕ 자연배뇨 소변 샘플은 신선해야 하고 냉장보관을 한 경우에는 수집을 하고 난 이후에 최대 6시간 까지 사용할 수 있다.

① ㉠㉣㉤
② ㉠㉡㉣
③ ㉡㉢㉣㉤
④ ㉠㉣㉤㉥
⑤ ㉠㉡㉣㉤㉥

advice

47 과목 | 동물보건임상병리학   난이도 | ●●○   정답 | ④

㉠ 소변은 자연배뇨, 오줌 카테터, 방광천자(cystocentesis)를 통해 샘플이 수집될 수 있다.

㉣ 방광천자(cystocentesis) 샘플이 가장 이상적이다. 방광천자(cystocentesis)는 바늘을 체벽에 관통시켜 방광에서 오줌을 직접 획득하는 방법이다.

㉤ 출혈의 위험이 높은 동물(응고병증 등) 또는 악성 종양의 의심이 있는 동물(바늘 침투로 인한 암세포의 전파 및 오염)에게는 피해야 한다. 카테터로 소변 수집이 가능하다.

㉥ 적절한 소변의 양은 정해져 있지 않지만 일반적으로 2 ~ 5ml이며, 소변배양검사에는 적은 양이라도 신선한 소변이 적합하다.

48 소변검사에 대한 설명으로 옳지 않은 것은?

① pH는 소변의 수소 이온 농도를 나타내는 수치이다.

② 소변의 pH 수치가 8 이상은 알칼리이다.

③ 개와 고양이의 소변은 약산성이고 말과 반추동물의 소변은 알칼리성이다.

④ 요비중은 신장의 응축기능을 측정하는 척도가 된다.

⑤ 요비중은 소변 속에 함유되어 있는 고형질을 측정하는 방법으로 굴절계(refractometer)로 측정한다.

49 다음 중 용어 설명이 틀린 것은?

① 황달 : 피부와 점막이 노랗게 착색된 증상

② 빈혈 : 혈액 내의 적혈구, 헤모글로빈 또는 헤마토크리트의 감소

③ 용혈 : 적혈구가 파괴되어 헤모글로빈이 적혈구 밖으로 나오는 상태

④ 호중구의 좌방 이동(left shift) : 성숙한 호중구의 증가

⑤ 고지방혈 : 지질 농도가 높은 혈액

---

48 과목 | 동물보건임상병리학   난이도 | ●●○   정답 | ②

② 소변의 pH는 7을 기준으로 <7을 산성, >7을 알칼리성이라 한다.

③ 육식동물인 반려동물은 약산성(개 : 5.5 ~ 7.0, 고양이 : 5.0 ~ 7.0)이며 초식동물은 알칼리성이다.

④ 소변의 pH 변화는 임상학적으로 다양한 질병의 원인이다. 산성의 소변에서는 칼슘옥살레이트 결석이 생길 위험이 있으며, 알칼리성 소변은 세균성 감염의 위험 또는 스트루브석 형성에 적합한 조건이 된다. 요비중은 신장의 응축기능을 측정하는 척도이며, 크레아티닌, BUN(혈액요소질소)과 함께 신장기능을 체크하는 기본 검사 중 하나이다.

49 과목 | 동물보건임상병리학   난이도 | ●○○   정답 | ④

④ 어린 호중구(간상호중구)의 증가 : 간상호중구의 좌방 이동이라고 하며 급성 전염 질환 또는 감염증에서 관찰된다.

① 황달 : 빌리루빈 혈중 농도가 증가했을 때 생기며 빌리루빈은 치자색의 색소로 피부와 점막을 노랗게 착색시킨다.

② 빈혈 : 혈액 내의 적혈구와 적혈구 속에 있는 헤모글로빈이 감소한 상태로, 헤마토크리트는 빈혈의 여부를 검사하는 기본수치 중 하나이다.

③ 용혈 : 적혈구의 훼손 및 파괴된 상태로 용혈은 잦은 빈혈의 원인이다.

50 혈액 응고 검사 튜브는 혈액과 구연산나트륨(sodium citrate)이 구성되는 비율로 옳은 것은?

① 5:1

② 1:1

③ 12:1

④ 9:1

⑤ 4:1

51 국제신장학회에서 개와 고양이의 신장질환을 혈액 수치로 단계화하고 치료에 대한 가이드라인을 제안 한 혈액 수치로 옳은 것은?

① SDMA, 크레아티닌

② BUN, 크레아티닌

③ SDMA, BUN

④ BUN, 요비중

⑤ 요비중, 크레아티닌

---

advice

50 과목 | 동물보건임상병리학   난이도 | ●●○   정답 | ④

혈액응고검사 튜브는 혈액에 대한 구연산나트륨의 비율이 정확하게 채워져 있고 10%의 오차를 허용한다. 너무 적은 양의 혈액은 샘플응고를 방지하여 가양성(긴 응고시간) 결과를 초래하니 채혈 시 주의하여야 한다.

51 과목 | 동물보건임상병리학   난이도 | ●●●   정답 | ①

① 크레아티닌 : 근세포에서 생산되어 신장에서 배설되는 신장 마커이나, 근육량에 따라 그 수치가 달라질 수 있고 약 70%의 사구체가 손상 되었을 때 혈액 수치가 상승하는 단점이 있다.

① SDMA(symmetric dimethylarginine) : 약 20 ~ 30%의 사구체 손상 시 혈액에서 상승하기 때문에 신장 기능의 조기 마커이다.

② BUN(혈중요소질소) : 측정 당시 여러 상황(단백질의 섭취 유무, 위장내의 출혈 등)에 영향을 받으므로 해석에 유의한다.

52 고양이의 요도가 막혔을 경우(요도 폐쇄) 혈청화학검사에서 보이는 주된 변화는 무엇인가?

① 고칼륨증
② 저크레아티닌증
③ 고알부민증
④ 저콜레스테롤증
⑤ 저글로불린증

53 EDTA 혈액 샘플을 원심분리하면 세 개의 층으로 분리된다. 샘플 튜브의 아래에서부터 그 층을 바르게 나열한 것은?

① 적혈구층 – 혈장층 – 백혈구연층(buffy coat)
② 혈장층 – 적혈구층 – 백혈구연층(buffy coat)
③ 적혈구층 – 백혈구연층(buffy coat) – 혈장층
④ 혈장층 – 백혈구연층(buffy coat) – 적혈구층
⑤ 백혈구연층(buffy coat) – 적혈구층 – 혈장층

---

 advice

52 과목 | 동물보건임상병리학　난이도 | ● ● ●　정답 | ①

소변의 배출이 정체되면서 소변의 독소들은 다시 재흡수되어 신장 수치가 상승하고, 칼륨의 배출이 저지되어 고칼륨증이 나타난다.

53 과목 | 동물보건임상병리학　난이도 | ● ● ○　정답 | ③

🐱 버피 코트(buffy coat) 검사

㉠ 백혈구를 검사하는 가장 빠른 방법이다.
㉡ 전혈은 원심분리 이후 적혈구의 바닥층, 백혈구와 혈소판의 중간층(버피 코트), 혈장의 상부층 세 부분으로 분리된다.
㉢ 검사하는 주된 이유는 혈류에서 순환하는 비정상적인 백혈구를 찾는 것이다.
㉣ 가장 중요한 세포는 비만세포이다. 비만세포는 알레르기와 관련해서 중요한 역할을 하고 건강한 동물에서는 신체조직에서만 발견되며 혈류에서는 거의 볼 수 없다.
㉤ 비만세포는 비만세포 종양이 될 수 있으며 피부 또는 내부 기관에서 발생할 수 있다.

54 골수 생검이 필요한 임상학적 소견이 아닌 것은?

① 비재생성 빈혈　　　　　　　　　② 지속적인 저혈소판증

③ 심한 출혈 경향　　　　　　　　　④ 말초혈액의 비정상 세포 관찰

⑤ 범혈구감소증

55 다음 <보기>에서 골수 흡인의 절차를 순서대로 옳게 나열한 것은 무엇인가?

보기

ⓐ 골수 흡인용 바늘을 개구부를 통과하고 뼈의 단단한 외부 층을 통해 골수로 밀어 넣는다.

ⓑ 수집된 골수는 유리 슬라이드에 얇은 층으로 확산시키고 건조한다.

ⓒ 주사기를 바늘에 부착하고 골수를 주사기로 흡입하다.

ⓓ 멸균된 메스로 피부에 작은 개구부를 만든다.

ⓔ 피부는 클리퍼(제모가위)로 모피를 정리하고 세척 및 소독한다.

ⓕ 샘플은 염색하여 현미경 검사 준비를 마친다.

ⓖ 하나 또는 두 개의 작은 스티치로 피부의 개구부를 닫는다.

① ㉠ → ㉣ → ㉤ → ㉡ → ㉢ → ㉥ → ㉦

② ㉤ → ㉠ → ㉢ → ㉣ → ㉡ → ㉥ → ㉦

③ ㉤ → ㉠ → ㉢ → ㉣ → ㉥ → ㉡ → ㉦

④ ㉤ → ㉣ → ㉠ → ㉢ → ㉡ → ㉥ → ㉦

⑤ ㉤ → ㉠ → ㉣ → ㉢ → ㉡ → ㉥ → ㉦

advice

54 과목 | 동물보건임상병리학　　난이도 | ●●○　　정답 | ③

③ 골수 생검은 일반적으로 비정상적 말초혈액 도말의 결과에 후속하여 진단을 확인하기 위해 수행된다. 심한 출혈을 보이는 동물에게 골수 생검 및 침습적인 검사는 금기이다.

55 과목 | 동물보건임상병리학　　난이도 | ●●○　　정답 | ④

절차는 국소적 냉동마취로 수행될 수도 있지만 진정제 투여 또는 가벼운 전신 마취는 동물의 스트레스 또는 불편을 감소시키기 위해서 필수적이다. 종종 고체 골수의 작은 조각도 골수 흡인과 동시에 수집된다. 골수의 흡인과 생검을 통해 얻은 검체를 슬라이드로 제작하거나 염색한 후 현미경을 통해 골수세포를 관찰하고 감별 계산을 시행하게 된다. 결과에 대한 정확한 판독이 이루어진 후 의료진을 통해 검사결과에 대한 설명을 들을 수 있다.

56 급성 췌장염 진단을 할 때 혈청검사에서 아밀라아제 농도의 변화는?

① 변화가 없다.

② 정상치보다 2배 이상 감소한다.

③ 정상치보다 3배 이상 증가한다.

④ 중등도 일수록 농도 변화가 크다.

⑤ 증가와 감소를 반복한다.

57 다음 보기에서 담즙 검사의 순서를 옳게 나열한 것은?

보기

㉠ 2시간을 기다린다.   ㉡ 동물은 12시간 금식한다.

㉢ 캔사료 한스푼을 동물에게 준다.   ㉣ 첫 번째 혈액을 채취한다.

㉤ 두 번째 혈액을 채취한다.

① ㉡→㉣→㉠→㉢→㉤   ② ㉡→㉣→㉢→㉠→㉤

③ ㉡→㉢→㉣→㉠→㉤   ④ ㉣→㉢→㉤→㉠→㉡

⑤ ㉣→㉠→㉤→㉢→㉡

---

56 **과목 | 동물보건임상병리학**   **난이도 | ●●○**   **정답 | ③**

③ 급성 췌장염 진단에 사용되는 것은 아밀라아제와 리파아제에 해당한다. 혈청 아밀라아제 농도는 3배 이상 증가하고 특징적인 증상이 있다면 확진이 된다.

④ 중등도와 농도와는 관련이 없다.

57 **과목 | 동물보건임상병리학**   **난이도 | ●●○**   **정답 | ②**

㉡ 금식(간식 포함)은 테스트를 수행하기 전 12시간 동안이며 엄격하게 적용해야 한다. 금식 기간은 혈류에 남아있는 담즙을 회수할 수 있는 시간을 제공하여 가양성을 방지한다.

㉣ 테스트는 초기 혈액 견본을 수집하면서 시작된다(식전 수치).

㉢㉠ 동물에게 적은 양의 캔사료를 제공하고 정확히 2시간 후에 두 번째 혈액 샘플을 채취한다(식후 수치).

㉤ 두 혈액 샘플에서 담즙을 측정한다.

58 반려동물 요결석에 대한 설명으로 옳은 것은?

① 칼슘 옥살레이트 결석은 약물로 녹일 수 있다.

② 달마시안은 시스틴 결석을 형성하는 경향이 있다.

③ 스트루브석은 소변을 산성으로 유지하는 것이 주 치료 방법 중 하나이다.

④ 칼슘 옥살레이트 모노히드레이트는 칼슘 옥살레이트 디히드레이트 결석과 공존할 수 없다.

⑤ 유레이트 결석은 용해가 불가능하며 외과적 수술로 제거해야 한다.

59 강아지의 파보바이러스 감염 임상 및 진단에 대한 설명으로 틀린 것은?

① 대변 ELISA(효소결합면역흡착검사) 파보 항원 검사는 특이도가 낮다.

② 대변에서 PCR을 통한 파보바이러스 검출은 백신 접종 후 가양성일 수 있다.

③ 파보바이러스에 감염된 강아지는 성견이 되면 만성 장염이 발병할 가능성이 높다.

④ 백혈구 감소증에는 항상 항생제 치료가 필요하다.

⑤ 장중첩증, 패혈증 등 합병증이 발생할 수 있다.

---

60 다음 〈보기〉에 있는 그림의 보정 방식은 어떤 처치를 할 때 사용하는가?

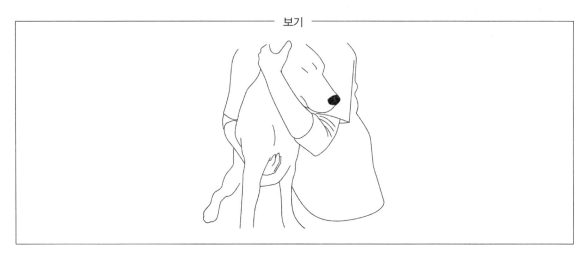

보기

① 초음파 검사

② 체온측정

③ 방사선 검사

④ 요골 부위 피부 정맥 천자

⑤ 목 정맥 천자

1 동물보호법에 따른 동물 실험 원칙에 대한 설명으로 옳지 않은 것은?

① 동물실험은 인류의 복지 증진과 동물 생명의 존엄성을 고려하여 실시하여야 한다.

② 실험동물의 윤리적 취급과 과학적 사용에 관한 지식과 경험을 보유한 자가 시행하여야 하며 필요한 최소한의 동물을 사용하여야 한다.

③ 동물실험을 한 자는 그 실험이 끝난 후 지체 없이 해당 동물을 검사하여야 하며, 검사 결과 정상적으로 회복한 동물은 분양하거나 기증할 수 있다.

④ 검사 결과 해당 동물이 회복할 수 없거나 지속적으로 고통을 받으며 살아야 할 것으로 인정되는 경우에는 신속하게 고통을 주지 아니하는 방법으로 처리하여야 한다.

⑤ 감각능력이 낮은 동물을 사용하여 수의학적 방법 없이 고통이 수반되는 실험을 한다.

advice

1 과목 | 동물보호법   난이도 | ●●●   정답 | ⑤

🐱 동물보호법 제47조(동물실험의 원칙)

㉠ 동물실험은 인류의 복지 증진과 동물 생명의 존엄성을 고려하여 실시되어야 한다.

㉡ 동물실험을 하려는 경우에는 이를 대체할 수 있는 방법을 우선적으로 고려하여야 한다.

㉢ 동물실험은 실험동물의 윤리적 취급과 과학적 사용에 관한 지식과 경험을 보유한 자가 시행하여야 하며 필요한 최소한의 동물을 사용하여야 한다.

㉣ 실험동물의 고통이 수반되는 실험을 하려는 경우에는 감각능력이 낮은 동물을 사용하고 진통제 · 진정제 · 마취제의 사용 등 수의학적 방법에 따라 고통을 덜어주기 위한 적절한 조치를 하여야 한다.

㉤ 동물실험을 한 자는 그 실험이 끝난 후 지체 없이 해당 동물을 검사하여야 하며, 검사 결과 정상적으로 회복한 동물은 기증하거나 분양할 수 있다.

㉥ ㉤에 따른 검사 결과 해당 동물이 회복할 수 없거나 지속적으로 고통을 받으며 살아야 할 것으로 인정되는 경우에는 신속하게 고통을 주지 아니하는 방법으로 처리하여야 한다.

㉦ ㉠ ~ ㉥에서 규정한 사항 외에 동물실험의 원칙과 이에 따른 기준 및 방법에 관한 사항은 농림축산식품부장관이 정하여 고시한다.

2 다음 보기에서 동물보호법에서 지정한 반려동물 범위에 포함되는 동물을 모두 고른 것은?

─────────────────────── 보기 ───────────────────────

ⓗ 도마뱀   ⓛ 개

ⓒ 토끼   ⓡ 페럿

ⓜ 기니피그   ⓗ 뱀

ⓢ 앵무새

──

① ㉠㉡㉢㉣   ② ㉠㉡㉤㉥

③ ㉡㉢㉣㉤   ④ ㉢㉣㉤㉥

⑤ ㉣㉤㉤㉥

3 다음 〈보기〉에서 동물보호법에 따라 동물 도살 방법에 해당하는 것을 모두 고른 것은?

─────────────────────── 보기 ───────────────────────

㉠ 가스법   ㉡ 전살법(電殺法)

㉢ 타격법(打擊法)   ㉣ 자격법(刺擊法)

──

① ㉠   ② ㉡㉢

③ ㉡㉢㉣   ④ ㉠㉢㉣

⑤ ㉠㉡㉢㉣

2   과목 | 동물보호법   난이도 | ●●○   정답 | ③

「동물보호법 시행규칙」 제3조(반려동물의 범위)에 따라 농림축산식품부령으로 정하는 동물은 개, 고양이, 토끼, 페럿, 기니피그 및 햄스터를 말한다.

3   과목 | 동물보호법   난이도 | ●●○   정답 | ⑤

「동물보호법 시행규칙」 제8조(동물의 도살방법)에 따라 농림축산식품부령으로 정하는 방법은 가스법, 약물 투여법, 전살법(電殺法), 타격법(打擊法), 총격법(銃擊法), 자격법(刺擊法)이 있다.

4 동물보호법에 따른 안전조치에 대한 설명으로 옳은 것은?

① 모든 동물은 외출할 때에는 목줄 또는 가슴줄을 하거나 이동장치를 사용한다.

② 사람이 붐비는 거리에서는 목줄의 길이는 최대한 1m 이내로 짧게 잡아야 한다.

③ 건물 내부의 공용공간에서는 등록 동물을 직접 안아서 이동하여야 한다.

④ 탈출할 수 없는 잠금장치가 있는 이동장치 안에 있는 맹견은 입마개를 하지 않아도 된다.

⑤ 월령 1개월인 맹견은 입마개와 목줄을 착용하고 외출을 해야 한다.

5 동물보호법상 기질평가위원회의 업무 내용이 아닌 것은?

① 맹견이 아닌 개에 대한 기질평가

② 맹견의 기질평가

③ 맹견사육장소의 허가 및 감사

④ 맹견 종(種)의 판정

⑤ 맹견에 관하여 시·도지사가 요청하는 사항

---

advice

4 과목 | 동물보호법   난이도 | ●●○   정답 | ④

동물보호법 시행규칙 제11조(농림축산식품부령으로 정하는 안전조치의 기준)

㉠ 길이가 2미터 이하인 목줄 또는 가슴줄을 하거나 이동장치(등록대상동물이 탈출할 수 없도록 잠금장치를 갖춘 것을 말한다)를 사용할 것. 다만, 소유자등이 월령 3개월 미만인 등록대상동물을 직접 안아서 외출하는 경우에는 목줄, 가슴줄 또는 이동장치를 하지 않을 수 있다.

㉡ 다음에 해당하는 공간에서는 등록대상동물을 직접 안거나 목줄의 목덜미 부분 또는 가슴줄의 손잡이 부분을 잡는 등 등록대상동물의 이동을 제한할 것
  • 다중주택 및 같은 조 제3호에 따른 다가구주택의 건물 내부의 공용공간
  • 공동주택의 건물 내부의 공용공간
  • 준주택의 건물 내부의 공용공간

5 과목 | 동물보호법   난이도 | ●●○   정답 | ③

동물보호법 제26조(기질평가위원회의 업무)
㉠ 맹견 종(種)의 판정
㉡ 맹견의 기질평가
㉢ 맹견사육허가에 대한 인도적인 처리에 대한 심의
㉣ 맹견이 아닌 개에 대한 기질평가
㉤ 그 밖에 시·도지사가 요청하는 사항

6 동물보건사 면허에 대한 설명으로 옳지 않은 것은?

① 면허증은 다른 사람에게 빌려주거나 빌려서는 안 된다.

② 면허증을 알선하면 안 된다

③ 시험에서 부정행위를 한 사람에 대하여는 그 시험을 정지시킨다.

④ 거짓으로 처방전을 발급하였을 때 면허의 효력을 정지시킬 수 있다.

⑤ 부정행위로 인해 시험이 정지되거나 합격이 무효가 된 사람은 국가시험에 응시할 수 없다.

7 다음 〈보기〉에서 수의기록 검안부에 반드시 기재해야 하는 사항을 모두 고른 것은?

```
──────────────────── 보기 ────────────────────
   ㉠ 동물의 품종              ㉡ 검안 날짜
   ㉢ 동물 소유자의 성명        ㉣ 폐사 날짜
   ㉤ 치료 방법                ㉥ 동물 등록 번호
```

① ㉡㉢   ② ㉢㉣㉤

③ ㉠㉡㉢㉣   ④ ㉡㉢㉣㉥

⑤ ㉣㉥

🐶 advice

6   과목 | 수의사법   난이도 | ●○○   정답 | ⑤

⑤ 「수의사법」 제9조의2(수험자의 부정행위) 제2항에 따라 시험이 정지되거나 합격이 무효가 된 사람은 그 후 두 번까지는 국가시험에 응시할 수 없다.

7   과목 | 수의사법   난이도 | ●●○   정답 | ③

🐱 수의사법 시행규칙 제13조 제2호(검안부의 기재사항)

㉠ 동물의 품종 · 성별 · 특징 및 연령

㉡ 검안 연월일

㉢ 동물소유자등의 성명과 주소

㉣ 폐사 연월일(명확하지 않을 때에는 추정 연월일) 또는 살처분 연월일

㉤ 폐사 또는 살처분의 원인과 장소

㉥ 사체의 상태

㉦ 주요 소견

8 다음 〈보기〉에서 등록 대상 동물에 해당하는 범위를 모두 고른 것은?

보기

㉠ 월령 2개월 이상의 개
㉡ 주택 · 준주택에서 기르는 개
㉢ 반려 목적으로 기르는 개
㉣ 주택 · 준주택에서 기르는 고양이

① ㉠
② ㉡㉢
③ ㉡㉢㉣
④ ㉠㉡㉢
⑤ ㉠㉡㉢㉣

9 수의사법에 따라 동물보건사 자격요건에 해당하지 않는 것은?

① 동물 간호 관련 학과 졸업자
② 평생교육기관의 고등학교 교과 과정에 상응하는 동물 간호에 관한 교육과정을 이수한 사람
③ 고등학교 졸업학력 인정자로 동물 간호에 관한 교육과정을 이수한 후 동물 간호 관련 업무에 1년 이상 종사한 사람
④ 외국의 동물 간호 관련 면허나 자격을 가진 사람
⑤ 동물보건사 자격시험 응시일부터 6개월 이내에 졸업이 예정된 사람

---

advice

8 **과목 | 동물보호법   난이도 | ●○○   정답 | ④**

「동물보호법 시행령」 제4조(등록 대상 동물의 범위)에 따라 월령(月齡) 2개월 이상인 개로 주택 및 준주택에서 기르고 주택 및 준주택 외의 장소에서 반려(伴侶) 목적으로 기르는 개를 말한다.

9 **과목 | 수의사법   난이도 | ●○○   정답 | ②**

② 「수의사법」 제16조의2(동물보건사의 자격)에 따라서 평생교육기관의 고등학교 교과 과정에 상응하는 동물 간호에 관한 교육과정을 이수하고 동물 간호 관련 업무에 1년 이상 종사한 사람이다.

10 동물보건사의 업무로 옳지 않은 것은?

① 동물 진료

② 동물 체온 자료 수집

③ 동물 간호판단

④ 동물 약물도포

⑤ 동물 경구투여

11 등록 대상 동물의 관리방법으로 적절하지 않은 것은?

① 등록 대상 동물을 기르는 곳에서 벗어나게 하는 경우에는 소유자의 연락처를 표시한 인식표를 부착한다.

② 소유자는 등록 대상 동물을 동반하고 외출할 때에는 안전조치를 한다.

③ 등록 대상 동물과 외출했을 때 배변은 즉시 수거한다.

④ 등록 대상 동물의 소변은 즉시 수거한다.

⑤ 시·도지사는 공중위생상의 위해 방지를 위하여 필요할 때에 등록 대상 동물에 대하여 예방 접종을 요청할 수 있다.

---

advice

10 과목 | 수의사법   난이도 | ●○○   정답 | ①

① 동물의 간호 또는 진료 보조 업무가 동물보건사의 업무이다.

🐱 **수의사법 시행규칙 제14조의7(동물보건사의 업무 범위와 한계)**

㉠ 동물의 간호 업무 : 동물에 대한 관찰, 체온·심박수 등 기초 검진 자료의 수집, 간호판단 및 요양을 위한 간호

㉡ 동물의 진료 보조 업무 : 약물 도포, 경구 투여, 마취·수술의 보조 등 수의사의 지도 아래 수행하는 진료의 보조

11 과목 | 동물보호법   난이도 | ●●○   정답 | ④

🐱 **동물보호법 제16조(등록 대상 동물의 관리 등)**

㉠ 등록대상동물의 소유자 등은 소유자 등이 없이 등록대상동물을 기르는 곳에서 벗어나지 아니하도록 관리하여야 한다.

㉡ 등록대상동물의 소유자 등은 등록대상동물을 동반하고 외출할 때에는 다음의 사항을 준수하여야 한다.

- 농림축산식품부령으로 정하는 기준에 맞는 목줄 착용 등 사람 또는 동물에 대한 위해를 예방하기 위한 안전조치를 할 것
- 등록대상동물의 이름, 소유자의 연락처, 그 밖에 농림축산식품부령으로 정하는 사항을 표시한 인식표를 등록대상동물에게 부착할 것
- 배설물(소변의 경우에는 공동주택의 엘리베이터·계단 등 건물 내부의 공용공간 및 평상·의자 등 사람이 눕거나 앉을 수 있는 기구 위의 것으로 한정한다)이 생겼을 때에는 즉시 수거할 것

㉢ 시·도지사는 등록대상동물의 유실·유기 또는 공중위생상의 위해 방지를 위하여 필요할 때에는 시·도의 조례로 정하는 바에 따라 소유자 등으로 하여금 등록대상동물에 대하여 예방접종을 하게 하거나 특정 지역 또는 장소에서의 사육 또는 출입을 제한하게 하는 등 필요한 조치를 할 수 있다.

12 맹견이 출입할 수 있는 장소로 옳은 것은?

① 어린이집

② 유치원

③ 초등학교

④ 노인복지시설

⑤ 공원

13 동물보호법 제101조에 따른 과태료 부과 금액이 다른 하나는?

① 소유자 없이 맹견을 기르는 곳에서 벗어나게 한 소유자

② 월령이 3개월 이상인 맹견을 동반하고 외출할 때 안전장치 및 이동장치를 하지 아니한 소유자

③ 등록 대상 동물을 등록하지 아니한 소유자

④ 보험에 가입하지 아니한 소유자

⑤ 맹견의 안전한 사육 및 관리에 관한 교육을 받지 아니한 소유자

---

advice

12 과목|동물보호법   난이도| ●○○   정답|⑤

동물보호법 제22조(맹견의 출입금지 장소)

㉠ 어린이집

㉡ 유치원

㉢ 초등학교 및 특수학교

㉣ 노인복지시설

㉤ 장애인복지시설

㉥ 어린이공원

㉦ 어린이놀이시설

㉧ 그 밖에 불특정 다수인이 이용하는 장소로서 시·도의 조례로 정하는 장소

13 과목|동물보호법   난이도| ●○○   정답|③

③ 100만원 이하의 과태료를 부과한다〈「동물보호법」 제101조 제3항 제4호〉.

①②④⑤ 300만원 이하의 과태료를 부과한다.

①② 「동물보호법」 제101조 제3항 제2호   ④ 「동물보호법」 제101조 제3항 제5호   ⑤ 「동물보호법」 제101조 제3항 제3호

14 동물보호를 위한 국가 · 지자체 · 국민의 책무로 적절하지 않은 것은?

① 국가는 학생이 동물의 보호 · 복지 등에 관한 사항을 교육받을 수 있도록 노력하여야 한다.

② 모든 국민은 동물을 보호하기 위한 국가와 지방자치단체의 시책에 적극 협조하여야 한다.

③ 국가는 사업비 전부의 지원이 불가하므로 지자체는 사업수행을 위한 예산 확보를 위해 노력해야 한다.

④ 소유자 등은 동물의 적정한 보호 · 관리와 동물학대 방지를 위하여 노력하여야 한다.

⑤ 지방자치단체는 동물학대 방지 등 동물을 적정하게 보호 · 관리하기 위하여 필요한 시책을 수립 · 시행하여야 한다.

15 동물보호법 목적에 해당하지 않는 것은?

① 사람과 동물의 조화로운 공존
② 동물의 생명보호
③ 동물의 안전보장 및 복지 증진
④ 수의학적 처치기술 육성
⑤ 건전하고 책임 있는 사육문화의 조성

🐶 advice

14 과목 | 동물보호법　난이도 | ●●○　정답 | ③

🐱📖 동물보호법 제4조(국가 · 지방자치단체 및 국민의 책무)

　㉠ 국가와 지방자치단체는 동물학대 방지 등 동물을 적정하게 보호 · 관리하기 위하여 필요한 시책을 수립 · 시행하여야 한다.

　㉡ 국가와 지방자치단체는 ㉠에 따른 책무를 다하기 위하여 필요한 인력 · 예산 등을 확보하도록 노력하여야 하며, 국가는 동물의 적정한 보호 · 관리, 복지업무 추진을 위하여 지방자치단체에 필요한 사업비의 전부 또는 일부를 예산의 범위에서 지원할 수 있다.

　㉢ 국가와 지방자치단체는 대통령령으로 정하는 민간단체에 동물보호운동이나 그 밖에 이와 관련된 활동을 권장하거나 필요한 지원을 할 수 있으며, 국민에게 동물의 적정한 보호 · 관리의 방법 등을 알리기 위하여 노력하여야 한다.

　㉣ 국가와 지방자치단체는 학교에 재학 중인 학생이 동물의 보호 · 복지 등에 관한 사항을 교육받을 수 있도록 동물보호교육을 활성화하기 위하여 노력하여야 한다.

　㉤ 국가와 지방자치단체는 ㉣에 따른 교육을 활성화하기 위하여 예산의 범위에서 지원할 수 있다.

　㉥ 모든 국민은 동물을 보호하기 위한 국가와 지방자치단체의 시책에 적극 협조하는 등 동물의 보호를 위하여 노력하여야 한다.

　㉦ 소유자 등은 동물의 보호 · 복지에 관한 교육을 이수하는 등 동물의 적정한 보호 · 관리와 동물학대 방지를 위하여 노력하여야 한다.

15 과목 | 동물보호법　난이도 | ●○○　정답 | ④

🐱📖 동물보호법 제1조(동물보호법의 목적)

　이 법은 동물의 생명보호, 안전 보장 및 복지 증진을 꾀하고 건전하고 책임 있는 사육문화를 조성함으로써, 생명 존중의 국민 정서를 기르고 사람과 동물의 조화로운 공존에 이바지함을 목적으로 한다.

16 동물보호법에서 정의하는 용어의 뜻으로 적절하지 않은 것은?

① 반려동물 : 파충류 · 양서류 · 어류 중 농림축산식품부장관이 관계 중앙행정기관의 장과의 협의를 거쳐 대통령령으로 정하는 동물

② 동물학대 : 동물을 대상으로 정당한 사유 없이 신체적 고통과 스트레스를 주는 행위

③ 등록 대상 동물 : 동물의 보호, 유실 · 유기방지, 질병의 관리, 공중위생상의 위해 방지 등을 위하여 등록이 필요하다고 인정하는 동물

④ 소유자 : 동물의 소유자와 일시적 또는 영구적으로 동물을 사육 · 관리 또는 보호하는 사람

⑤ 동물 : 고통을 느낄 수 있는 신경체계가 발달한 척추동물

17 등록대상동물의 안전 조치에 대한 설명으로 옳은 것은?

① 3개월 이상의 동물을 직접 안고 있다면 목줄은 하지 않아도 된다.

② 목줄의 길이는 1미터 이내여야 한다.

③ 목줄 또는 가슴줄을 하거나 이동장치를 사용하여야 한다.

④ 건물 공용공간에서는 동물의 목줄의 목덜미 부분을 잡아 이동을 제한한다.

⑤ 다중주택에서는 안전장치를 하고 있더라도 동물을 안아서 이동할 수 없도록 한다.

---

advice

16 **과목 | 동물보호법   난이도 | ●●●   정답 | ①**

① 「동물보호법」 제2조(반려동물의 범위)에 따라 농림축산식품부령으로 정하는 동물은 개, 고양이, 토끼, 페럿, 기니피그 및 햄스터를 말한다.

17 **과목 | 동물보호법   난이도 | ●●○   정답 | ③**

「동물보호법 시행규칙」 제11조(등록대상동물의 안전조치)

㉠ 길이가 2미터 이하인 목줄 또는 가슴줄을 하거나 이동장치(등록대상동물이 탈출할 수 없도록 잠금장치를 갖춘 것을 말한다)를 사용할 것. 다만, 소유자 등이 월령 3개월 미만인 등록대상동물을 직접 안아서 외출하는 경우에는 목줄, 가슴줄 또는 이동장치를 하지 않을 수 있다.

㉡ 다음에 해당하는 공간에서는 등록대상동물을 직접 안거나 목줄의 목덜미 부분 또는 가슴줄의 손잡이 부분을 잡는 등 등록대상동물의 이동을 제한할 것
- 다중주택 및 다가구주택의 건물 내부의 공용공간
- 공동주택의 건물 내부의 공용공간
- 준주택의 건물 내부의 공용공간

18 다음 중 벌금에 처해지는 것에 해당되지 않는 사람은?

① 다른 사람에게 반려동물행동지도사의 자격증을 대여한 자
② 거짓으로 인증심사를 받을 수 있도록 도와주는 행위를 한 자
③ 장애인복지시설에 맹견을 출입하게 한 소유자
④ 맹견취급 허가를 받지 아니하고 맹견을 취급하는 영업을 한 자
⑤ 월령이 12개월 미만인 고양이를 교배 또는 출산시킨 영업자

19 동물보호법에 따라 학대에 해당하는 행위가 아닌 것은?

① 재산상의 피해를 방지하기 위하여 동물을 죽음에 이르게 하는 행위
② 부득이한 사유가 없이 동물을 다른 동물의 먹이로 사용하는 경우
③ 질병 치료를 위해 도구·약물 등 물리적·화학적 방법을 사용하여 상해를 입히는 행위
④ 동물을 혹서·혹한 등의 환경에 방치하여 신체적 고통을 주거나 상해를 입히는 행위
⑤ 동물에게 음식이나 물을 강제로 먹여 신체적 고통을 주거나 상해를 입히는 행위

---

 advice

18 과목 | 동물보호법   난이도 | ●○○   정답 | ③

③ 300만원 이하의 과태료를 부과한다〈「동물보호법」 제101조 제2항 제4호〉.
① 1년 이하의 징역 또는 1천만원 이하의 벌금에 처한다〈「동물보호법」 제97조 제3항 제3호〉.
②④ 2년 이하의 징역 또는 2천만원 이하의 벌금에 처한다〈「동물보호법」 제97조 제2항 제8호, 제11호〉.
⑤ 500만원 이하의 벌금에 처한다〈「동물보호법」 제97조 제4항 제5호〉.

19 과목 | 동물보호법   난이도 | ●●○   정답 | ③

③ 질병의 예방이나 치료 목적을 위해 상해를 입히는 행위는 학대에 해당하지 않는다〈「동물보호법 시행규칙」 제6조 제2항〉.

20 동물의 등록 업무를 대행할 수 있는 자로 옳지 않은 것은?

① 동물병원을 개설한 수의사

② 동물보건사

③ 동물보호를 목적으로 하는 법인

④ 동물판매업자

⑤ 동물보호센터

---

20 과목 | 동물보호법   난이도 | ●○○   정답 | ②

🐱 동물보호법 시행령 제12조(등록업무의 대행)

㉠ 동물병원을 개설한 자

㉡ 비영리민간단체 중 동물보호를 목적으로 하는 단체

㉢ 동물보호를 목적으로 하는 법인

㉣ 동물보호센터로 지정받은 자

㉤ 민간동물보호시설을 운영하는 자

㉥ 허가를 받은 동물판매업자

고생한 나에게 주는 선물! 머리가 어지러울 때
시험이 끝나고 하고 싶은 일들을 하나씩 적어보세요.

01	
02	
03	
04	
05	
06	
07	
08	
09	
10	

성공하기 전에는 항상 그것이 불가능한 것처럼 보이기 마련이다. – 넬슨 만델라

가볍게! 빠르게! 확인하는 용어사전 시리즈

가볍게! 빠르게! 한눈에 보는
시사용어사전 1228
상식연구소 편저

◆ 공기업 / 언론사 / 기업체 / 공무원 채용대비에 필요한 시사용어 수록
◆ 분야별 구성으로 최신·중요 시사용어 총 1228개 수록
◆ 자가진단TEST 및 십자말 풀이, 파트별 실력 점검퀴즈로 이해도와 응용력 강화
◆ 한눈에 확인할 수 있는 시리즈 상식을 통해 특별한 지식 확장

가볍게! 빠르게! 한눈에 보는
경제용어사전 1050
상식연구소 편저

◆ 금융권 / 공기업 / 언론사 / 기업체 / 공무원 채용대비에 필요한 경제용어
◆ 사전식 구성으로 최신·중요 경제용어 총 1050개 수록
◆ 자가진단TEST 및 십자말 풀이, 파트별 실력점검 퀴즈로 이해도와 응용력 강화

가볍게! 빠르게! 한눈에 보는
부동산용어사전 1310
상식연구소 편저

◆ 2024년 제35회 공인중개사 출제 용어 수록
◆ 부동산학개론 / 민법 및 민사특별법 / 중개실무 /
 부동산 세법 / 부동산공법 및 중개실무 / 부동산공시법 /
◆ 자가진단TEST 및 십자말 풀이, 파트별 실력점검 퀴즈로 이해도와 응용력 강화

시사용어사전 │ 경제용어사전 │ 부동산용어사전

시사용어사전 1228
매일 접하는 각종 기사와 정보! 공기업/언론사/기업체/공무원 채용을 준비하는 수험생과
현대인이 꼭 알아야 할 최신 시사상식을 쏙쏙 뽑아 이해하기 쉽도록 영역별로 정리

경제용어사전 1050
주요 경제용어는 거의 다 실었다! 금융권/공기업/언론사/기업체/공무원 채용을 준비하기 전에,
경제 공부를 시작하기 전에 읽어보면 경제가 쉬워지도록 사전식으로 구성

부동산용어사전 1310
부동산에 대한 이해를 높이고 부동산의 개발과 활용, 투자 및 부동산 용어 학습에도
적극적으로 이용할 수 있는 교재, 공인중개사 출제용어도 수록